高等职业教育土木建筑类专业新形态教材

建筑制图与识图

（含习题集）

主　编　苏小梅
副主编　黄晓丽　李逢宝　姚　艳
　　　　陈瑞亮
参　编　胡芳珍　马　驰　杜　婧
主　审　赵　研

北京理工大学出版社
BEIJING INSTITUTE OF TECHNOLOGY PRESS

内 容 提 要

本书按照高等院校人才培养目标以及专业教学改革的需要，依据建筑工程制图最新标准规范进行编写。全书共分为十二章，主要内容包括绪论，制图基本知识与基本技能，投影与正投影图，点、直线、平面的投影，立体的投影，轴测投影，组合体的投影，工程形体图样的画法，建筑施工图，结构施工图，设备施工图，建筑装饰施工图，道路及桥隧工程图等。

本书可作为高等院校土木工程类相关专业的教材，也可作为函授和自学考试辅导用书，还可供建筑工程施工现场相关技术和管理人员工作时参考使用。

版权专有　侵权必究

图书在版编目（CIP）数据

建筑制图与识图：含习题集 / 苏小梅主编．—北京：北京理工大学出版社，2020.7（2020.9重印）
ISBN 978-7-5682-8798-2

Ⅰ.①建… Ⅱ.①苏… Ⅲ.①建筑制图—识图—高等学校—教材 Ⅳ.①TU204.21

中国版本图书馆CIP数据核字（2020）第135705号

出版发行 /	北京理工大学出版社有限责任公司	
社　　址 /	北京市海淀区中关村南大街5号	
邮　　编 /	100081	
电　　话 /	（010）68914775（总编室）	
	（010）82562903（教材售后服务热线）	
	（010）68948351（其他图书服务热线）	
网　　址 /	http://www.bitpress.com.cn	
经　　销 /	全国各地新华书店	
印　　刷 /	天津久佳雅创印刷有限公司	
开　　本 /	787毫米×1092毫米　1/16	
印　　张 /	24.5	责任编辑 / 江　立
字　　数 /	577千字	文案编辑 / 江　立
版　　次 /	2020年7月第1版　2020年9月第2次印刷	责任校对 / 周瑞红
定　　价 /	55.00元（含习题集）	责任印制 / 边心超

图书出现印装质量问题，请拨打售后服务热线，本社负责调换

前言

　　工程图不仅是工程界的共同语言，还是一种国际性语言，各国的工程图纸都是根据统一的投影理论绘制出来的。各国的工程界相互之间经常以工程图为媒介，讨论问题、交流经验、引进技术、改革技术。总之，凡是从事建筑工程的设计、施工、管理的技术人员都离不开图纸。没有图纸，就没有任何的工程建设。因此，掌握制图、识图知识是每个设计人员、施工管理人员、建筑工程管理人员必备的基础知识。

　　本书是根据高等教育培养方案及制图教学基本要求编写的。在编写工作中注重从培养德技并修的技术技能型人才为目标出发，以培养专业技术能力为主线，体现基础理论、基本知识和基本技能的掌握和应用。本课程涵盖的内容突出了适用性。为了有利于教学，本书在阐述上力求由浅入深，分散难点，内容全面，简单易学。

　　本课程是一门研究投影法绘制工程图和图解空间几何问题的理论和方法的技术基础课，具有较强的实践性。本课程包括画法几何、制图基础和专业图三大部分。建筑制图课程的主要目的，就是培养学生绘图和读图能力，并通过实践，培养他们的空间想象能力和空间思维能力。

　　本教材在编写过程中，内容的取舍以应用为目的，结合高等教育的教学特点，与建筑行业最新标准规范对接，课程内容融入行业企业规范，做到了课程内容与职业标准对接。

　　为了使学生巩固所学的知识，同时编写了与本书配套的《建筑制图与识图习题集》，供学生学习使用。

　　本书由武汉城市职业学院苏小梅担任主编，由闽西职业技术学院黄晓丽、莱芜职业技术学院李逢宝、南昌理工学院姚艳、长江工程职业技术学院陈瑞亮担任副主编，由武汉城市职业学院胡芳珍、武汉工程职业技术学院马驰、咸宁职业技术学院杜婧参与编写。全书由中国建设教育协会高等职业与成人教育专业委员会秘书长赵研主审。

　　在本书编写过程中，参阅了国内同行的多部著作，部分高等院校的老师提出了很多宝贵的意见供我们参考，在此表示衷心的感谢！

　　本书编写虽经反复讨论修改，但限于编者的学识及专业水平和实践经验，书中仍难免有疏漏和不妥之处，恳请广大读者指正。

编　者

目 录

绪论 ··· 1
 一、本课程的学习目的 ························· 1
 二、本课程的学习内容 ························· 1
 三、本课程的学习任务 ························· 1
 四、本课程的学习方法 ························· 2
 五、土木工程制图的发展概况 ················· 2

第一章 制图基本知识与基本技能 ··············· 3
第一节 常用制图工具和用品 ··················· 3
 一、制图工具 ······································ 3
 二、制图用品 ······································ 7
第二节 图幅、线型、字体及尺寸标注要求 ······ 8
 一、图纸幅面及标题栏 ························· 8
 二、图线 ·· 12
 三、字体 ·· 13
 四、尺寸标注 ···································· 14
第三节 几何作图方法 ·························· 19
 一、常见基本几何图形 ······················· 20
 二、等分直线段 ································ 21
 三、等分两平行线之间的距离 ············· 22
 四、作已知圆的内接正五边形 ············· 22
 五、根据已知半径作圆弧连接两已知直线 ·· 22
 六、已知椭圆长轴和短轴画椭圆 ·········· 23
 七、用圆弧连接两已知圆弧（外切）··· 24
 八、用圆弧连接两已知圆弧（内切）··· 24
第四节 手工仪器绘图 ·························· 25
 一、准备工作 ···································· 25
 二、绘制底稿 ···································· 25
 三、加深铅笔图线 ······························ 25
 四、图样校对与检查 ··························· 26
 五、平面图形分析与作图 ···················· 26
第五节 徒手作图 ································ 28
 一、徒手作图的基本要求 ···················· 28
 二、徒手画水平线及倾斜线 ················· 28
 三、徒手画图步骤及画法 ···················· 29

第二章 投影与正投影图 ·························· 32
第一节 投影的形成和分类 ····················· 32
 一、投影的形成 ································· 32
 二、投影的分类 ································· 33
第二节 正投影图的特征 ························ 34
 一、正投影的投影特性 ························ 34
 二、工程中常用的几种投影图 ·············· 35
第三节 正投影图的分析 ························ 37
 一、三面投影图的形成 ························ 37
 二、三面正投影的投影规律 ················· 38

第三章 点、直线、平面的投影 ··················· 40
第一节 点的投影 ································· 40
 一、点的三面投影及投影规律 ·············· 40
 二、点的三面投影与其直角坐标的关系 ·· 41
 三、两点的相对位置 ··························· 43
 四、重影点及其投影的可见性 ·············· 43

1

第二节　直线的投影……45
　　一、直线的投影图……45
　　二、各种位置直线的投影特性……45
　　三、直线上的点的投影……48
　　四、求一般位置直线的实长与倾角……49
　　五、两直线的相对位置……51
　　六、直角投影……53
第三节　平面的投影……55
　　一、平面的表示法……55
　　二、各种位置平面的投影特性……55
　　三、平面上的点和直线……58
　　四、直线、平面间的相对位置……60

第四章　立体的投影
第一节　平面立体的投影……67
　　一、平面立体的类型……67
　　二、棱柱体的投影……68
　　三、棱锥体的投影……71
　　四、棱台体的投影……72
　　五、棱柱表面上的点……73
　　六、棱锥表面上的点……73
第二节　曲面立体的投影……74
　　一、曲面立体的概念及形成……74
　　二、圆柱体的投影……75
　　三、圆锥体的投影……76
　　四、圆球体的投影……76
　　五、圆柱表面取点……77
　　六、圆锥表面取点、作线……78
　　七、圆球体表面取点……79
第三节　同坡屋面的交线……79
　　一、屋面交线的投影特性……79
　　二、求同坡屋面交线的步骤……79

第五章　轴测投影
第一节　轴测投影基本知识……83
　　一、轴测投影的形成与分类……84
　　二、轴测投影的特性……84
第二节　正等测图……85
　　一、正等测图的含义……85
　　二、平面体正等测图的绘制……85
　　三、曲面体正等测图的绘制……88
第三节　正二轴测投影图……90
　　一、正二轴测投影图的轴间角和轴向变形系数……90
　　二、正二轴测投影图的画法……91
第四节　斜轴测投影……92
　　一、正面斜二测图……92
　　二、水平面斜轴测图……93
第五节　轴测图的选择……94
　　一、选择轴测图的原则……94
　　二、轴测图的直观性和立体感分析……95

第六章　组合体的投影
第一节　组合体的组合方式及画法……97
　　一、组合体的组合方式……97
　　二、组合体投影图的画法……99
第二节　组合体的尺寸标注……102
　　一、组合体的定形尺寸标注……102
　　二、定位尺寸和尺寸基准……104
　　三、总体尺寸……105
　　四、尺寸标注要清晰……106
第三节　组合体投影图的阅读……106
　　一、形体分析法……106
　　二、线面分析法……107

第七章　工程形体图样的画法
第一节　视图……111
　　一、基本视图……111
　　二、辅助视图……113
第二节　剖面图……114

一、剖面图的形成 ………………114
　　二、剖面图的画法 ………………115
　　三、剖面图的分类 ………………117
　第三节　断面图 …………………………121
　　一、断面图的形成 ………………121
　　二、断面图的标注 ………………122
　　三、断面图的分类 ………………122

第八章　建筑施工图 ……………………126
　第一节　建筑施工图概述 ………………126
　　一、施工图的产生 ………………126
　　二、施工图的分类与编排顺序 …126
　　三、建筑施工图画法的有关规定 …127
　第二节　建筑总平面图 …………………140
　　一、建筑总平面图的概念 ………140
　　二、建筑总平面图的表示方法 …140
　　三、建筑总平面图的基本内容 …141
　　四、建筑总平面图识读要点 ……141
　　五、新建建筑物的定位 …………142
　　六、建筑总平面图识图示例 ……143
　第三节　建筑平面图 ……………………143
　　一、建筑平面图的形成 …………143
　　二、建筑平面图的分类 …………144
　　三、建筑平面图的基本内容 ……144
　　四、建筑平面图的绘制要求 ……145
　　五、建筑平面图识图示例 ………146
　第四节　建筑立面图 ……………………151
　　一、建筑立面图的形成 …………151
　　二、建筑立面图的基本内容 ……151
　　三、建筑立面图的绘制步骤 ……152
　　四、建筑立面图的绘制要求 ……152
　　五、建筑立面图识图示例 ………153
　第五节　建筑剖面图 ……………………155
　　一、建筑剖面图的形成 …………155
　　二、建筑剖面图的基本内容 ……156

　　三、建筑剖面图的绘制要求 ……156
　　四、建筑剖面图识读 ……………156
　　五、建筑剖面图识图示例 ………158
　第六节　建筑详图 ………………………158
　　一、建筑详图的形成 ……………158
　　二、建筑详图的绘制要求 ………159
　　三、建筑详图的基本内容 ………159
　　四、建筑详图识图示例 …………162

第九章　结构施工图 ……………………167
　第一节　概述 ……………………………167
　　一、结构施工图的内容和工程结构的
　　　　分类 ……………………………167
　　二、绘制结构施工图的有关规定 …168
　　三、结构平面图的要求 …………170
　　四、钢筋混凝土构件平法表达方式 …171
　第二节　钢筋混凝土施工图 ……………171
　　一、钢筋混凝土的基本知识 ……171
　　二、柱平法施工图 ………………174
　　三、梁平法施工图 ………………177
　第三节　钢结构图 ………………………189
　　一、型钢及其标注方法 …………189
　　二、钢结构的连接 ………………190
　　三、钢结构尺寸标注 ……………195
　　四、钢屋架结构详图 ……………196
　　五、钢结构图识图示例 …………197

第十章　设备施工图 ……………………201
　第一节　设备施工图概述 ………………201
　　一、设备施工图的基本特点 ……201
　　二、设备施工图的内容 …………202
　第二节　给水排水设备施工图 …………202
　　一、给水排水设备施工图的构成 …202
　　二、给水排水设备施工图的有关
　　　　规定 ……………………………203

三、室内给水排水施工图……214
四、室外给水排水总平面图……218
五、给水排水设备施工图识图示例……218
第三节 暖通空调施工图……220
一、室内采暖设备施工图……220
二、通风空调设备施工图……222
三、暖通空调设备施工图识图示例……225
第四节 电气设备施工图……227
一、电气设备施工图的内容……227
二、电气设备施工图识读一般要求……228
三、各种电气设备施工图识读……229
四、电气设备施工图识图示例……231

第十一章 建筑装饰施工图……234
第一节 装饰施工图概述……234
一、装饰施工图的内容和特点……234
二、装饰装修工程工程图的编排……234
三、装饰装修常用图例……235
第二节 装饰施工平面图……238
一、图示内容与方法……238
二、装饰施工平面图识读……239
三、装饰施工平面图识图示例……239
第三节 装饰施工立面图……240
一、图示内容与方法……240

二、装饰施工立面图识读……241
三、装饰施工立面图识图示例……241
第四节 装饰施工剖面图与节点详图……242
一、装饰施工剖面图……242
二、装饰装修详图……242
三、装饰施工立面图识读示例……243

第十二章 道路及桥隧工程图……246
第一节 道路路线施工图……246
一、道路平面图……246
二、道路横断面图……250
三、道路纵断面图……253
四、道路平交与立交图……258
第二节 桥梁施工图……263
一、桥位平面图……263
二、桥位地质断面图……264
三、桥梁总体布置图……264
四、构件图……268
第三节 隧道施工图……274
一、隧道洞门图……274
二、避车洞图……275
三、涵洞施工图……276

参考文献……280

绪 论

一、本课程的学习目的

建筑物的形状、大小、结构、设备、装修等，也许无法用语言文字描述清楚，但可以借助一系列图样，将建筑物的艺术造型、外表形状、内部布置、结构构造、各种设备、地理环境以及其他施工要求等准确而详尽地表达出来，作为施工的依据。

土木建筑工程，包括房屋、给水排水、道路与桥梁等各专业的工程建设。这些都是先进行设计，绘制图样，然后按图施工。工程图不仅是工程界的共同语言，还是一种国际性语言，各国的工程图纸都是根据统一的投影理论绘制出来的。各国的工程界相互之间经常以工程图为媒介，讨论问题、交流经验、引进技术、改革技术。总之，凡是从事建筑工程的设计、施工、管理的技术人员都离不开图纸。没有图纸，就没有任何的工程建设。

因此，在土木建筑工程各专业的教学计划中，都设置了土木工程制图这门主干技术基础课。学生学习这门课程为提高自身的绘图和读图能力打下一定的基础，在后续课程、生产实习、课程设计和毕业设计中继续培养和提高能力，并在绘图和读图方面得到初步训练。

二、本课程的学习内容

(1)制图的基本知识。它包括国家标准所规定的基本制图规格、使用绘图工具和仪器的方法及绘图技能。

(2)画法几何。通过对画法几何的学习，学会用正投影法表达空间几何形体的基本理论和方法，以及图解空间几何问题的基本方法。

(3)投影图的绘制。通过投影制图的学习，了解和贯彻制图标准中有关符号、图样画法、尺寸标注等的规定，掌握物体的投影图画法、尺寸注法和读法，并初步掌握轴测图的基本概念和画法。

(4)建筑工程图样的图示特点和表达方法。通过对建筑工程图样的图示特点和表达方法的学习，了解并掌握建筑制图国家标准中有关符号、图样画法的图示特点和表达方法有关规定，初步具备绘制和识读建筑平、立、剖面图和钢筋混凝土结构(如梁、板、柱)图样的能力。

(5)道、桥工程图图示内容与表达方法。通过对道、桥工程图样的图示内容的组成和表达方法的学习，初步掌握道、桥施工图的阅读能力。

三、本课程的学习任务

(1)正确使用绘图仪器和工具，熟练掌握绘图技巧。

(2)培养空间思维能力和空间分析能力。

(3)掌握有关专业工程图样的主要内容及特点。
(4)熟悉并能适当地运用各种表达物体形状和大小的方法。
(5)熟悉有关的制图标准及各种规定画法和简化画法的内容及其应用。
(6)学会凭观察估计物体各部分的比例并徒手绘制草图的基本技能。
(7)培养认真负责的工作态度和严谨细致的工作作风。

在学习过程中，还应注意丰富和发展三维形状及相关位置的空间逻辑思维和形象思维能力，为今后进一步掌握现代化图形技术和学习计算机辅助设计打下必要的基础。

四、本课程的学习方法

(1)建筑工程图纸是施工的主要依据，图纸上一条线的疏忽或一个数字的差错往往会造成严重的浪费甚至返工。因此，学习制图一开始就要养成认真负责、一丝不苟的工作和学习态度。

(2)在学习投影的基本原理时，要注意其系统性和连续性。自始至终都要重视对每一个基本概念、投影规律和基本作图方法的理解和掌握，只有学懂前面的知识，后面的知识学习起来才能顺利。

(3)在学习时，要注意进行空间分析。要弄清把空间关系转化为平面图形的投影规律以及在平面上作图的方法和步骤。在听课和自学时，要边听、边分析、边画图，以理解和掌握课程内容。

(4)要认真细致地完成每一道习题和作业。做作业时，要注意画图与识图相结合，每一次根据形体画出投影图之后，随即把物体移开，从所画的图形想象出原来形体的形状。坚持这种做法，有利于空间想象力的提高。

(5)制图是一门实践性较强的课程。通过学习，要了解建筑工程图的主要内容，熟悉现行国家制图标准，掌握绘图和读图的基本知识和技能。

五、土木工程制图的发展概况

我国是世界上文明发展最早的国家之一，在数千年的历史长河中，勤劳智慧的劳动人民创造了辉煌灿烂的文化。在科学技术(如天文、地理、建筑、水利、机械、医药等)方面，我国为世界文明的发展做出了卓越的贡献，并留下了丰富的遗产。而与科学技术密切相关的制图技术，也取得了辉煌的成就。

中华人民共和国成立以后，我国工农业生产和科学技术获得空前发展，国家制定了相应的制图标准，制图理论、应用以及制图技术都随之向前迈进。特别是电子计算机的诞生和发展，它强大而高效的图形、文字处理能力和巨大的存储容量，与人类的知识、经验、逻辑思维能力紧密结合，形成了高速、高效、高质的人机结合交互式计算机辅助设计系统，这一系统使制图技术产生了根本性的革命。计算机制图技术已得到了越来越广泛的应用。

第一章 制图基本知识与基本技能

> **知识目标**

1. 了解绘图常用制图工具、用品的使用方法。
2. 熟悉图纸幅面、线型、字体及尺寸标注的相关规定。
3. 了解几何作图常用的方法。
4. 掌握徒手作图的方法;掌握手工仪器绘图的方法与步骤。

> **能力目标**

1. 能够徒手作图。
2. 能够利用制图工具和用品进行手工仪器绘图。

第一节 常用制图工具和用品

学习建筑制图,首先要了解各种制图工具和用品的性能,熟练掌握它们的使用方法,才能保证绘图质量,加快绘图速度。下面介绍几种常用制图工具和用品的使用方法。

一、制图工具

1. 图板

图板是指用来铺贴图纸及配合丁字尺、三角板等进行制图的平面工具。图板板面要平整,相邻边要平直,如图 1-1 所示。图板板面通常为椴木夹板,边框为水曲柳等硬木制作,其左面的硬木边为工作边(导边),必须保持平直,以便与丁字尺配合画出水平线。图板常用的规格有 0 号图板、1 号图板、2 号图板,分别适用于相应图号的图纸。学习时,多用 1 号图板或 2 号图板。

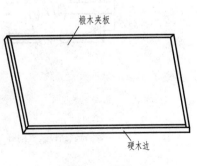

图 1-1 图板

【注意】 图板不能受潮或暴晒，以防变形，为保护板面平滑，贴图纸宜用透明胶带纸，不宜使用图钉。不画图时，应将图板竖立保管。

2. 丁字尺

丁字尺由相互垂直的尺头和尺身构成，尺头的内侧边缘和尺身的工作边必须平直光滑。丁字尺是用来画水平线的。画线时左手把住尺头，使它始终贴住图板左边，然后上下推动，直至丁字尺工作边对准要画线的地方，再从左至右画出水平线，如图1-2所示。

【注意】 不得把丁字尺尺头靠在图板的右边、下边或上边画线，也不得用丁字尺的下边画线。在画同一张图纸时，尺头不得在图板的其他各边滑动，以避免图板各边不成直角时画出的线不准确。

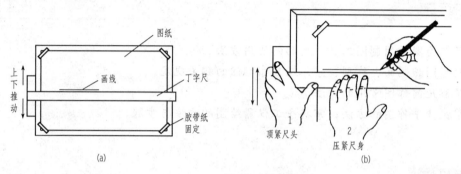

图1-2 丁字尺的用法

(a)上下推动；(b)从左至右画出水平线

3. 三角板

常用的三角板有特殊角的直角三角板和等腰直角三角板两种。

采用三角板画线时，应先把丁字尺推到线的下方，再将三角板放在线的右方，并使它的一直角边靠贴在丁字尺的工作边上。然后移动三角板，直至另一直角边靠贴竖直线，再用左手轻轻按住丁字尺和三角板，右手持铅笔，自下而上画出竖直线，如图1-3(a)所示。

三角板与丁字尺配合使用可以画出竖直线或15°、30°、45°、60°、75°等角度的倾斜线[图1-3(b)]。用两块三角板相配合，可以画出任意直线的平行线或垂直线，如图1-3(c)所示。

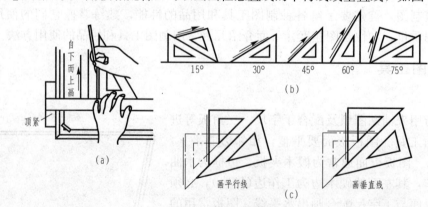

图1-3 三角板的用法

(a)画竖直线；(b)画各种角度倾斜线；(c)画任意直线的平行线或垂直线

4. 圆规与分规

圆规是画圆或圆弧的仪器。常用的是四角圆规，有台肩一端钢针的针尖应在圆心处，以防圆心孔扩大，影响画图质量；圆规的另一条腿上应有插接构造，如图1-4(a)、(b)所示。

圆规在使用前应先调整针脚，使针尖略长于铅芯(或墨线笔头)，如图1-4(c)所示，铅芯应磨削呈65°的斜面，斜面向外。画圆或圆弧时，可由左手食指来帮助针尖扎准圆心，调整两脚距离，使其等于半径长度，然后从左下方开始，顺时针方向转动圆规，笔尖应垂直于纸面，如图1-4(d)、(e)所示。

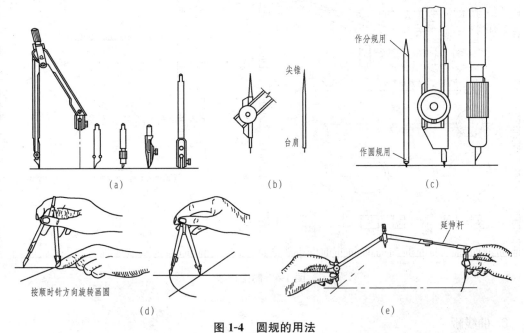

图 1-4 圆规的用法

(a)圆规及插腿；(b)圆规的钢针；(c)圆心钢针略长于铅芯；(d)圆的画法；(e)画大圆时加延伸杆

【提示】 用圆规画圆时，应使针尖固定在圆心上，尽量不使圆心扩大，圆规的两条腿应该垂直于纸面。

分规与圆规相似，只是两腿均装了圆锥状的钢针，两根钢针必须等长，既可用于量取线段的长度，又可等分线段或圆弧。分规的两针合拢时应对齐，如图1-5所示。

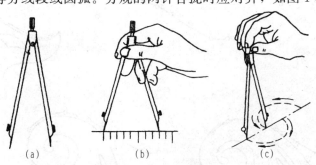

图 1-5 分规的用法

(a)分规；(b)量取长度；(c)等分线段

【注意】 圆规有一头是铁尖，另一头是铅笔尖，而分规两头都是铁尖。分规类似于圆规，但它是对称的两个针尖，是主要用来等分线段的工具。普通的圆规装上针尖后也可以作分规用。

5. 制图模板

在手工制图条件下，为了提高制图的质量和速度，人们把建筑工程专业图上的常用符号、图例和比例尺均刻画在透明的塑料薄板上，制成供专业人员使用的尺子即制图模板(图1-6)。

【提示】 建筑制图中常用的模板有建筑模板、结构模板、给水排水模板等。

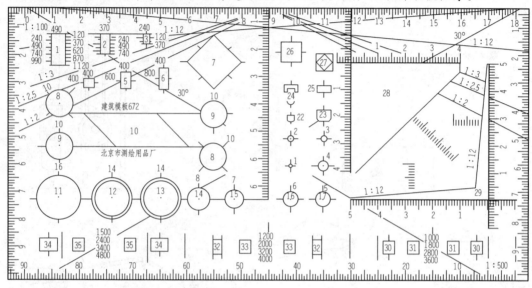

图 1-6 制图模板

6. 曲线板

曲线板是用来画非圆曲线的，其使用方法如图 1-7 所示。绘制曲线时，首先按相应作图法作出曲线上的一些点，再用铅笔徒手把各点依次连成曲线，然后找出曲线板上与曲线相吻合的一段，画出该段曲线。同样找出下一段，注意前后两段应有一小段重合，这样曲线才显得圆滑。以此类推，直至画完全部曲线。

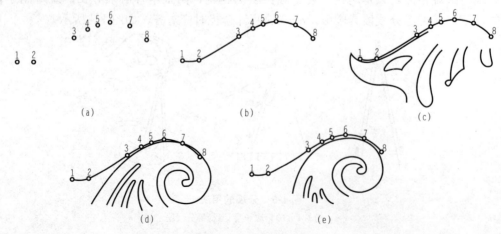

图 1-7 曲线板的用法
(a)作出点；(b)连成曲线；(c)、(d)画各段曲线；(e)连接各段曲线

二、制图用品

1. 图纸

图纸有绘图纸和描图纸两种。绘图纸用于画铅笔或墨线图,要求纸面洁白、质地坚实,并以橡皮擦拭不起毛、画墨线不洇为好。

描图纸也称硫酸纸,专门用于针管笔描图,并以此复制蓝图。

2. 砂纸和排笔

工程制图中,砂纸的主要用途是将铅芯磨成所需的形状。砂纸可用双面胶带固定在薄木板或硬纸板上,做成的形状如图1-8所示。当图面用橡皮擦拭后,可用排笔掸掉碎屑。

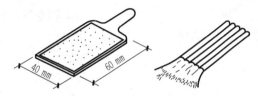

图1-8 砂纸板和排笔

3. 透明胶带纸

透明胶带纸用于在图板上固定图纸,通常使用1 mm宽的胶带纸粘贴。

【注意】 绘制图纸时,不能使用普通图钉来固定图纸。

4. 绘图铅笔

绘图铅笔有多种硬度:代号H表示硬芯铅笔,H~3H常用于画稿线;代号B表示软芯铅笔,B~3B常用于加深图线的色泽;HB表示中等硬度铅笔,通常用于注写文字和加深图线等。

铅笔笔芯可以削成楔形、尖锥形和圆锥形等。尖锥形铅芯用于画稿线、细线和注写文字等;楔形铅芯可削成不同的厚度,用于加深不同宽度的图线。

铅笔应从没有标记的一端开始使用。画线时握笔要自然、速度、用力要均匀。用圆锥形铅芯画较长的线段时,应边画边在手中缓慢地转动且始终与纸面保持一定的角度,如图1-9所示

【提示】 一般作底图时选用较硬的H、2H型铅笔;加深图线时,可用HB、B、2B型铅笔。

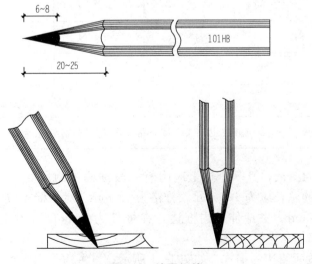

图1-9 绘图铅笔

5. 擦图片与橡皮

擦图片用于修改图样，图片上有各种形状的孔，其形状如图 1-10 所示。使用时，应将擦图片盖在图面上，使画错的线在擦图片上适当的模孔内露出来，然后用橡皮擦拭，这样可以防止擦去近旁画好的图线，有助于提高绘图速度。

橡皮有软、硬之分。修整铅笔线多用软质的，修整墨线多用硬质的。

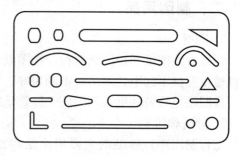

图 1-10　擦图片

第二节　图幅、线型、字体及尺寸标注要求

图样是工程界的技术语言，为了使工程图样达到基本统一，便于生产和生产技术交流，图幅、线型、字体及尺寸标注必须遵守国家制图标准的有关规定。

一、图纸幅面及标题栏

1. 图纸幅面

图纸幅面简称图幅，是指图纸尺寸的大小。为了使图纸整齐，便于保管和装订，国家标准规定了所有设计图纸的幅面及图框尺寸，见表 1-1。常见的图幅有 A0、A1、A2、A3、A4 等。

表 1-1　幅面及图框尺寸　　　　　　　　　　　　　　　　　mm

尺寸代号＼幅面代号	A0	A1	A2	A3	A4
$b \times l$	841×1 189	594×841	420×594	297×420	210×297
c	10			5	
a	25				

注：表中 b 为幅面短边尺寸；l 为幅面长边尺寸；c 为图框线与幅面线间宽度；a 为图框线与装订边间宽度。

需要微缩复制的图纸，其一个边上应附有一段准确米制尺度，四个边上均应附有对中标志，米制尺度的总长应为 100 mm，分格为 10 mm。对中标志应画在图纸各边长的中点处，线宽为 0.35 mm，并应伸入内框边，在框外为 5 mm。对中标志的线段，应于 l_1 和 b_1 范围取中。

图纸以短边作为垂直边为横式，如图 1-11 所示；以短边作为水平边为立式，如图 1-12 所示。A0～A3 图纸宜横式使用；必要时，也可立式使用。

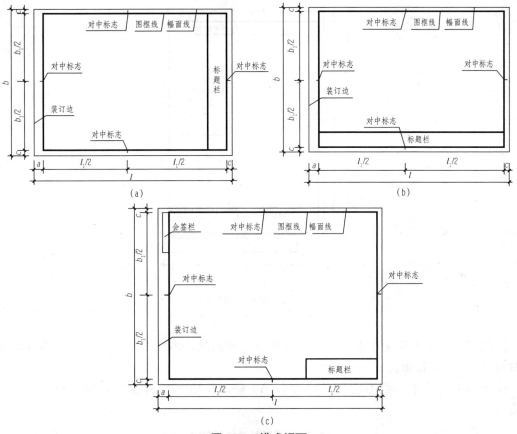

图 1-11　横式幅面
(a)A0～A3 横式幅面(一)；(b)A0～A3 横式幅面(二)；(c)A0～A1 横式幅面(三)

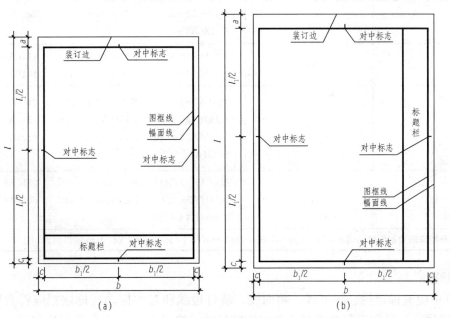

图 1-12　立式幅面
(a)A0～A4 立式幅面(一)；(b)A0～A4 立式幅面(二)

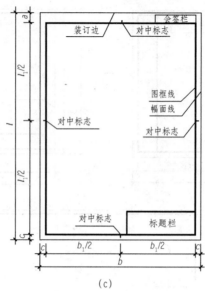

(c)

图 1-12 立式幅面(续)

(c)A0～A2 立式幅面(三)

【注意】 一个工程设计中，每个专业所使用的图纸，不宜多于两种幅面，不含目录及表格所采用的 A4 幅面。

图纸的短边尺寸一般不应加长，A0～A3 幅面长边尺寸可加长，但应符合表 1-2 的规定。

表 1-2　图纸长边加长尺寸　　　　　　　　　　　　　　　　　　　　　　　mm

幅面代号	长边尺寸	长边加长后的尺寸		
A0	1 189	1 486(A0+1/4l)　1 783(A0+1/2l)　2 080(A0+3/4l) 2 378(A0+l)		
A1	841	1 051(A1+1/4l)　1 261(A1+1/2l)　1 471(A1+3/4l) 1 682(A1+l)　1 892(A1+5/4l)　2 102(A1+3/2l)		
A2	594	743(A2+1/4l)　891(A2+1/2l)　1 041(A2+3/4l) 1 189(A2+l)　1 338(A2+5/4l)　1 486(A2+3/2l) 1 635(A2+7/4l)　1 783(A2+2l)　1 932(A2+9/4l) 2080(A2+5/2l)		
A3	420	630(A3+1/2l)　841(A3+l)　1 051(A3+3/2l) 1 261(A3+2l)　1 471(A3+5/2l)　1 682(A3+3l) 1 892(A3+7/2l)		
注：有特殊需要的图纸，可采用 $b×l$ 为 841 mm×891 mm 与 1 189 mm×1 261 mm 的幅面。				

2. 标题栏

图纸中应有标题栏、图框线、幅面线、装订边线和对中标志。标题栏应符合图 1-13～图 1-16 的规定，根据工程的需要选择确定其尺寸、格式及分区。会签栏应包括实名列和签名列，如图 1-17 所示并应符合下列规定：

图 1-13　标题栏(一)

图 1-14　标题栏(二)

图 1-15　标题栏(三)

标题栏的绘制

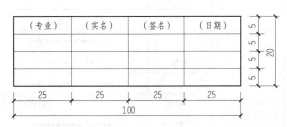

图 1-16　标题栏(四)　　　　　　图 1-17　会签栏

（1）涉外工程的标题栏内，各项主要内容的中文下方应附有译文，设计单位的上方或左方，应加"中华人民共和国"字样。

（2）在计算机辅助制图文件中当使用电子签名与认证时，应符合《中华人民共和国电子签名法》的有关规定。

（3）当由两个上的设计单位合作设计同一个工程时，设计单位名称区可依次列出设计单位名称。

二、图线

图线即画在图上的线条。在绘制工程图时,多采用不同线型和不同粗细的图线来表示不同的意义和用途。

1. 线宽组

图线的宽度 b,宜从 1.4 mm、1.0 mm、0.7 mm、0.5 mm 线宽系列中选取。每个图样,应根据复杂程度与比例大小,先选定基本线宽 b,再选用表 1-3 中相应的线宽组。

表 1-3 线宽组   mm

线宽	线宽组			
b	1.4	1.0	0.7	0.5
$0.7b$	1.0	0.7	0.5	0.35
$0.5b$	0.7	0.5	0.35	0.25
$0.25b$	0.35	0.25	0.18	0.13

注:1. 需要微缩的图纸,不宜采用 0.18 mm 及更细的线宽。
  2. 同一张图纸内,各不同线宽中的细线,可统一采用较细的线宽组的细线。

2. 线型

为了使图样主次分明,形象清晰,工程建设制图采用的线型有实线、虚线、单点长画线、双点长画线、折断线和波浪线六种,其中有的线型还分粗、中粗、细三种线宽。各种线型的规定及一般用途见表 1-4。

表 1-4 图线的线型、宽度及用途

名称		线型	线宽	用途
实线	粗	———	b	主要可见轮廓线
	中粗	———	$0.7b$	可见轮廓线、变更云线
	中	———	$0.5b$	可见轮廓线、尺寸线
	细	———	$0.25b$	图例填充线、家具线
虚线	粗	- - - -	b	见各有关专业制图标准
	中粗	- - - -	$0.7b$	不可见轮廓线
	中	- - - -	$0.5b$	不可见轮廓线、图例线
	细	- - - -	$0.25b$	图例填充线、家具线
单点长画线	粗	—·—·—	b	见各有关专业制图标准
	中	—·—·—	$0.5b$	见各有关专业制图标准
	细	—·—·—	$0.25b$	中心线、对称线、轴线等
双点长画线	粗	—··—··—	b	见各有关专业制图标准
	中	—··—··—	$0.5b$	见各有关专业制图标准
	细	—··—··—	$0.25b$	假想轮廓线、成型前原始轮廓线
折断线	细	—/—	$0.25b$	断开界线
波浪线	细	～～～	$0.25b$	断开界线

3. 绘制图线的要求

(1)在同一张图纸内,相同比例的图样应选用相同的线宽组,同类线应粗细一致。图框线、标题栏线的宽度要求见表 1-5。

表 1-5 图框线、标题栏线的宽度要求   mm

幅面代号	图框线	标题栏外框线对中标志	标题栏分格线幅面线
A0、A1	b	$0.5b$	$0.25b$
A2、A3、A4	b	$0.7b$	$0.35b$

(2)相互平行的图例线,其净间隙或线中间隙不宜小于 0.2 mm。

(3)虚线、单点长画线或双点长画线的线段长度和间隔,宜各自相等。其中,虚线的线段长为 3~6 mm,间隔为 0.5~1 mm;单点长画线或双点长画线的线段长为 10~30 mm,间隔为 2~3 mm。

(4)单点长画线或双点长画线,当在较小图形中绘制有困难时,可用实线代替。

(5)单点长画线或双点长画线的两端不应是点。点画线与点画线交接或点画线与其他图线交接时,应是线段交接,如图 1-18(a)所示。

(6)虚线与虚线交接或虚线与其他图线交接时,应是线段交接,如图 1-18(b)所示。虚线为实线的延长线时,不得与实线相接。

(7)图线不得与文字、数字或符号重叠、混淆。不可避免时,应首先保证文字、数字等的清晰。

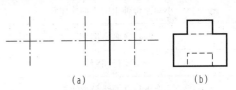

图 1-18 图线交接的正确画法
(a)点画线交接;(b)虚线与其他线交接

三、字体

用图线绘成图样后,必须用文字及数字加以注释,从而标明其大小尺寸、有关材料、构造做法、施工要点及标题。这些字体的书写必须做到笔画清晰、字体端正、排列整齐,标点符号应清楚正确。

1. 汉字

(1)文字的字高应从表 1-6 中选用。字高大于 10 mm 的文字宜采用 True type 字体,当需书写更大的字时,其高度应按 $\sqrt{2}$ 的倍数递增。

表 1-6 文字的字高   mm

字体种类	汉字矢量字体	True type 字体及非汉字矢量字体
字高	3.5、5、7、10、14、20	3、4、6、8、10、14、20

(2)图样及说明中的汉字,宜优先采用 True type 字体中的宋体字型,采用矢量字体时应为长仿宋体字型,同一图纸字体种类不应超过两种。长仿宋体字的高宽关系应符合表 1-7 的规定,黑体字的宽度与高度应相同。大标题、图册封面、地形图等的汉字,也可书写成其他字体,但应易于辨认。

表 1-7　长仿宋体字的高宽关系　　　　　　　　　　　　　　　　　　　　　　　　mm

字高	20	14	10	7	5	3.5
字宽	14	10	7	5	3.5	2.5

（3）汉字的简化字书写应符合国家有关汉字简化方案的规定。

2. 字母及数字

（1）图样及说明中的字母、数字，宜优先采用 True type 字体中的 Roman 字型。书写规则应符合表 1-8 的规定。

表 1-8　字母及数字的书写规则

书写格式	一般字体	窄字体
大写字母高度	h	h
小写字母高度（上下均无延伸）	$7/10\ h$	$10/14\ h$
小写字母伸出的头部或尾部	$3/10\ h$	$4/14\ h$
笔画宽度	$1/10\ h$	$1/14\ h$
字母间距	$2/10\ h$	$2/14\ h$
上下行基准线最小间距	$15/10\ h$	$21/14\ h$
词间距	$6/10\ h$	$6/14\ h$

（2）字母与数字，如需写成斜体字时，其斜度应是从字的底线逆时针向上倾斜 75°。斜体字的高度与宽度应与相应的直体字相等。

（3）字母与数字的字高不应小于 2.5 mm。

（4）数量的数值注写，应采用正体阿拉伯数字。各种计量单位凡前面有量值的，均应采用国家颁布的单位符号注写，单位符号应采用正体字母。

（5）分数、百分数和比例数的注写，应采用阿拉伯数字和数字符号。例如，四分之三、百分之二十五和一比二十应分别写成 3/4、25％和 1∶20。

（6）当注写的数字小于 1 时，必须写出个位的"0"，小数点应采用圆点，齐基准线书写，例如 0.01。

四、尺寸标注

1. 尺寸界线、尺寸线及尺寸起止符号

（1）图样上的尺寸，应包括尺寸界线、尺寸线、尺寸起止符号和尺寸数字（图 1-19）。

（2）尺寸界线应用细实线绘制，与被注长度垂直，其一端离开图样轮廓线不应小于 2 mm，另一端宜超出尺寸线 2~3 mm。图样轮廓线可用作尺寸界线（图 1-20）。

尺寸标注

（3）尺寸线应用细实线绘制，与被注长度平行。图样本身的任何图线均不得用作尺寸线。

（4）尺寸起止符号用中粗斜短线绘制，其倾斜方向应与尺寸线呈顺时针 45°角，长度宜为 2～3 mm。半径、直径、角度与弧长的尺寸起止符号，宜用箭头表示(图 1-21)。

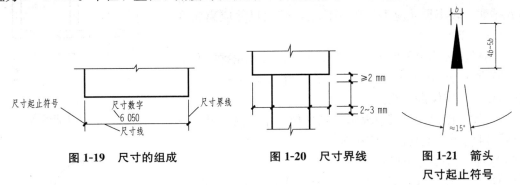

图 1-19　尺寸的组成　　　　图 1-20　尺寸界线　　　　图 1-21　箭头尺寸起止符号

2. 尺寸数字

(1)图样上的尺寸，应以尺寸数字为准，不得从图上直接量取。

(2)图样上的尺寸单位，除标高及总平面以米为单位外，其他必须以毫米为单位。

(3)尺寸数字的方向，应按图 1-22(a)的规定注写。若尺寸数字在 30°斜线区内，也可按图 1-22(b)的形式注写。

(4)尺寸数字应依据其方向注写在靠近尺寸线的上方中部。如没有足够的注写位置，最外边的尺寸数字可注写在尺寸界线的外侧，中间相邻的尺寸数字可上下错开注写，引出线表示标注尺寸的位置(图 1-23)。

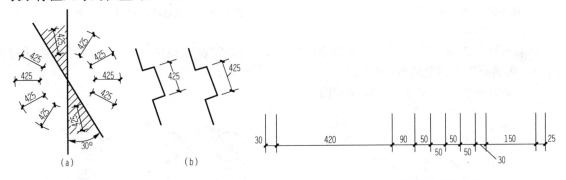

图 1-22　尺寸数字的注写方向　　　　图 1-23　尺寸数字的注写位置

3. 尺寸的排列与布置

(1)尺寸宜标注在图样轮廓以外，不宜与图线、文字及符号等相交(图 1-24)。

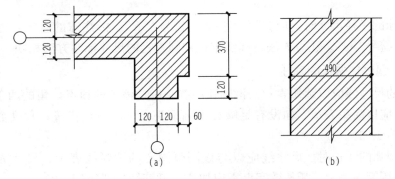

图 1-24　尺寸数字的注写

(2)互相平行的尺寸线,应从被注写的图样轮廓线由近向远整齐排列,较小尺寸应离轮廓线较近,较大尺寸应离轮廓线较远(图1-25)。

(3)图样轮廓线以外的尺寸界线,距图样最外轮廓之间的距离,不宜小于10 mm。平行排列的尺寸线的间距,宜为7~10 mm,并应保持一致。

(4)总尺寸的尺寸界线应靠近所指部位,中间的分尺寸的尺寸界线可稍短,但其长度应相等。

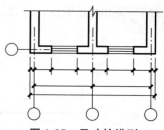

图1-25 尺寸的排列

4. 半径、直径、球的尺寸标注

(1)半径的尺寸线一端从圆心开始,另一端两箭头指向圆弧。半径数字前应加注半径符号"R"(图1-26)。

(2)较小圆弧的半径,可按图1-27形式标注。

(3)较大圆弧的半径,可按图1-28形式标注。

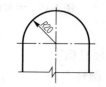

图1-26 半径标注方法

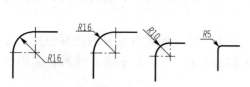

图1-27 小圆弧半径的标注方法

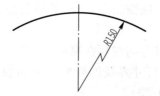

图1-28 大圆弧半径的标注方法

(4)标注圆的直径尺寸时,直径数字前应加直径符号"ϕ"。在圆内标注的尺寸线应通过圆心,两端画箭头指至圆弧(图1-29)。

(5)较小圆的直径尺寸,可标注在圆外(图1-30)。

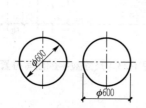

图1-29 圆直径的标注方法

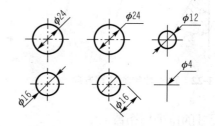

图1-30 小圆直径的标注方法

(6)标注球的半径尺寸时,应在尺寸前加注符号"SR"。标注球的直径尺寸时,应在尺寸数字前加注符号"$S\phi$"。注写方法与圆弧半径和圆直径的尺寸标注方法相同。

5. 角度、弧度、弧长的标注

(1)角度的尺寸线应以圆弧表示。该圆弧的圆心应是该角的顶点,角的两条边为尺寸界线。起止符号应以箭头表示,如没有足够位置画箭头,可用圆点代替,角度数字应沿尺寸线方向注写(图1-31)。

(2)标注圆弧的弧长时,尺寸线应以与该圆弧同心的圆弧线表示,尺寸界线应指向圆心,起止符号用箭头表示,弧长数字上方应加注圆弧符号"⌒"(图1-32)。

(3)标注圆弧的弦长时,尺寸线应以平行于该弦的直线表示,尺寸界线应垂直于该弦,起止符号用中粗斜短线表示(图1-33)。

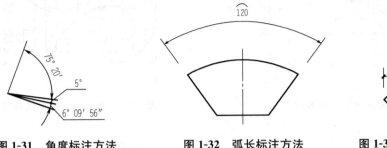

图1-31　角度标注方法　　　图1-32　弧长标注方法　　　图1-33　弦长标注方法

6. 薄板厚度、正方形、坡度、非圆曲线等的尺寸标注

(1)在薄板板面标注板厚尺寸时,应在厚度数字前加厚度符号"t"(图1-34)。

(2)在标注正方形的尺寸时,可用"边长×边长"的形式,也可在边长数字前加正方形符号"□"(图1-35)。

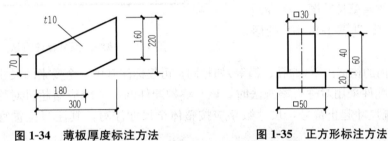

图1-34　薄板厚度标注方法　　　图1-35　正方形标注方法

(3)在标注坡度时,应加注坡度符号"←"或"←"[图1-36(a)、(b)],箭头应指向下坡方向[图1-36(c)、(d)]。坡度也可用直角三角形形式标注[图1-36(e)、(f)]。

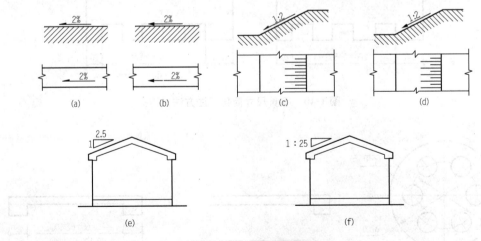

图1-36　坡度标注方法

(4)外形为非圆曲线的构件,可用坐标法标注尺寸(图1-37)。

(5)复杂的图形,可用网格法标注尺寸(图1-38)。

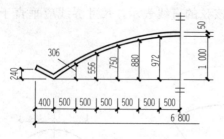
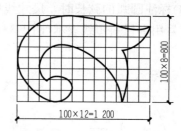

图 1-37　坐标法标注曲线尺寸　　　　　图 1-38　网格法标注曲线尺寸

7. 尺寸的简化标注

(1) 杆件或管线的长度,在单线图(桁架简图、钢筋简图、管线简图)上,可直接将尺寸数字沿杆件或管线的一侧注写(图1-39)。

(2) 连续排列的等长尺寸,可用"等长尺寸×个数=总长"[图1-40(a)]或"总长(等分个数)"[图1-40(b)]的形式标注。

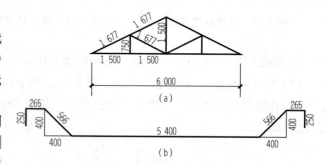

图 1-39　单线图尺寸标注方法

(3) 构配件内的构造因素(如孔、槽等)如相同,可仅标注其中一个要素的尺寸(图1-41)。

(4) 对称构配件采用对称省略画法时,该对称构配件的尺寸线应略超过对称符号,仅在尺寸线的一端画尺寸起止符号,尺寸数字应按整体全尺寸注写,其注写位置宜与对称符号对齐(图1-42)。

(5) 两个构配件,如个别尺寸数字不同,可在同一图样中将其中一个构配件的不同尺寸数字注写在括号内,该构配件的名称也应注写在相应的括号内(图1-43)。

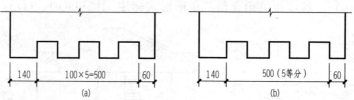

图 1-40　等长尺寸简化标注方法

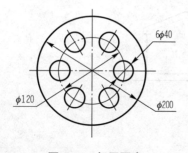
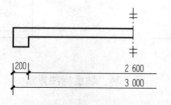

图 1-41　相同要素　　　图 1-42　对称构件　　　图 1-43　相似构配件
　　尺寸标注方法　　　　　尺寸标注方法　　　　　尺寸标注方法

(6)数个构配件，如仅某些尺寸不同，这些有变化的尺寸数字，可用拉丁字母注写在同一图样中，另列表格写明其具体尺寸(图 1-44)。

构件编号	a	b	c
Z-1	200	200	200
Z-2	250	450	200
Z-3	200	450	250

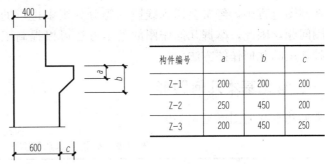

图 1-44　相似构配件尺寸表格式标注方法

8. 标高

(1)标高符号应以等腰直角三角形表示，按图 1-45(a)所示形式用细实线绘制，当标注位置不够时，也可按图 1-45(b)所示形式绘制。标高符号的具体画法应符合图 1-45(c)、(d)的规定。

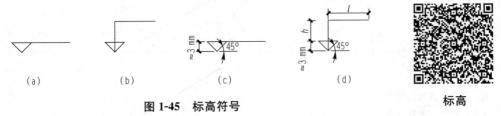

图 1-45　标高符号

l—取适当长度注写标高数字；*h*—根据需要取适当高度

标高

(2)总平面图室外地坪标高符号，宜用涂黑的三角形表示，具体画法应符合图 1-46 的规定。

(3)标高符号的尖端应指至被注高度的位置。尖端宜向下，也可向上。标高数字应注写在标高符号的上侧或下侧(图 1-47)。

(4)标高数字应以米为单位，注写到小数点后第三位。在总平面图中，可注写到小数点后第二位。

(5)零点标高应注写成±0.000，正数标高不注“+”，负数标高应注“-”，例如 3.000、-0.600。

(6)在图样的同一位置需表示几个不同标高时，标高数字可按图 1-48 的形式注写。

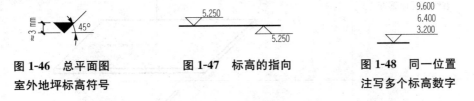

图 1-46　总平面图室外地坪标高符号

图 1-47　标高的指向

图 1-48　同一位置注写多个标高数字

第三节　几何作图方法

根据已知条件画出所需要的平面图形的过程称为几何作图。几何作图是绘制各种平面图形的基础，也是绘制各种工程图样的基础。

在制图过程中，经常会遇到线段的等分、正多边形的画法、圆弧连接、椭圆画法等几何作图问题，因此，掌握几何作图的基本方法可以提高工程制图的速度和准确度。下面介绍几种常用的几何作图方法。

一、常见基本几何图形

常见基本几何图形见表 1-9。

表 1-9　常见基本几何图形

序号	项目	基本几何图形
1	角	
2	三角形（包括等腰、等边、直角、钝角三角形，本处以直角三角形为例）	
3	垂直线	
4	直线与平面垂直	
5	平面与平面垂直	

续表

序号	项目	基本几何图形
6	平行线	 A ─── B / a / C ─── D / a
7	直线与平面平行	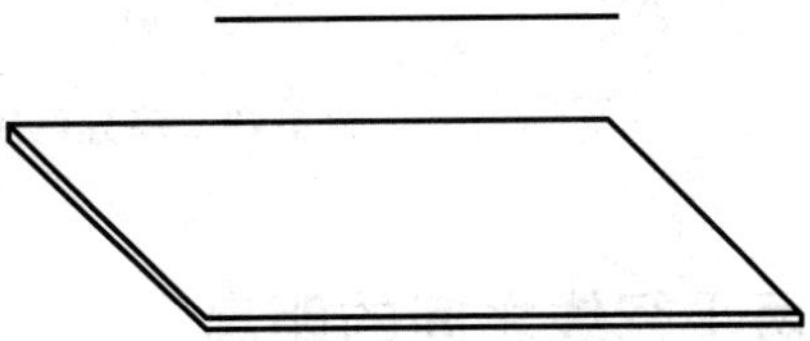
8	平面与平面平行	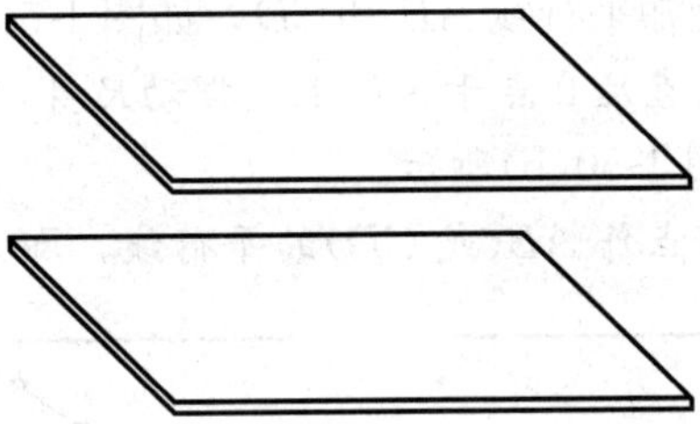
9	圆（圆内接正多边形，圆外切正多边形）	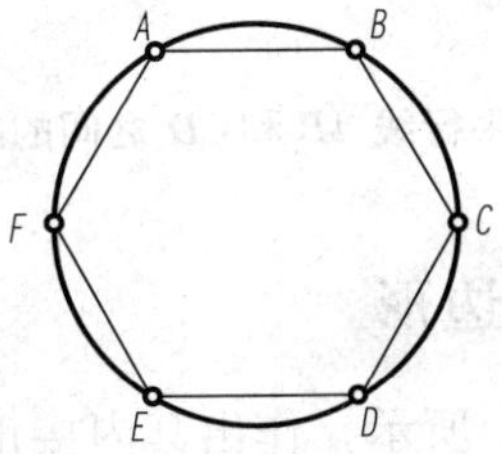 圆内接正多边形 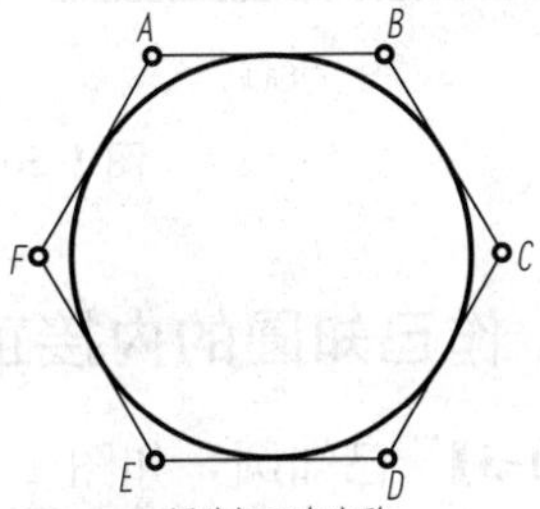　　圆外切正多边形
10	椭圆	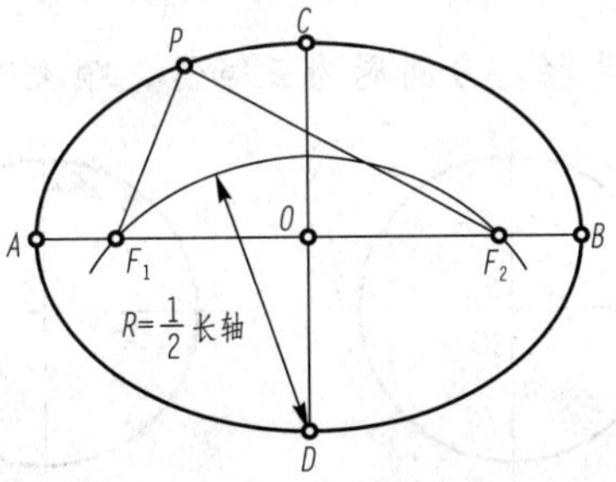 $R=\dfrac{1}{2}$ 长轴

二、等分直线段

【例 1-1】 已知线段 AB，如图 1-49（a）所示，作图将其五等分。

【解】 （1）过 A 点作任意直线 AC，用直尺在 AC 上从点 A 起截取任意长度的五等分，得点 1、2、3、4、5，如图 1-49（b）所示。

（2）连接 B、5 两点，过其余点分别作 $B5$ 的平行线，它们与 AB 的交点就是所要求的等分点，如图 1-49（c）所示。

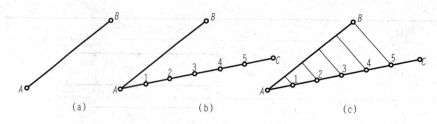

图 1-49 等分已知线段 AB

三、等分两平行线之间的距离

【例 1-2】 已知平行线 AB 和 CD，如图 1-50(a)所示，作图将其之间的距离四等分。

【解】 （1）置直尺 0 点于 AB 上，摆动尺身，使刻度 4 落在直线 CD 上，截得 1、2、3、4 各等分点，如图 1-50(b)所示。

（2）过各等分点作 AB（或 CD）的平行线，即为所求，如图 1-50(c)所示。

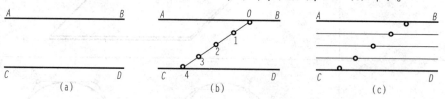

图 1-50 两平行线 AB 和 CD 之间的距离四等分

四、作已知圆的内接正五边形

【例 1-3】 已知圆，如图 1-51(a)所示，作出其内接正五边形。

【解】 （1）作半径 OF 的等分点 G，以 G 为圆心，以 GA 为半径作圆弧，交直径于 H，如图 1-51(b)所示。

（2）以 AH 为半径，分圆周为五等份，顺次连接各等分点，即为所求，如图 1-51(c)所示。

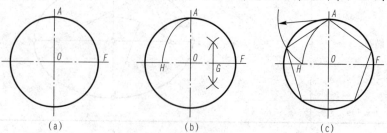

图 1-51 作已知圆的内接正五边形

五、根据已知半径作圆弧连接两已知直线

【例 1-4】 已知两直线 AB、CD 成锐角，连接弧的半径为 R，求作连接圆弧。

【解】 具体做法如图 1-52 所示。

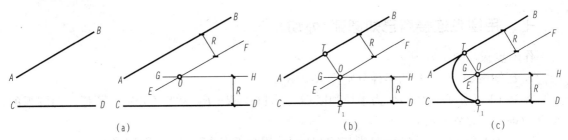

图 1-52　根据已知半径作圆弧连接两已知直线（一）

(1) 作两直线 EF、GH 分别平行于已知两直线 AB、CD，且令距离各等于 R，EF 与 GH 交于 O 点。

(2) 自 O 引两直线垂直于 AB 及 CD，得交点 T 及 T_1，即圆弧与直线的过渡点。

(3) 以 O 为圆心，R 为半径，从 T 点至 T_1 点作连接弧。

【例 1-5】　已知两直线 AB、AC 成直角，圆弧半径为 R，求作连接圆弧。

【解】　具体做法如图 1-53 所示。

(1) 以 A 为圆心，R 为半径作弧与 AB、AC 交于 D、E 两点（过渡点）。

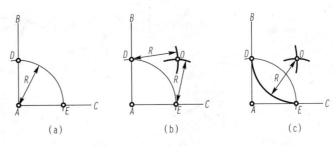

图 1-53　根据已知半径作圆弧连接两已知直线（二）

(2) 以 D 点及 E 点为圆心，R 为半径各作弧，两弧交于 O 点。

(3) 以 O 点为圆心，R 为半径自 D 点至 E 点作圆弧。

六、已知椭圆长轴和短轴画椭圆

【例 1-6】　已知椭圆短轴 AB 和长轴 CD，如图 1-54(a) 所示，用同心圆法画椭圆。

【解】　(1) 分别以 AB 和 CD 为直径作大小两圆，并等分两圆周为若干份，例如十二等份，如图 1-54(b) 所示。

(2) 从大圆各等分点作垂直线，与过小圆各对应等分点所作的水平线相交，得椭圆上各点。用曲线板连接起来，即得所求，如图 1-54(c) 所示。

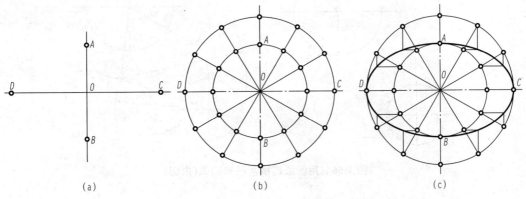

图 1-54　同心圆法画椭圆

七、用圆弧连接两已知圆弧(外切)

作图步骤如图 1-55 所示：

1. 已知两圆 O_1、O_2 的半径分别为 R_1、R_2；
2. 以 O_1 为圆心，$R+R_1$ 为半径和以 O_2 为圆心，$R+R_2$ 为半径分别作圆弧，两圆弧的交点 O 即为连接弧圆心；
3. 作连心线 OO_1、OO_2，分别与圆 O_1、O_2 相交于点 M_1、M_2，即连接点；
4. 以点 O 为圆心，R 为半径作弧，即完成作图。

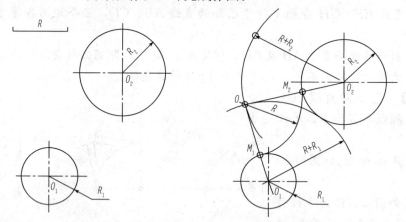

图 1-55　用圆弧连接两已知圆弧(外切)

八、用圆弧连接两已知圆弧(内切)

作图步骤如图 1-56 所示：

1. 已知两圆 O_1、O_2 的半径分别为 R_1、R_2；
2. 以 O_1 为圆心，$R-R_1$ 为半径和以 O_2 为圆心，$R-R_2$ 为半径分别作圆弧，两圆弧的交点即连接弧圆心；

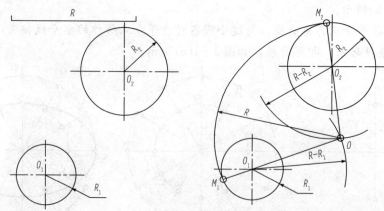

图 1-56　用圆弧连接两已知圆弧(内切)

3. 作连心线 OO_1、OO_2,分别与圆 O_1、O_2 相交于点 M_1、M_2,即连接点;

4. 以点 O 为圆心,R 为半径作弧,即完成作图。

第四节　手工仪器绘图

为提高图面质量和绘图速度,除必须熟悉制图标准、正确使用绘图工具和仪器外,还要掌握正确的绘图方法和步骤。

一、准备工作

1. 准备工具

绘制工程图除必须具备图板、丁字尺、三角板、比例尺、圆规等工具仪器外,还应准备若干 HB、2H、2B 绘图铅笔,绘图纸或描图纸等用品。

绘图前,还需将铅笔削好,并把各种工具仪器用品放置在绘图桌上适当位置,以方便取用。

2. 安排工作地点

首先了解绘图的任务,明确绘图要求,然后选好图板,使其平整面向上,放置于合适的位置和角度,要保证光线能从图板的左前方射入,并将需要的工具放在方便之处,以便顺利地进行制图工作。

3. 固定图纸

根据图样大小裁切图纸且光面向上,用胶带纸粘贴图纸四角,使其固定在图板上,并且贴平整、不起翘。固定图纸时,一般应按对角线方向顺次固定,使图纸平整。当图纸较小时,应将图纸布置在图板的左下方,但要使图板的底边与图纸下边的距离大于丁字尺的宽度。

二、绘制底稿

为使图样画得准确、清晰,打底稿时应采用 H 或 2H 的铅笔,同时注意不应过分用力,以使图面不出现刻痕为好;画底稿也不需分出线型,待加深时再予以调整。

画底稿的一般步骤为先画图框、标题栏,后画图形。画图形时,先画轴线或对称中心线,再画主要轮廓,然后画细部。如图形是剖视图或剖面图,则最后画剖面符号,剖面符号在底稿中只需画出一部分,其余可待上墨或加深时再全部画出。图形完成后,再画其他符号、尺寸线、尺寸界线、尺寸数字横线和仿宋体字的格子等。

【注意】 画底稿时,要用削尖的 H 或 2H 铅笔轻淡地画出,并经常磨削铅笔;对于需上墨的底稿,在线条的交接处可画出头一些,以便清楚地辨别上墨的起讫位置。

三、加深铅笔图线

1. 加深要求

(1)在加深时,应该做到线型正确,粗细分明,连接光滑,图面整洁。

(2)加深粗实线用 HB 铅笔，加深虚线、细实线、细点画线以及线宽约 $b/3$ 的各类图线都用削尖的 H 或 2H 铅笔，写字和画箭头用 HB 铅笔。画图时，圆规的铅芯应比画直线的铅芯软一级。

(3)在加深前，应认真校对底稿，修正错误和缺点，并擦净多余线条和污垢。加深图线时用力要均匀，还应使图线均匀地分布在底稿线的两侧。

2. 加深步骤

(1)加深铅笔图线时宜按照先细后粗、先曲后直、先水平后垂直的原则进行，由上至下、由左至右，按不同线型把图线全部加深。

一般先加深所有的点画线，再加深所有的粗实线圆和圆弧，然后从上向下或从左向右依次加深所有的水平粗实线或铅垂的粗实线。加深倾斜的粗实线时，应从左上方开始。接着，按加深粗实线的相同步骤依次加深所有虚线圆和圆弧，以及水平的、铅垂的和倾斜的虚线。最后，加深所有的细实线、波浪线等。

(2)画符号和箭头，标注尺寸，书写注解和标题栏等。

(3)检查全图，如有错误和遗漏，即刻改正，并做必要的修饰。

【注意】 绘图时，要注意图面的整洁，减少尺寸数字在图面上的挪动次数；不画时，用干净的纸张将图面蒙盖起来。图线在加深时不论粗细，色泽均应一致。较长的线在绘制时应适当转动铅笔，以保证图线粗细均匀。

四、图样校对与检查

整张图纸画完以后应经细致检查、校对、修改以后才算最后完成。首先应检查图样是否正确；其次应检查图线的交接、粗细、色泽以及线型应用是否准确；最后校对文字和尺寸标注是否齐整、正确、符合国家标准。

五、平面图形分析与作图

平面图形是由若干直线线段和曲线线段按一定规则连接而成的。绘图前，应根据平面图形给定的尺寸，以明确各线段的形状、大小、相互位置及性质，从而确定正确的绘图顺序。

1. 平面图形的尺寸分析

平面图形中的尺寸，按其作用可分为定形尺寸和定位尺寸两类。要标注平面图形的尺寸，首先就必须了解这两类尺寸，并对其进行分析。

(1)定形尺寸。在平面图形中，确定平面图形各组成部分的形状和大小的尺寸，称为定形尺寸，如直线的长度、圆及圆弧的直径(半径)、角度的大小等。图 1-57 中的尺寸 80、40、5、$R120$、$R20$、$R10$ 均为定形尺寸。

(2)定位尺寸。在平面图形中，确定平面图形各组成部分之间相互位置的尺寸，称为定位尺寸。如图 1-57 中的尺寸 $R100$、30、$R30$ 就是定位尺寸。

标注定位尺寸时，必须将图形中的某些线段(一般以图形的对称线、较大圆的中心线或图形中的较长直线)作为标注尺寸的基点，称为尺寸基准。如图 1-57(d)中的尺寸 65 的基准是平面图形下部的水平线。通常，一个平面图形需要水平和竖直两个方向的基准。

2. 平面图形的线段分析

根据所标注尺寸的齐全程度，平面图形上的线段大致可分为已知段、中间线段和连接线段三种。

(1)已知线段，即定形尺寸和定位尺寸齐全，可以直接画出的线段，如图 1-57(a)中的尺寸 80、40、5、$R120$。

(2)中间线段，即只有定形尺寸而定位尺寸不全，还需根据与相邻线段的一个连接关系才能画出的线段。如图 1-57(b)中的圆弧$R20$，由于只能根据定位尺寸$R100$，得到其圆心在水平方向的一个定位尺寸，而竖直方向的位置需要根据已知圆弧 $R120$ 画出后相切确定。

(3)连接线段，即只有定形尺寸而无定位尺寸，需要根据两个连接关系才能画出的线段。如图 1-57(c)中的小圆弧 $R10$，圆心两个方向的定位尺寸都未标注，需根据其一端与 $R20$ 的中间线段相切，另一端与尺寸为 5 的已知线段的终点相交确定圆心。

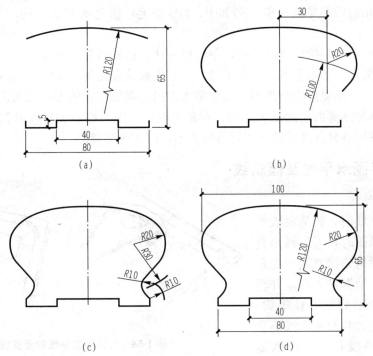

图 1-57 平面图形的画图步骤及尺寸线段分析

3. 平面图形的作图步骤

(1)分析图形及其尺寸，判断各线段和圆弧的性质。
(2)画基准线、定位线，如图 1-57(a)所示。
(3)画已知线段，如图 1-57(a)所示。
(4)画中间线段，如图 1-57(b)所示。
(5)画连接线段，如图 1-57(c)所示。
(6)擦去不必要的图线，标注尺寸，按线型描深，如图 1-57(d)所示。

第五节 徒手作图

徒手图也叫作草图，是不用仪器，仅用铅笔以徒手、目测的方法绘制的图样。

草图是工程技术人员交谈、记录、构思、创作的有利工具，工程技术人员必须熟练掌握徒手作图的技巧。

一、徒手作图的基本要求

（1）分清线型，粗实线、细实线、虚线、点画线等要能清楚地区分。

（2）画草图用的铅笔要软一些，例如 B、HB 铅笔；铅笔要削长一些，笔尖不要过尖，要圆滑一些。

（3）画草图时，持笔的位置高一些，手放松一些，这样画起来比较灵活。

（4）图形不失真，基本平直，方向正确，长短大致符合比例，线条之间的关系正确。

（5）画草图时，不要急于画细部，先要考虑大局。既要注意图形的长与高的比例，也要注意图形的整体与细部的比例是否正确。有条件时，草图最好用 HB 或 B 铅笔画在方格纸（坐标纸）上，图形各部分之间的比例可借助方格数的比例来解决。

二、徒手画水平线及倾斜线

1. 画水平线

徒手画水平线时，铅笔要放平一些。初学画草图时，可先画出直线两端点，然后持笔沿直线位置悬空比划一两次，掌握好方向，并轻轻画出底线。然后眼睛盯住笔尖，沿底线画出直线，并改正底线不平滑之处。画水平线和竖直线的姿势，如图1-58所示。

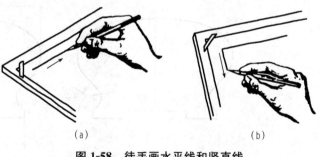

图1-58 徒手画水平线和竖直线
(a)画水平线；(b)画竖直线

> **知识拓展**
>
> 徒手画直线的四个要领：①定出直线的起点和终点；②眼看终点，摆动前臂或手腕试画；③从起点沿直线方向画出一串衔接的短线；④将上述短线按规定线型加深为均匀连续直线。

2. 画倾斜线

画倾斜线时,手法与画水平线相似,如图 1-59 所示。

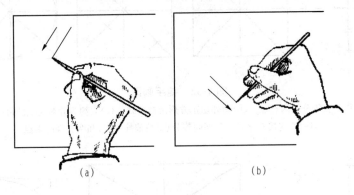

图 1-59　徒手画倾斜线

(a)由上向下左倾斜;(b)由上向下右倾斜

3. 30°、45°、60°斜线方向的确定

可先徒手画一直角,再分别近似等分此直角,从而可得与水平线成 30°、45°、60°角的斜线,如图 1-60 所示。

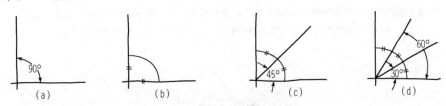

图 1-60　徒手画倾斜线

(a)徒手画一直角;(b)在直角处作一圆弧;
(c)将圆弧二等分,作 45°线;(d)将圆弧三等分,作 30°和 60°线

三、徒手画图步骤及方法

1. 徒手画图步骤

徒手画图步骤与用仪器和工具的画法基本相同。徒手画拱门楼如图 1-61 所示。

2. 徒手画图方法

圆和椭圆的徒手画法如图 1-62 和图 1-63 所示。

【提示】　画圆时,小圆周可不画 45°直径线。

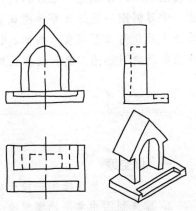

图 1-61　徒手画拱门楼

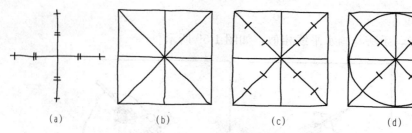

图 1-62　徒手画圆

(a)徒手过圆心作垂直等分的两直径；(b)画外切正方形及对角线；(c)大约等分对角线的每一侧为三等份；(d)以圆弧连接对角线上最外的等分点(稍偏外一点)和两直径的端点

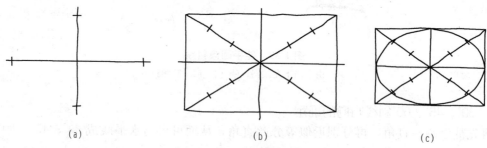

图 1-63　徒手画椭圆

(a)徒手画椭圆的长轴和短轴；(b)画外切矩形及对角线，大约等分对角线的每一侧为三等份；(c)以光滑曲线连接对角线上最外的等分点(稍偏外一点)和长短轴端点

本章小结

建筑工程图纸是施工的主要依据，各专业的工程建设都是先进行设计，绘制图样，然后按图施工。图纸上一条线的疏忽或一个数字的差错往往会造成严重的浪费甚至返工。因此，学习制图一开始就要养成认真负责、一丝不苟的工作和学习态度。本章主要以制图工具使用及几何作图项目为载体，通过工具、仪器的几何绘图训练，初步学习建筑制图国家标准以及使用绘图工具和仪器正确几何作图、徒手画草图的方法。

思考与练习

一、填空题

1. _____是直接用来放大或缩小图线长度的度量工具。
2. 建筑制图中常用的模板有_____、_____、_____等。
3. _____是指用来铺贴图纸及配合丁字尺、三角板等进行制图的平面工具。
4. 常用的三角板有_____和_____两种。
5. 图纸中应有_____、_____、_____、_____和_____。

6. 字高大于_____的文字宜采用 True type 字体，当需书写更大的字时，其高度应按_____的倍数递增。

7. 根据所标注尺寸的齐全程度，平面图形上的线段大致可分为_____、_____、_____。

二、判断题

1. 丁字尺是用来画水平线的；圆规就是分规，是用来画圆或圆弧的。（ ）
2. 图纸幅面通常有两种形式，即横式与立式，其中 0～3 号图幅只能采用横式。（ ）
3. 绘图铅笔 B～6B 表示笔芯的硬度越来越大。（ ）
4. 徒手作图时，不要急于画细部，先要考虑大局。既要注意图形的长与高的比例，也要注意图形的整体与细部的比例是否正确。（ ）

三、简答题

1. 常用的制图工具有哪些？
2. 常用的制图用品有哪些？
3. 简述三角板的用法。
4. 简述曲线板的用法。
5. 签字栏内容包括哪些？并应符合哪些规定？
6. 简述徒手作图的基本要求。

第二章　投影与正投影图

> **知识目标**

1. 了解投影的形成、投影的分类。
2. 了解正投影的投影特性；熟悉工程中常用的几种投影图。
3. 掌握三面投影的形成及投影规律。

> **能力目标**

能够通过正投影法从一定程度上反映出物体的真实形状和大小。

第一节　投影的形成和分类

人们对自然现象中的影子进行科学的抽象和概括，把空间物体表现在平面上，形成了工程图中常用的各种投影法。

一、投影的形成

生活中，我们经常看到影子这个自然现象。在光线（灯光或阳光）的照射下，物体会在墙面或者地面上投射影子，随着光线的照射方向不同，影子也随之发生变化，如图 2-1(a) 所示。

人们对自然界的这一物理现象加以科学的抽象和概括，做了这样的假设：光线能够穿透物体，将物体上的各个点和线都在承接影子的平面上落下它们的影子，从而使这些点、线的影子连成能够反映物体形状的"线框图"，这样形成的"线框图"称为投影图，简称投影，如图 2-1(b) 所示。

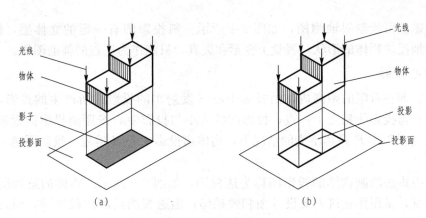

图 2-1 影子和投影

(a)影子；(b)投影

【提示】 研究物体与投影之间的关系就是投影法。

二、投影的分类

根据投影中心距离投影面远近的不同，投影可分为平行投影和中心投影两类。

(一)平行投影

如果投影中心 S 离投影面无限远，则投影线可视为相互平行的直线，由此产生的投影称为平行投影。其特点是投影线互相平行，所得投影的大小与物体离投影中心的远近无关。根据互相平行的投影线与投影面是否垂直，平行投影又可分为正投影和斜投影。

1. 正投影

如投影线与投影面相互垂直，由此所作出的平行投影称为正投影，也称为直角投影，如图 2-2 左侧图所示。采用正投影法，将物体主要侧面平行于投影面上所作出的物体投影图，称为正投影图，如图 2-3 所示。该投影图能够较为真实地反映物体的形状和大小，即度量性好，多用于绘制工程设计图和施工图。

2. 斜投影

投影线斜交投影面所作出的物体的平行投影，称为斜投影，如图 2-3 右侧图所示。

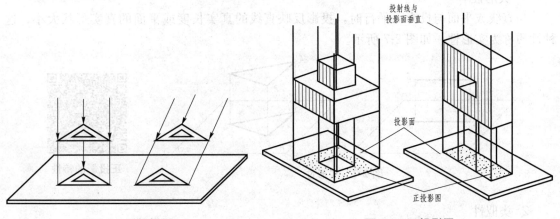

图 2-2 平行投影　　　　　图 2-3 正投影图

用斜投影法可绘制斜轴测图，如图 2-4 所示。斜投影图有一定的立体感，作图简单，但不能准确地反映物体的形状，视觉上变形和失真，只能作为工程的辅助图样。

（二）中心投影

中心投影即在有限的距离内，由投影中心 S 发射出的投影线所产生的投影，如图 2-5 所示。其特点是投影线相交于一点，投影图的大小与投影中心 S 距离投影面远近有关，在投影中心 S 与投影面 P 距离不变的情况下，物体离投影中心 S 越近，投影图越大；反之投影图越小。

用中心投影法绘制物体的投影图称为透视图，如图 2-6 所示。物体的透视图直观性很强、形象逼真，常用作建筑方案设计图和效果图；但透视图绘制比较烦琐，而且建筑物的真实形状和大小不能直接在图中度量，不能作为施工图用。

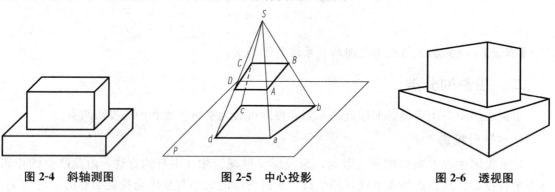

图 2-4　斜轴测图　　　图 2-5　中心投影　　　图 2-6　透视图

第二节　正投影图的特征

一、正投影的投影特性

1. 实形性

当直线或平面与投影面平行时，投影反映直线的真实长度或平面的真实形状大小，这种性质称为实形性，如图 2-7 所示。

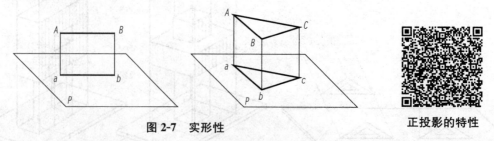

图 2-7　实形性　　　　　　　　　正投影的特性

2. 类似性

当直线或平面与投影面倾斜时，直线的投影长度要小于真实长度，平面的投影是边数不变但形状小于实形的图形,这种性质称为类似性,如图 2-8 所示。

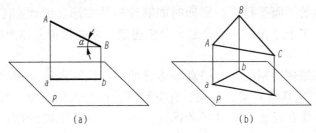

图 2-8 类似性

3. 积聚性

当直线或平面与投影面垂直时,直线的投影积聚成一点,平面的投影积聚为一直线,这种性质称为积聚性,如图 2-9 所示。

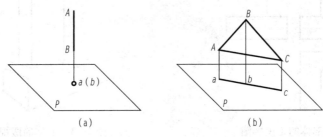

图 2-9 积聚性

4. 平行性

空间两条直线互相平行,其同面投影也一定平行(同一个投影面上的投影称同面投影),这种性质称为平行性,如图 2-10 所示。

5. 从属性

直线上的点,其投影必定位于直线的同面投影上,这种性质称为从属性。如图 2-11 所示,直线 AC 上的点 B,其在 P 平面上的投影 b 应位于直线 AC 的同面投影 ac 上。

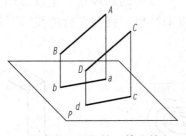

图 2-10 平行性、等比性

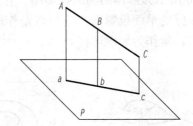

图 2-11 从属性、等比性

6. 等比性

如图 2-10 所示,两平行直线的实际长度之比与其相应的同面投影长度之比相等。

二、工程中常用的几种投影图

1. 正投影图

运用正投影法使形体在相互垂直的多个投影面上得到投影,然后按规则展开在一个平面上所得到的图称为正投影图，如图2-12所示。正投影图的优点是作图比较简单，便于度量和标注尺寸，形体的平面平行于投影面时能够反映其实形，因此在工程上应用最多。但缺点是无立体感，需多个正投影图结合起来分析想象，才能得出立体形象。

2. 透视投影图

运用中心投影的原理绘制的具有逼真立体感的单面投影图称为透视投影图，简称透视图，如图2-13所示。它具有真实、直观、有空间感且符合人们视觉习惯的特点，但绘制较复杂，形体的尺寸不能在投影图中度量和标注，不能作为施工的依据，仅用于建筑及室内设计等方案的比较以及美术、广告等。

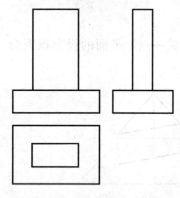

图 2-12　形体的正投影图

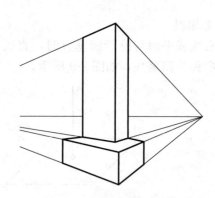

图 2-13　形体的透视投影图

3. 标高投影图

标高投影图是标有高度数值的水平正投影图。它在建筑工程中常用于表示地面的起伏变化、地形、地貌。作图时，用一组上下等距的水平剖切平面剖切地面，其交线反映在投影图上称为等高线。将不同高度的等高线自上而下投影在水平投影面上时，便可得到等高线图，称为标高投影图，如图2-14所示。

4. 轴测投影图

图2-15所示为形体的轴测投影图。它是运用平行投影的原理在一个投影图上作出的具有较强立体感的单面投影图。其特点是作图较透视图简单，相互平行的线可平行画出，但立体感稍差，常作为辅助图样。

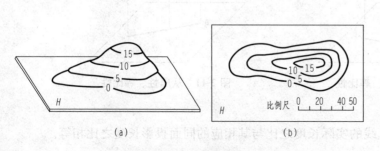

图 2-14　标高投影图
(a)立体状况；(b)标高投影图

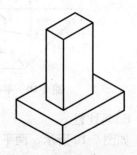

图 2-15　形体的轴测投影图

第三节　正投影图的分析

一、三面投影图的形成

工程上一般采用多面正投影图来表达物体的结构形状及大小，为此需要建立多投影面体系。常用的三面投影体系如图 2-16(a)所示，三个投影面相互垂直，其中正面直立的投影面简称为 V 面，水平投影面简称为 H 面，侧立投影面简称为 W 面，将物体向这三个投影面进行投影，得到的正投影分别称为正面投影、水平投影和侧面投影。

三个投影面间的交线，称为投影轴。它们分别为 OX 轴、OY 轴和 OZ 轴。

OX 轴：V 面和 H 面的交线，代表物体的长度方向。

OY 轴：H 面和 W 面的交线，代表物体的宽度方向。

OZ 轴：V 面和 W 面的交线，代表物体的高度方向。

三个投影轴垂直相交的交点 O，称为原点。

首先将物体放在三面投影体系中，物体的位置处在人与投影面之间，然后将物体向各个投影面进行投影，得到三个投影图，这样才能把物体的长、宽、高三个方向，上下、左右、前后六个方位的形状表达出来。三个投影图的形成如下所述：

从上向下投影，在 H 面上得到水平投影图，简称水平投影或 H 投影。

从前向后投影，在 V 面上得到正面投影图，简称正面投影或 V 投影。

从左向右投影，在 W 面上得到侧面投影图，简称侧面投影或 W 投影。

在实际作图和图纸使用中，需要将三个投影面在一个平面(纸面)上表示出来，我们必须将其展开。假设 V 面不动，H 面沿 OX 轴向下旋转 $90°$，W 面沿 OZ 轴向后旋转 $90°$，使三个投影面处于同一个平面内，如图 2-16(b)所示。

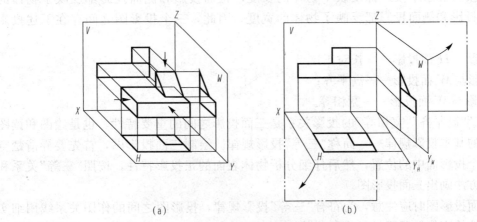

(a)　　　　　　　　　　　　(b)

图 2-16　三面投影的形成与展开

(a)三面投影的形成；(b)三面投影的展开

可以看出，H 投影在 V 投影的正下方，W 投影在 V 投影的正右方，如图 2-17（a）所示。

在这里应特别注意的是，同一条 OY 轴旋转后出现了两个位置，因为 OY 是 H 面和 W 面的交线，也就是两个投影面的共有线，所以 OY 轴随 H 面旋转到 OY_H 的位置，同时又随 W 面旋转到 OY_W 的位置。

实际绘图时，为了作图方便，投影图外不必画出投影面的边框，不注写 H、V、W 字样也不必画出投影轴，这种不画投影面边框和投影轴的投影图称为无轴投影，如 2-17（b）所示。

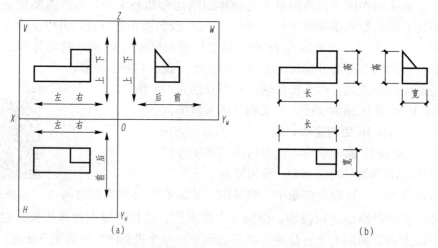

图 2-17　三面投影的方位关系和无轴投影
(a)三面投影的方位关系；(b)无轴投影

二、三面正投影的投影规律

如果把物体左右之间的距离称为长，前后之间的距离称为宽，上下之间的距离称为高，则正面投影和水平投影都反映了物体的长度，正面投影和侧面投影都反映了物体的高度，水平投影和侧面投影都反映了物体的宽度。因此，三个投影图之间存在下述投影关系：

V 面投影与 H 面投影——长对正；

V 面投影与 W 面投影——高平齐；

H 面投影与 W 面投影——宽相等。

"长对正""高平齐""宽相等"的投影关系是三面投影之间的重要特性，也是绘图和读图时必须遵守的基本投影规律——简称"三等"投影规律。绘制三面投影图，首先要弄清楚空间物体在三个投影面中的位置，然后仔细分析物体表面的正投影特性，按照"三等"关系和正确的投影方法画出三面投影图。

绘制三面投影图时应注意，为符合"三等"投影规律，投影图之间的作图关系线用细实线连接，物体轮廓线最后要加粗为粗实线，不可见的轮廓线用虚线表示，当虚线和实线重合时只画出实线。

本章小结

物体在光源的照射下会出现影子。投影的方法就是从这一自然现象抽象出来，并随着科学技术的发展而发展起来的。在制图中，把光源称为投影中心，光线称为投射线，光线的射向称为投射方向，落影的平面（如地面、墙面等）称为投影面，影子的轮廓称为投影，用投影表示物体的形状和大小的方法称为投影法。本章主要介绍了投影的形成和分类、正投影图的特征和规律。

思考与练习

一、填空题

1. 投影线与投影面相互垂直，由此所作出的平行投影称为_____。
2. 投影线斜交投影面所作出的物体的平行投影，称为_____。
3. _____即在有限的距离内，由投影中心 S 发射出的投影线所产生的投影。
4. 运用中心投影的原理绘制的具有逼真立体感的单面投影图称为_____。
5. _____是标有高度数值的水平正投影图，在建筑工程中常用于表示地面的起伏变化、地形、地貌。

二、简答题

1. 什么是投影？
2. 根据投影中心距离投影面远近的不同，投影可分为哪两类？
3. 正投影法的投影具有哪些特性？
4. 简述三面正投影的投影规律。

第三章 点、直线、平面的投影

知识目标

1. 了解点的三面投影与其直角坐标的关系；熟悉点的三面投影及投影规律；掌握两点的相对位置、重影点及其投影的可见性。
2. 了解直线投影图的概念；熟悉各种位置直线的投影特性；掌握直线上的点的投影、求一般位置直线的实长与倾角、两直线的相对位置、直角投影。
3. 了解各种位置平面的投影特性；熟悉平面的表示法；掌握平面上的点和直线，直线、平面间的相对位置。

能力目标

1. 能够根据点的投影规律求出点的投影。
2. 能够根据直线在三面投影图中的特性判别直线在空间的位置。
3. 会求作侧平面在形体中空间位置的投影相对位置。

第一节 点的投影

一、点的三面投影及投影规律

点的投影仍为一点，且空间点在一个投影面上有唯一的投影。但已知点的一个投影，不能唯一确定点的空间位置。

如图 3-1 所示，将点 A 放在三面投影体系中分别向三个投影面 H 面、V 面、W 面作正投影，得到点 A 的水平投影 a、正面投影 a'、侧面投影 a''。（关于空间点及其投影的标记规定为：空间点用大写字母 A、B、C、…表示，投影用小写字母表示，水平投影相应用 a、b、c、…表示，正面投影相应用 a'、b'、c'、…表示，侧面投影相应用 a''、b''、c''、…表示。）

点的三面投影规律

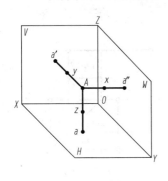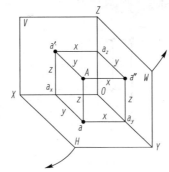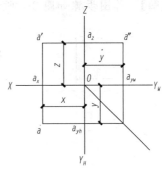

图 3-1　点的投影及其投影规律

将投影面体系展开，去掉投影面的边框，保留投影轴，便得到点 A 的三面投影图。由图 3-1 可以得出点在三面投影体系的投影规律：

(1) 点 A 的 V 面投影和 H 面投影的连线垂直于 OX 轴，即 $a'a \perp OX$（长对正）。

(2) 点 A 的 V 面投影和 W 面投影的连线垂直于 OZ 轴，即 $a'a'' \perp OZ$（高平齐）。

(3) 点 A 的 H 面投影到 OX 轴的距离等于点 A 的 W 面投影到 OZ 轴的距离，即 $aa_x = a''a_z$（宽相等），可以用圆弧或 45°线来反映该关系。

【提示】　以上投影规律是"长对正、高平齐、宽相等"的理论所在，由点的两面投影可以求出第三面投影。

【例 3-1】　已知点 A 的正面投影 a'、水平投影 a，求点 A 的侧面投影。

【解】　根据点的投影特性，作图过程如图 3-2 所示。

根据"高平齐"从正面投影 a' 作 OZ 轴的垂线并延长，根据"宽相等"从水平投影 a 作 OY_H 的垂线并延长至 45°角平分线上，然后从此交点作 OY_W 轴的垂线并延长与过 a' 作 OZ 轴的垂线延长线相交得点 A 的侧面投影 a''。

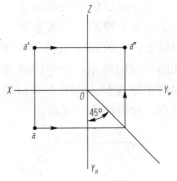

图 3-2　求作点的第三投影

二、点的三面投影与其直角坐标的关系

我们可以将点的三面投影体系看作是直角坐标系，三个投影面相当于三个坐标面，三条投影轴相当于三条坐标轴，投影原点相当于坐标原点。这样，空间点的位置可以用三维坐标来表示，如 $A(x, y, z)$，即空间点到水平面的距离就是 OZ 轴上坐标值，空间点到正立面的距离就是 OY 轴上的坐标值，空间点到侧立面的距离就是 OX 轴上的坐标值，点的三面投影也可以用坐标来确定。即点的水平投影由 x，y 确定；点的正面投影由 x，z 确定；点的侧面投影由 y，z 确定，如图 3-3 所示。

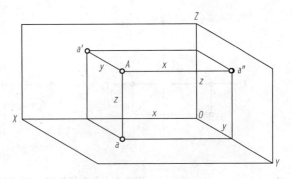

图 3-3　点的投影与坐标的关系

【例 3-2】 已知点 $A(3,2,3)$ 和点 $B(1,3,0)$,求 A、B 两点的三面投影图。

【解】 作图步骤如图 3-4 所示。

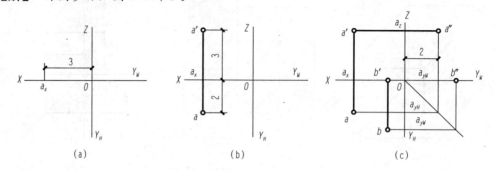

图 3-4 根据坐标点作三面投影

(1) 作出投影轴,即坐标轴。在 OX 轴上截取 x 坐标 3,过截取点 a_x 引 OX 轴的垂线。则 $a(3,2)$ 和 $a'(3,3)$ 必在这条垂线上,如图 3-4(a) 所示。

(2) 在作出的垂线上,截取 $y_A=2$ 得 a,截取 $z_A=3$ 得 a',如图 3-4(b) 所示。

(3) 过 a' 引 OZ 轴的垂线 $a'a_z$,从 a_z 向右截取 $Y_A=2$ 得 a'',如图 3-4(c) 所示。

(4) 同法作 B 点的投影,因 $z_B=0$,B 点在 H 面上,b' 在 OX 轴上,b'' 在 OY_W 轴上。

当空间点位于投影面上,它的一个坐标等于零,它的三个投影中必有两个投影位于投影轴上,如图 3-5(a) 所示;当空间点位于投影轴上,它的两个坐标等于零,它的投影中有一个投影位于原点,如图 3-5(b) 所示;当空间点在原点上,它的坐标均为零,它的投影均位于原点上,如图 3-5(c) 所示。在投影面、投影轴或坐标原点上的点,称为特殊位置点。

特殊位置的点

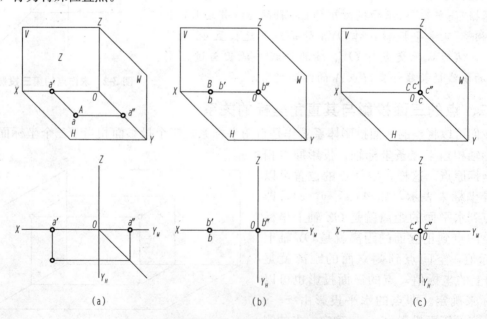

图 3-5 点在投影面、投影轴和投影原点处的投影
(a) 点在投影面上;(b) 点在投影轴上;(c) 点在投影原点上

三、两点的相对位置

在投影图上判断空间两个点的相对位置，就是分析两点之间的上下、左右和前后的位置关系。如图 3-6 所示，由正面投影或侧面投影判断上下关系（Z 坐标差）；由正面投影或水平投影判断左右关系（X 坐标差）；由水平投影或侧面投影判断前后关系（Y 坐标差）。

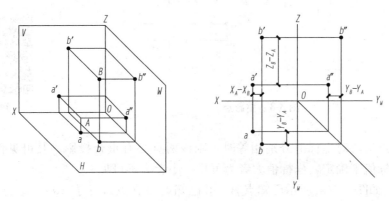

图 3-6　两点的相对位置

【**例 3-3**】　如图 3-7 所示，指出 C 点在 D 点的位置。

【**解**】　首先，以 D 点为基准，从 C、D 两点的 H 投影来判别，c 在 d 点的右前方，再看 W 投影，c'' 在 d'' 的右下方，由此判定：C 在 D 点的右前下方。

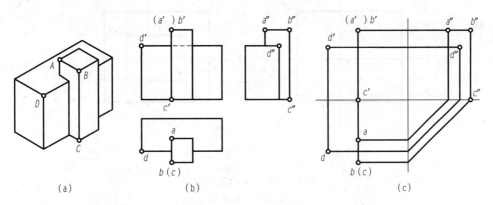

图 3-7　两点的相对位置
(a)体及表面上点的投影；(b)点的投影；(c)立体图

四、重影点及其投影的可见性

当空间两点位于某一投影面的同一条投射线（即其有两对坐标值分别相等）时，则此两点在该投影面上的投影重合为一点，此两点称为对该投影面的重影点，如图 3-8 所示。为区分重影点的可见性，规定观察方向与投影面的投射方向一致，即对 V 面由前向后，对 H 面由上向下，对 W 面由左向右。因此，距观察者近的点的投影为可见，反之为不可见，不可见点，加括号表示。

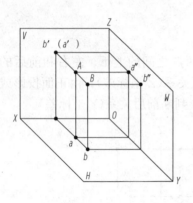 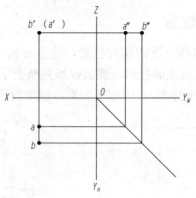 

图 3-8 重影点

重影点

当空间两点有两对坐标值分别相等时，则该两点必有重合投影，其可见性由重影点的一对不等的坐标值来确定，坐标值大者为可见，小者为不可见。

【例 3-4】 如图 3-9(a)所示已知点 A，并已知点 B 在点 A 之右 10 mm、之后 6 mm、之下 7 mm 处，点 C 在点 A 的正下方的 H 面上，试作点 B、C 的三面投影，并表明可见性。

【解】 根据点 A 与点 B、C 的相对位置关系就可以作出其三面投影。

作图步骤如图 3-9(b)所示。

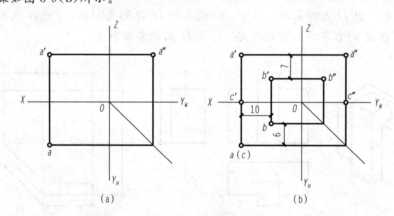

图 3-9　求作点的三面投影
(a)已知条件；(b)作图过程

(1)从 a' 出发作 OX 轴平行线，向右量取 10 mm，然后垂直向下量取 7 mm，即得点 B 的正面投影 b'；从 a 出发作 OX 轴平行线，向右量取 10 mm，然后再垂直向上量取 6 mm，即得 B 的水平投影 b；通过点的投影规律，应用"高平齐"，过正面投影 b' 作 OZ 轴的垂线并延长，过水平投影 b 作 OY_H 轴的垂线延长至 45°线上，然后从此交点作 OY_W 轴的垂线并延长与过 b' 作 OZ 轴的垂线相交，即得点 B 的侧面投影 b''。

(2)点 C 在点 A 的正下方的 H 面上，表明点 C 为 H 面上点，其正面投影 c' 必在 aa' 连线与 OX 轴的交点处，点 C 在点 A 的正下方，点 C 与点 A 是对 H 面的重影点，即点 C 与点 A 的水平投影重合，点 C 不可见，因此用"(c)"表示，根据点的投影规律，点 C 的侧面投影 c'' 为过 a'' 作 OY_W 轴的垂线与 OY_W 轴相交而得。

> **知识拓展**
>
> **重影点可见性的判别方法**
>
> 对水平重影点，观察者从上向下看，上面一点可见，下面一点不可见；对正面重影点，观察者从前向后看，前面一点可见，后面一点不可见；对侧面重影点，观察者从左向右看，左面一点可见，右面一点不可见。

第二节 直线的投影

一、直线的投影图

作直线投影图，只需作出直线上任意两点的投影，并连接该两点在同一投影面上的投影即可。空间直线在某一投影面上的投影长度，与直线对该投影面的倾角大小有关。

直线的投影

二、各种位置直线的投影特性

按照直线与三投影面的相对位置，可以将直线分为一般位置直线、投影面平行线和投影面垂直线三种。投影面平行线和投影面垂直线又称为特殊位置直线。

1. 一般位置直线

与三个投影面均倾斜的直线称为一般位置直线，也称为倾斜线。与三个投影面的倾斜角，称之为直线对投影面的倾角，分别用 α、β、γ 表示，如图 3-10(a) 所示。

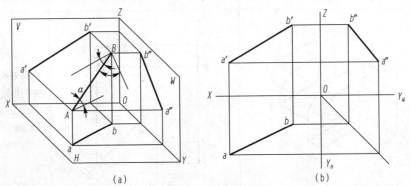

图 3-10 一般位置直线
(a)直观图；(b)投影图

一般位置直线的投影特性如下：

(1)三面投影都倾斜于投影轴。

(2) 投影长度均比实长短，且不能反映与投影面倾角的真实大小。

2. 投影面平行线

投影面平行线是只平行于某一个投影面，而倾斜于其他两个投影面的直线。投影面平行线又可分为以下三种（见表3-1）：

(1) 平行于 H 面倾斜于 V 面、W 面的直线称为水平线。

(2) 平行于 V 面倾斜于 H 面、W 面的直线称为正平线。

(3) 平行于 W 面倾斜于 H 面、V 面的直线称为侧平线。

投影面平行线

表 3-1　投影面平行线

种类	立体上的线	投影图	投影特性
水平线			水平投影：ab 反映实长及倾角 β、γ；$a'b'$、$a''b''$ 同时垂直于 OZ 轴
正平线			正面投影：$a'b'$ 反映实长及倾角 α、γ；ab、$a''b''$ 同时垂直于 OY 轴
侧平线			侧面投影：$a''b''$ 反映实长和倾角 α、β；$a'b'$、ab 同时垂直于 OX 轴

投影面平行线的投影特性：在它所不平行的两个投影面上的投影平行于相应的投影轴，不反映实长；在它所平行的投影面上的投影反映实长，其与投影轴的夹角，分别反映该直线对另两个投影面的真实倾角。

【提示】 在投影图上，如果有一个投影平行于投影轴，而另有一个投影倾斜，那么这条空间直线一定是投影面的平行线。

3. 投影面垂直线

投影面垂直线是垂直于某一投影面，同时也平行于另外两个投影面的直线。投影面垂直线同样可以分为以下三种见（见表3-2）。

(1) 垂直于 H 面的直线称为铅垂线。
(2) 垂直于 V 面的直线称为正垂线。
(3) 垂直于 W 面的直线称为侧垂线。

投影面垂直线

表3-2 投影面垂直线

种类	立体上的线	投影图	投影特性
铅垂线			AB 的水平投影积聚为一点；$a'b'$、$a''b''$ 同时平行于 OZ 轴且反映实长
正垂线			AC 的正面投影积聚为一点；ac、$a''c''$ 同时平行于 OY 轴且反映实长
侧垂线			AD 的侧面投影积聚为一点；$a'd'$、ad 同时平行于 OX 轴且反映实长

投影面垂直线的投影特性：在所垂直的投影面上的投影积聚为一点；在另两个投影面上的投影垂直于相应的投影轴，反映实长。

【提示】 在投影图上，只要直线的投影积聚为一点，那么它一定为投影面的垂直线。

三、直线上的点的投影

点在直线上,则点的各个投影必在该直线的同面投影上,且点分直线的两线段长度之比等于其投影长度之比;反之亦然。

如图 3-11 所示,垂直于 H 面的直线 AB 的水平投影积聚成一点,AB 上的点 C 的水平投影 c 也必积聚在其上;与 H 面倾斜的直线 DE 的水平投影 de 为直线,DE 上的点 F 的水平投影 f 必在 de 上。同理,直线上的点的正面投影、侧面投影必在该直线的正面投影、侧面投影上。由初等几何可知,点 F 分割 DE 的长度比与 F 点的投影分 DE 的同面投影的长度比相等,即 $DF:FE=df:fe=d'f':f'e'=d''f'':f''e''$。

判断点是否在直线上可以通过直线上点的投影特性检验。如图 3-12 所示,判断点 C、F、K、M 是否在直线 AB、DE、GH、JN 上。用直线上点的投影特性就可以检验:在两面投影体系中可以判定点 C、F 在直线 AB、DE 上,点 K 不在直线 GH 上;点 M 是否在直线 JN 上需增加一个投影面即用三面投影体系才能判断,也可用定比分点来判断点 M 是否在直线 JM 上。

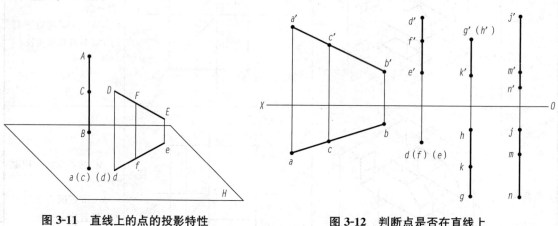

图 3-11 直线上的点的投影特性　　　　图 3-12 判断点是否在直线上

【例 3-5】 如图 3-13(a)、(b)所示,已知直线 AB 及点 C、D,检验点 C、D 是否在直线 AB 上。

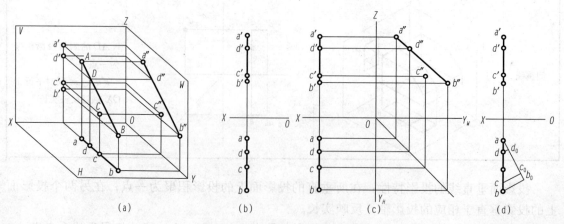

图 3-13　检验点 C 和 D 是否在直线 AB 上
(a)立体图;(b)已知条件;(c)检验方法一;(d)检验方法二

【解】 由于直线 AB 是侧平线,虽然点 C、D 的两个投影都位于直线 AB 的同面投影上,但不能按直线上点的投影特性在两面投影体系中检验,可在三面投影体系中检验。现用如下两种方法进行检验:

(1)检验方法一[图 3-13(c)]:由原点 O 作 OX 的垂线并反向延长 OX 扩展成三面投影体系,按已知点的两投影作出第三投影,作出 A、B、C、D 的侧面投影 a''、b''、c''、d'',并连接 AB 直线的侧面投影 $a''b''$。由于 c'' 不在 $a''b''$ 上,d'' 在 $a''b''$ 上,便检验出点 C 不在直线 AB 上,点 D 在直线 AB 上。

(2)检验方法二[图 3-13(d)]:应用点分割直线成等比例原理分析,过点 a 作任意方向的直线,在其上依次量取 d_0、c_0、b_0,使 ad_0、d_0c_0、c_0b_0 分别等于 $a'd'$、$d'c'$、$c'b'$。连接 b 与 b_0,过 d_0、c_0 作 bb_0 的平行线,过 d_0 的平行线恰好与 ab 交于 d,而过 c_0 的平行线与 ab 的交点不与 c 重合,则点 D 在直线 AB 上,点 C 不在直线 AB 上。

知识拓展

直线的迹点

直线与投影面的交点称为直线的迹点。迹点是直线上的点也是投影面上的点,因此,迹点在它所在投影面上的投影与自身重合;另外的投影则在相应的投影轴上。

由于直线与投影面的相对位置不同,直线与投影面的交点位置及数量均有差异:一般位置直线有三个迹点,可能在第一分角也可能在其他分角;投影面平行线有两个迹点,直线与所平行的投影面无交点,即没有迹点;投影面垂直线只有一个迹点。

四、求一般位置直线的实长与倾角

一般位置直线的三个投影不能直接反映线段的实长和倾角,但在实际工作中经常要求一般位置线段的实长与倾角。求一般位置直线的实长和倾角的基本方法是直角三角形法。

1. 直角三角形法的边角关系

一般位置直线的直角三角形法的边角关系见表 3-3。

表 3-3 直角三角形法的边角关系

倾角	α	β	γ
直角三角形边角关系	直角边 Δz,斜边 AB 实长,另一直角边为水平投影 ab,夹角 α	直角边 Δy,斜边 AB 实长,另一直角边为正面投影 $a'b'$,夹角 β	直角边 Δx,斜边 AB 实长,另一直角边为侧面投影 $a''b''$,夹角 γ
	$\Delta z = A、B$ 两点的 Z 坐标差	$\Delta y = A、B$ 两点的 Y 坐标差	$\Delta x = A、B$ 两点的 X 坐标差

由表 3-3 可以看出,构成各直角三角形有以下四个要素:

(1)直线的投影(直角边)。

(2)坐标差(直角边)。

(3) 实长(斜边)。

(4) 对投影面的倾角(投影与实长的夹角)。

2. 直角三角形法的作图过程

如图 3-14(a)所示，在 H、V 两面体系中有一般位置直线 AB 及其两面投影 ab 和 $a'b'$，AB 延长与 ab 所成夹角 α，即 AB 对 H 面的倾角。过点 A 作 $AB_0 // ab$，因 $Bb \perp ab$，所以 $AB_0 \perp BB_0$，$\triangle ABB_0$ 为直角三角形，$AB_0 = ab$，$BB_0 = \Delta z_{AB}$。同理，AB 对 V 面的倾角作法相同。

在投影图中求作直线的实长及倾角如图 3-14(b)所示。过点 a' 和 b 分别作 OX 轴的平行线求出 A、B 两点的 Y、Z 坐标差值即 Δy、Δz，过点 a' 和 b 分别作 AB 直线的正面投影 $a'b'$、水平投影 ab 的垂线，并在垂线分别截取 $a_0a' = \Delta y$，$bb_0 = \Delta z$，然后连接 a_0b'、ab_0，而 a_0b'、ab_0 即直线 AB 的实长，正面投影、水平投影与其实长的夹角即直线对投影面的倾角 β、α。

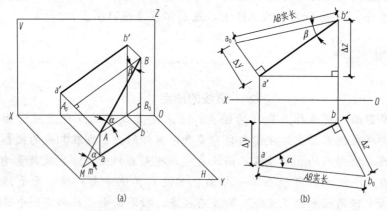

图 3-14 用直角三角形法求作一般位置直线的实长及倾角
(a)立体图；(b)作图过程和作图结果

【例 3-6】 如图 3-15(a)所示，已知直线 CD 的两面投影，求 CD 对投影面 V、W 的倾角 β、γ，并在 CD 上取一点 T，T 与 C 的真实距离为 15 mm，作点 T 的投影。

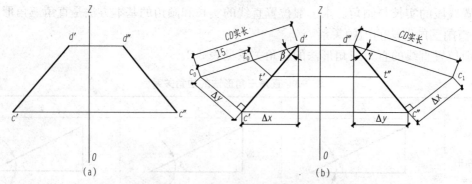

图 3-15 求作 CD 的实长及与投影面倾角
(a)已知条件；(b)作图过程和作图结果

【解】 用 V、W 两面体系中直角三角形法求解。作图步骤如图 3-15(b)所示。

(1) 过点 d'、d'' 作 OZ 轴的平行线求出 C、D 两点的 X、Y 坐标差 Δx、Δy，分别过点 c'、c'' 作 $c'd'$、$c''d''$ 的垂线，截取 $c_0c' = \Delta y$、$c_1c'' = \Delta x$，连接 c_0d'、c_1d''（两者即 CD 实长），

$c'd'$ 与 c_0d'、$c''d''$ 与 c_1d'' 所得的夹角为 CD 对 V、W 的倾角 β、γ。

(2) 在用正面投影求出的 CD 实长 c_0d' 上截取 $c_0t_0=15$ mm，过 t_0 作 $c'd'$ 的垂线交 $c'd'$ 于 t'，再过 t' 作 OZ 轴的垂线延长交 $c''d''$ 得 T 的侧面投影 t''。

【提示】 对于一般位置直线来说，要求一直线对某投影面的倾角，就以直线在该投影面内的投影为一直角边，以直线两端点到该投影面的距离差为另一直角边，构建直角三角形；直角三角形的斜边即所求一般位置直线的实长，斜边与该投影面投影的夹角即所求一般位置直线对该投影面的倾角。

五、两直线的相对位置

空间两直线的相对位置有平行、相交和交叉三种。平行直线和相交直线都在同一平面上，称为共面直线，而交叉直线不在同一平面上，称为异面直线。

1. 两直线平行

两直线平行，其同面投影必平行（除去投影重合情况），且两平行线段长度之比等于其投影长度之比。

如图 3-16(a)所示，$AB/\!/CD$，投射线形成的平面 $ABba/\!/CDdc$，它们与 H 面的交线互相平行，即 $ab/\!/cd$。同理可证明 $a'b'/\!/c'd'$，$a''b''/\!/c''d''$。

反之，若两直线的所有同面投影都互相平行，则此两直线必互相平行。

当两直线是一般位置时，只要有两对投影互相平行就可判定两直线平行，如图 3-16(b)所示，若 $ab/\!/cd$，$a'b'/\!/c'd'$，则必定 $a''b''/\!/c''d''$，因此 $AB/\!/CD$。

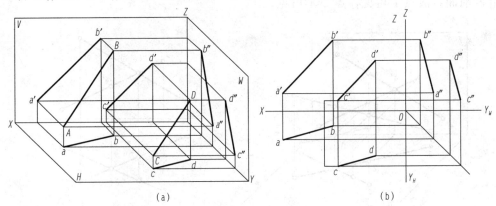

图 3-16 平行两直线的投影
(a)立体图；(b)投影图

【提示】 当两平行直线为某投影面平行线时，应检查在该投影面上的投影是否相互平行。

2. 两直线相交

两直线相交，其同面投影必相交，且交点的投影符合点的投影规律。如两直线都是一般位置直线，只要根据任意两面投影就可以判别两直线是否相交。

如图 3-17 所示，点 K 为直线 AB 与 CD 的共有点，它的投影必定同时在两直线的同面投影上，而且必符合空间点的投影规律，即 $kk'\perp OX$，$k'k''\perp OZ$，$k_xk=k''k_z$。

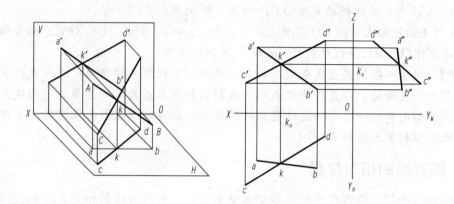

图 3-17 相交两直线的投影

3. 两直线交叉

既不平行又不相交的两直线称为交叉直线。它们的投影既不符合平行两直线的投影特点，又不符合相交两直线的投影特点。交叉两直线的同面投影可能表现为互相平行，但不可能所有同面投影都平行；它们的同面投影可能表现为相交，但交点的连线不垂直于投影轴。交叉两直线同面投影的交点是重影的投影。

如图 3-18 所示，AB 线上的点Ⅲ与 CD 线上点Ⅳ是对 H 面的重影点，它们的 H 面投影重合，因点Ⅲ比点Ⅳ高，故点 3 可见，点 4 不可见。点Ⅰ与点Ⅱ是对 V 面的重影点，因点Ⅰ在Ⅱ的前面，故点 1′可见，点 2′不可见。

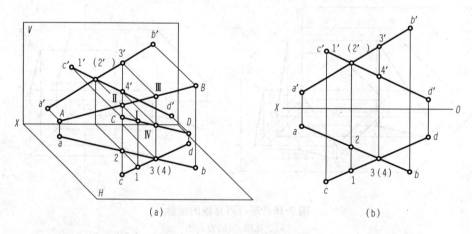

图 3-18 交叉两直线的投影

【提示】 当交叉两直线的投影的交点为重影点时，应判别其可见性。

【例 3-7】 如图 3-19(a)所示，检验直线 AB、CD 的相对位置。

【解】 由于两直线的两组同面投影平行，不可能是相交，又因这两条直线上所有的点的 x 坐标分别相等，因而都是侧平线，可能互相平行，也可能交叉。先将已知条件的 H、V 两面投影体系扩展成三面投影体系，作出直线 AB、CD 的侧面投影 $a''b''$、$c''d''$。由于 $a''b''$ 与 $c''d''$ 相交，则可检验出直线 AB、CD 交叉。作图过程如图 3-19(b)所示。

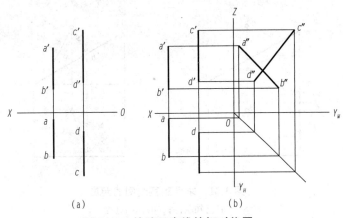

(a) (b)

图 3-19　检验两直线的相对位置

(a)已知条件；(b)作图过程及作图结果

六、直角投影

1. 直角投影定理

空间垂直的两直线（相交或交叉），若其中的一条直线平行于某投影面，则两直线在该投影面上的投影仍为直角；反之，若两直线在某投影面上的投影为直角，且其中有一直线平行于该投影面，则两直线垂直（相交或交叉），称之为直角投影定理。

如图 3-20 所示，$AB \perp BC$，因为 $BC // H$ 面，所以在投影图中，水平投影 $ab \perp bc$。

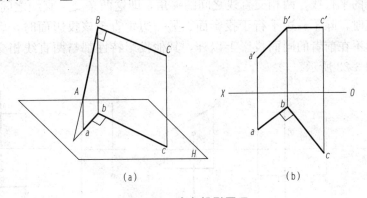

(a) (b)

图 3-20　直角投影原理

(a)直观图；(b)投影图

应用直角投影定理可以解决空间成直角的情况在投影图上的作图问题，例如，求距离和直角三角形、等腰三角形、长方形、正方形、菱形等的投影作图问题。

【例 3-8】　如图 3-21(a)所示，求 A 点到正平线 CD 间的距离。

【解】　分析：因为 CD 为正平线，利用直角的投影特性，可以作出 CD 的垂线 AB，就表示 A 点到 CD 的距离。但是 AB 是一般位置直线，它的投影不反映实长，因此，需要用直角三角形法求出它的实长，这个实长才是所求的真实距离。作图步骤如图 3-21(b)所示。

(1) 过点 a' 作 $c'd'$ 的垂线，并与 $c'd'$ 相交于点 b'，得垂直线段的正面投影 $a'b'$。

(2) 自点 b' 向下引连系线，在 cd 上找到点 b，连 ab 即垂直线段的水平投影。

(3) 用直角三角形法求出线段 AB 的实长 $a'B$，即得所求的真实距离。

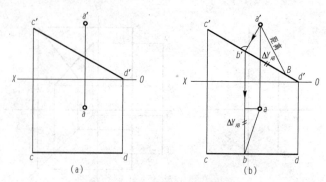

图 3-21　求点到直线间的距离
(a)已知条件；(b)作图过程

2. 直角的投影特性

(1) 两直线相交成直角的投影特性。当两直线相交成直角时，两直角边有下列四种情况：

1) 当直角的两边都不与投影面平行时，在该投影面上的投影不是直角。
2) 当直角的两边都与投影面平行时，在该投影面上的投影仍是直角。
3) 当直角的一边平行于投影面，另一边垂直于该投影面时，在该投影面上的投影为一条直线。
4) 当直角的一边平行于投影面，另一边倾斜于该投影面时，在该投影面上的投影仍是直角。

(2) 两直线交叉成直角的投影特性。按立体几何的规定，由一直线的一个端点作另一与它相交叉的直线的平行线，两相交直线之间的夹角，即这两条交叉直线之间的夹角，因此，两直线交叉垂直时，除了一边平行于投影面、另一边垂直于该投影面时，后者在这个投影面上的积聚投影不在前者的同面投影上以外，其他投影特性都与两直线相交成直角的投影特性相同，如图 3-22 所示。

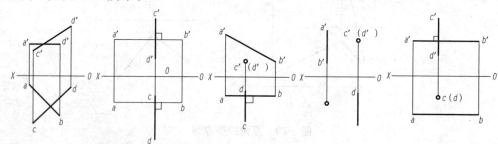

图 3-22　交叉两直线垂直

知识拓展

直线投影的识读

识读直线投影图，首先要判别出直线在空间的位置。判别直线在空间的位置，应根据直线在三面投影图中的特性来确定，如有一个投影平行于投影轴，而另一个投影倾斜，那么这一空间直线一定为投影面的平行线。

第三节 平面的投影

一、平面的表示法

由几何学可知,平面可由下列几何元素确定:不在同一条直线上的三点;一直线及直线外一点;两相交直线;两平行直线;任意的平面图形。因此,画出不在同一直线上的三点或以此三点转换成的其他形式,就能在投影图上表示平面,见表3-4。

平面的投影

表3-4 平面的几何要素表示法

几何元素	示意图	几何元素	示意图
不在同一直线上的三点		两相交直线	
一直线和直线外一点		平面图形	
两平行直线		—	

【提示】 表3-4中几种表示平面的方法,仅是形式上的不同,而实质不变,如用几何元素表示同一个平面的空间位置,它们可以在以上几种形式中互相转换。

二、各种位置平面的投影特性

平面对投影面的位置有一般位置平面、投影面平行面和投影面垂直面三种。

1. 一般位置平面

一般位置平面也称为倾斜面,是指与三个投影面均倾斜的平面,如图3-23所示。对

图3-23进行观察分析,可得出一般位置平面的投影特性:一般位置平面的各个投影均为原平面图形的类似形,且比原平面图形本身的实形小。

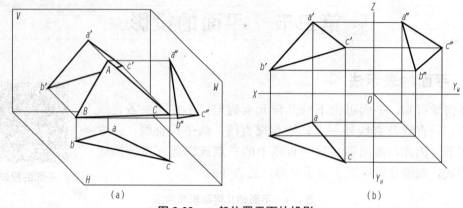

图 3-23 一般位置平面的投影
(a)立体图;(b)投影图

2. 投影面平行面

投影面平行面是指平行于一个投影面,垂直于另外两个投影面的平面。投影面平行面可分为三种:

(1)平行于 H 面的平面称为水平面。
(2)平行于 V 面的平面称为正平面。
(3)平行于 W 面的平面称为侧平面。

投影面平行面的投影特性:平面在它所平行的投影面上的投影反映实形,其余两投影各积聚成一条直线,并平行有关投影轴。

投影面平行面的投影图和投影特性见表3-5。

平行面的投影规律

表 3-5 投影面平行面的投影图和投影特性

名称	水平面	正平面	侧平面
直观图			
投影图			

续表

名称	水平面	正平面	侧平面
投影特性	(1)在 H 面上的投影反映实形。 (2)在 V 面、W 面上的投影积聚为一直线,且分别平行于 OX 轴和 OY_W 轴。	(1)在 V 面上的投影反映实形。 (2)在 H 面、W 面上的投影积聚为一直线,且分别平行于 OX 轴和 OZ 轴。	(1)在 W 面上的投影反映实形。 (2)在 V 面、H 面上的投影积聚为一直线,且分别平行于 OZ 轴和 OY_H 轴。

【提示】 若平面的三个投影中有一个投影积聚成直线,并与该投影面的投影轴平行或垂直,则它一定是某个投影面的平行面。

3. 投影面垂直面

投影面垂直面是指垂直于一个投影面,倾斜于另外两个投影面的平面。投影面垂直面可分为三种:

(1)垂直于 H 面,倾斜于 V、W 面的平面称为铅垂面。
(2)垂直于 V 面,倾斜于 H、W 面的平面称为正垂面。
(3)垂直于 W 面,倾斜于 V、H 面的平面称为侧垂面。

垂直面的投影规律

投影面垂直面的投影特性:在所垂直的投影面上的投影积聚为一斜直线,此投影与相应投影轴的夹角分别反映该平面与另两个投影面的倾角;该平面在另两个投影面上的投影均为类似形。

投影面垂直面的投影图和投影特性见表 3-6。

表 3-6 投影面垂直面的投影图和投影特性

名称	铅垂面	正垂面	侧垂面
直观图			
投影图			
投影特性	(1)在 H 面上的投影积聚为一条与投影轴倾斜的直线。 (2)β、γ 反映平面与 V、W 面的倾角。 (3)在 V、W 面上的投影小于平面的实形	(1)在 V 面上的投影积聚为一条与投影轴倾斜的直线。 (2)α、γ 反映平面与 H、W 面的倾角。 (3)在 H、W 面上的投影小于平面的实形	(1)在 W 面上的投影积聚为一条与投影轴倾斜的直线。 (2)α、β 反映平面与 H、V 面的倾角。 (3)在 V、H 面上的投影小于平面的实形

【提示】 若平面的三个投影中有一个投影是斜直线,则它一定是该投影面的垂直面。

三、平面上的点和直线

1. 平面上取点和直线

点和直线在平面上的几何条件:

(1)点在平面上,则该点必定在这个平面上的一条直线上。

(2)直线在平面上,则直线必定通过该平面上的两个点,或通过该平面上的一个点且平行于该平面上的另一直线。

根据上述条件,如图 3-24 所示,点 D 和直线 DE 位于相交直线 AB、BC 所确定的 ABC 上。

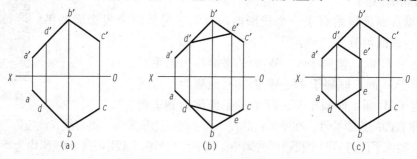

图 3-24 平面上的点和直线

(a)点在平面内的直线上;(b)直线通过平面内的两点;(c)通过平面内一点且平行面内一条直线

【例 3-9】 已知△ABC,如图 3-25(a)所示。判别 K 点是否在平面上;已知平面上一点 E 的正面投影 e',作出其水平投影 e。

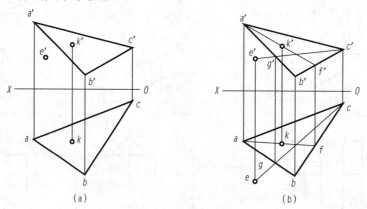

图 3-25 平面上的点

【解】 (1)连接 $a'k'$ 并延长与 $b'c'$ 交于 f',由 $a'f'$ 求出其水平投影 af,则 AF 是 ABC 上的一条直线,如果 K 点在 AF 上,则 k'、k 应分别在 $a'f'$ 和 af 上。作图可知 k 在 af 上,所以 K 点在△ABC 上。

(2)连接 c'、e' 与 $a'b'$ 交于 g',由 $c'g'$ 求出其水平投影 cg,则 CG 面上的一条直线。因点 E 在平面上,则必在平面中的直线 CG 上,过 e' 作投影连线与 cg 延长线的交点 e 即所求 E 点的水平投影。

2. 平面上的特殊位置直线

平面上有各种不同位置的直线,它们对投影面的倾角大小各不相同,其中有两种位置直线的倾角较特殊,一种是倾角最小(等于零度),另一种是倾角最大。前者即平面上的投影面平行线,后者称平面上的最大斜度线。

(1) 平面上的投影面平行线。如图 3-26 所示,在 △ABC 平面上作水平线和正平线。如过点 A 在平面上作一水平线 AD,可先过 a' 作 $a'd'$//OX 轴,并与 $b'c'$ 交于 d',由 d' 在 bc 上作出 d,连接 ad,$a'd'$ 和 ad 即平面上水平线 AD 的两面投影。

如过点 C 在平面上作一正平线 CE,可先过 c 作 ce//OX 轴,并与 ab 交于 e,由 e 在 $a'b'$ 上作出 e',连接 $c'e'$,$c'e'$ 和 ce 即平面上正平线 CE 的两面投影。

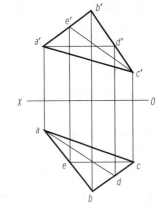

图 3-26 平面上的投影面平行线

【例 3-10】 如图 3-27(a)所示,已知 △ABC 的两面投影,在平面上取一点 K,使 K 点在 H 面之上 10 mm,在 V 面之前 15 mm。

【解】 水平线上各点与 H 面距离相等,正平线上各点与 V 面距离相等。因此,只需在平面 △ABC 上作一条在 H 面上方 10 mm 的水平线和作一条在 V 面前方 15 mm 的正平线,这两条直线的交点即所求 K 点。注意:同一平面中各水平线互相平行,则各正平线也互相平行。作图过程如图 3-27(b)所示。

(1) 在 OX 轴上方 10 mm 作 $1'2'$//OX 轴,使与 $a'b'$ 交于点 $1'$,与 $b'c'$ 交于点 $2'$,过点 $1'$ 作投影连线与 ab 交于点 1。过点 1 作 12//ac,$1'2'$ 和 12 即平面上距 H 面为 10 mm 的水平线。

(2) 在 OX 轴下方 15 mm 作 34//OX 轴,34 为平面上在 V 面之前 15 mm 的正平线的水平投影。得 12 与 34 的交点 k,过 k 作投影连线与 $1'2'$ 交于 k',k'、k 即所求点 K 的两面投影。

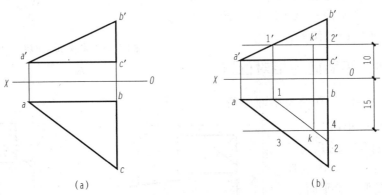

图 3-27 在 △ABC 上取两投影面为已知距离点 K

(2) 平面上的最大斜度线。平面上对某一投影面成倾角最大的直线,称为平面上对该投影面的最大斜度线。因此,平面上的最大斜度线可分为对 H 面的最大斜度线、对 V 面的最大斜度线和对 W 面的最大斜度线三种。可以证明,平面上对某投影面的最大斜度线垂直于平面上对该投影面的平行线。

如图 3-28 所示,直线 MN 是平面 P 上的一条水平线,直线 AB 是平面 P 上对 H 面的最大斜度线,$AB \perp MN$(也必$\perp P_H$,P_H 为 P 平面与 A 平面的交线),$aB \perp P_H$。如过点 A 在平面 P 上再任作一直线 AB_1,假定 AB 对 H 面的倾角为 α,AB_1 对 H 面的倾角为 α_1,则在直角三角形 $\triangle ABa$ 中 $\sin\alpha = Aa/AB$,而在直角三角形 $\triangle AB_1a$ 中,$\sin\alpha_1 = Aa/AB_1$,又由于在直角三角形 $\triangle ABB_1$ 中,$AB \perp P_H$ 为一直角边,AB_1 为斜边,故 $AB_1 > AB$,所以 $\alpha > \alpha_1$。

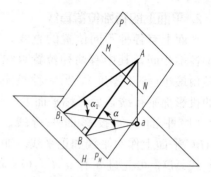

图 3-28 平面上的最大斜度线图

由此可知,平面上对 H 面的最大斜度线必定与平面内的水平线方向垂直。

从图 3-28 中也可见,$\triangle ABa$ 垂直于 P 平面与 H 面的交线 P_H。因此 $\angle ABa$ 即 P、H 两平面的两面角。由此可知平面 P 对 H 面的倾角等于平面 P 上对 H 面的最大斜度线与 H 面的倾角。

同样可以证明,平面上对 V 面的最大斜度线垂直于该平面内的正平线,其与 V 面的倾角等于该平面对 V 面的倾角。平面上对 W 面的最大斜度线垂直于该平面内的侧平线,其与 W 面的倾角等于该平面对 W 面的倾角。

【例 3-11】 求平面 $\triangle ABC$ 对 V 面的倾角 β。

【解】 如图 3-29 所示,平面对 V 面的倾角,即平面上对 V 面的最大斜度线对 V 面的倾角。

(1)先过平面上任一点,如 C 点,作平面上的正平线 cd、$c'd'$ 的两面投影。

(2)过 B 点的正面投影 b' 作 $b'e' \perp c'd'$,再作出 be,BE 即平面上过 B 点的对 V 面最大斜度线。

(3)用直角三角形法求出 BE 对 V 面的倾角 β 即所求 $\triangle ABC$ 对 V 面的倾角。

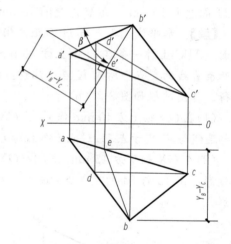

图 3-29 求平面 $\triangle ABC$ 对 V 面的倾角

四、直线、平面间的相对位置

(一)直线与平面、平面与平面平行

1. 直线与平面平行

直线与平面平行的几何条件是,直线平行于平面内的任一直线,则直线平行于平面。

若直线与特殊位置平面平行,由于特殊位置平面的一个投影有积聚性,故直线的一个投影必与平面的积聚性投影平行,如图 3-30 所示。

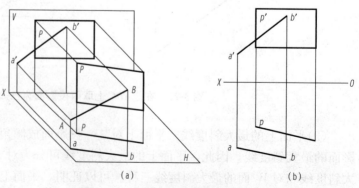

(a)   (b)

图 3-30 直线与特殊位置平面平行

2. 平面与平面平行

平面与平面平行的几何条件是，一平面内的两相交直线平行于另一平面内的两相交直线(图3-31)，则两平面互相平行。

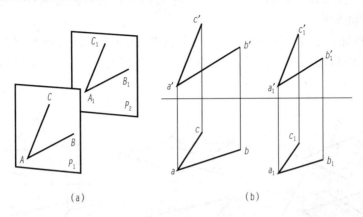

图 3-31　两相交直线对应平行故两平面平行

如图 3-32 所示，因两平面的积聚性投影平行，故两平面互相平行。

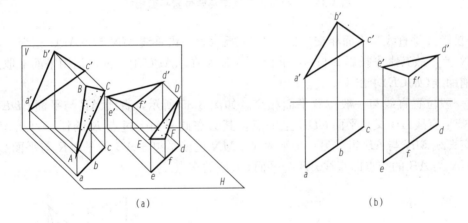

图 3-32　两积聚性投影平行故两平面平行
(a)直观图；(b)投影图

知识拓展

当平面为特殊位置时，直线与平面以及两平面平行的投影特性

当平面为特殊位置时，直线与平面以及两平面平行，不仅在投影图中有一个或两个同面投影有积聚性，而且能直接反映出直线与平面以及两平面平行的投影特性，常用这些投影特性来检验和求解有关直线与平面以及两平面平行的作图问题。

(二)直线与平面、平面与平面相交

直线与平面、平面与平面的相对位置，凡不符合平行几何条件的，则必然相交。在此只讨论平面处于与投影面垂直的特殊位置，即平面的投影具有积聚性的情况。

1. 直线与平面相交

(1) 直线与特殊位置平面相交。直线与平面相交的交点是直线与平面的共有点，当需判断直线投影的可见性时，交点又是直线各投影可见与不可见的分界点，如图 3-33 所示。

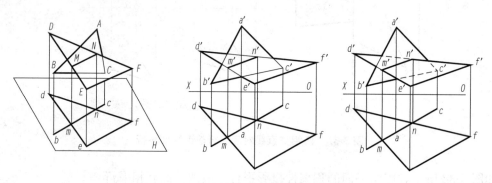

图 3-33　一般位置直线与特殊位置平面相交

(2) 投影面垂直线与平面相交。如图 3-34 所示为一铅垂线 MN 与 $\triangle ABC$ 相交。因交点 K 在 MN 上，故其水平投影 k 与 mn 重合；而 K 又在 $\triangle ABC$ 上，故可运用平面上取点的方法，用辅助线（如 CE）求出 k'。

(3) 一般位置直线与一般位置平面相交。如图 3-35 所示，直线 AB 与平面 CDE 相交。交点 K 既是直线 AB 又是平面 CDE 上的点，其必在此平面上过点 K 的任一直线 MN 上。一对相交直线 MN 与 AB 组成另一个平面 R。MN 也就是包含 AB 的平面 R 与平面 CDE 的交线，MN 与 AB 的交点即直线 AB 与平面 CDE 的交点。

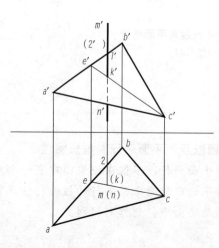

图 3-34　铅垂线与一般位置平面相交

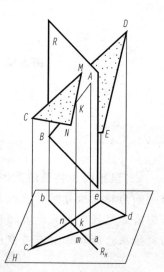

图 3-35　一般位置直线与
一般位置平面相交

知识拓展

一般位置直线与一般位置平面相交时,求交点的作图步骤如下:
(1)包含已知直线作辅助面(为便于作图,常采用投影面垂直面)。
(2)求辅助平面与已知平面的交线。
(3)求出该交线与已知直线的交点,即所求。

2. 平面与平面相交

两平面相交的交线是两平面的共有线,当需要判断平面投影的可见性时,交线又是平面各投影可见与不可见的分界线。

(1)投影面垂直面与一般位置平面相交。两平面的交线是直线,只要求出两个共有点,交线就可以确定了。可以利用求投影面垂直面与一般位置直线的交点的方法来求交线。如图 3-36 所示,分别求出两直线 EF、EG 与 ABCD 面的交点 K、L,直线 KL 即两已知平面的交线。

(2)两铅垂面相交。当两铅垂面相交时,交线 MN 是铅垂线,如图 3-37 所示。两铅垂面的 H 面积聚投影的交点就是交线 MN 的水平投影。由此可求出交线 MN 的正面投影,并由水平投影直接判断出可见性。

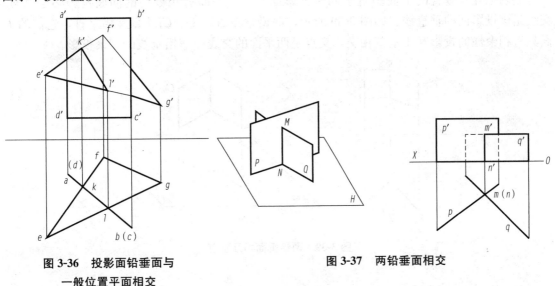

图 3-36 投影面铅垂面与一般位置平面相交　　图 3-37 两铅垂面相交

(三)直线与平面、平面与平面垂直

1. 直线与平面垂直

由几何学可知,一直线若垂直于一平面上任意两相交直线,则直线垂直于该平面,且直线垂直于该平面上的所有直线。在此只讨论平面是投影面垂直面的特殊情况。

图 3-38 中直线 $MK \perp ABCD$ 面。因平面 $ABCD \perp H$ 面,MK 必平行 H 面,故 $m'k' \parallel OX$ 轴,$mk \perp abcd$。图 3-38 中点 k 为垂足,mk 为反映点 m 到此平面的实际距离。由此可

知,直线与投影面垂直面垂直时,必与该平面所垂直的投影面平行,故其投影特点:在与平面垂直的投影面上的投影反映直角;直线的另一投影必平行于投影轴。

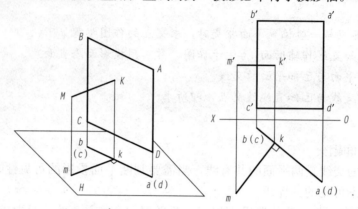

图 3-38　直线与特殊位置平面垂直

2. 平面与平面垂直

两平面相互垂直的几何条件:若一直线垂直于平面,则包含这条直线所作的任何平面均与已知平面垂直;反之,若两平面垂直,则由一个平面内任一点作另一平面的垂线,该垂线必然属于前一平面。

当两个互相垂直的平面垂直于同一投影面时,两平面有积聚性的同面投影必定垂直,交线是该投影面的垂直线。如图 3-39 所示,两铅垂面 ABCD、CDFE 互相垂直,它们的 H 面具有积聚性的投影互相垂直相交,交点是两平面的交线——铅垂线的积聚投影。

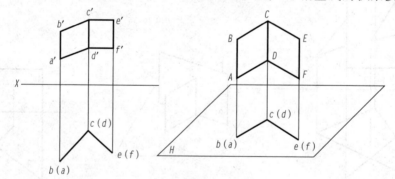

图 3-39　两铅垂面相互垂直

本章小结

众所周知,建筑形体大多是由多个平面组成的,各平面相交于多条棱线,各棱线又相交于多个顶点,因此,研究空间点、线、面的投影规律是绘制建筑工程图样的基础。通过点、线、面投影相关知识及成图原理的学习,进一步提高对投影法的理解与掌握。本章主要介绍点、线、面的投影规律和投影特性等。

思考与练习

一、填空题

1. 当空间点在原点上,它的坐标均为零,它的投影均位于_____上。
2. 在投影图上判断空间两个点的相对位置,就是分析两点之间的_____、_____和_____关系。
3. 当空间两点位于某一投影面的同一条投射线(即其有两对坐标值分别相等),则此两点在该投影面上的投影重合为一点,此两点称为对该投影面的_____。
4. 空间直线在某一投影面上的投影长度,与直线对该投影面的_____大小有关。
5. 按照直线与三投影面的相对位置,可以将直线分为_____、_____和_____三种。
6. 投影面平行线又可分为_____、_____、_____。
7. 直线与投影面的交点称为直线的_____。
8. 平行直线和相交直线都在同一平面上,称为_____,而交叉直线不在同一平面上,称为_____。
9. 当直线为某投影面平行线时,应检查在该投影面上的_____是否与之平行。
10. 平面对投影面的位置有_____、_____和_____三种。

二、判断题

1. 点的投影仍为一点,且空间点在一个投影面上有唯一的投影。( )
2. 投影规律是"长对正、高平齐、宽相等"的理论所在,由点的两面投影可以求出第三面投影。( )
3. 当空间点位于投影轴上,它的两个坐标等于零,它的投影中有一个投影位于投影轴上。( )
4. 当空间两点有两对坐标值分别相等时,则该两点必有重合投影,其可见性由重影点的一对不等的坐标值来确定,坐标值大者为不可见,小者为可见。( )
5. 一般位置直线的投影长度均比实长短,且不能反映与投影面倾角的真实大小。( )
6. 在投影图上,如果有一个投影平行于投影轴,而另有一个投影倾斜,那么这条空间直线一定是投影面的平行线。( )
7. 交叉两直线的同面投影可能表现为互相平行,并且所有同面投影都平行。( )
8. 当直角的一边平行于投影面,另一边倾斜于该投影面时,在该投影面上的投影仍是直角。( )

三、简答题

1. 点在三面投影体系的投影规律是什么?
2. 简述重影点可见性的判别方法。
3. 投影面垂直线分为哪三种?
4. 投影面垂直线的投影特性是什么?

5. 什么是直角投影定理？

四、练习题

1. 已知点 $A(20，8，14)$，作其三面投影图。

2. 如图 3-40 所示，判断点 K 是否在侧平线 AB 上。

3. 如图 3-41 所示，已知两侧平线 AB 和 CD 的 V、H 投影都是平行的，判断空间直线 AB 和 CD 是否平行。

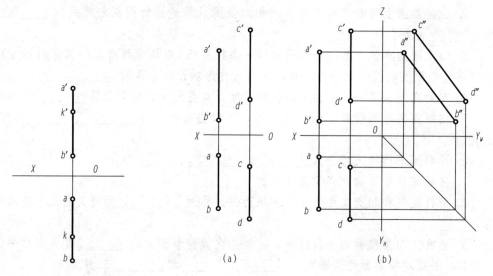

图 3-40　判断 K 点是否在侧平线 AB 上　　　　图 3-41　判断两直线是否平行

第四章 立体的投影

知识目标

1. 了解平面立体的类型；掌握棱柱体、棱锥体、棱台体的投影规律和方法。
2. 了解曲面立体的概念及形成；掌握圆柱体、圆锥体、圆球体的投影分析和作图步骤。
3. 了解屋面交线的投影特性；掌握求同坡屋面交线的步骤。

能力目标

1. 能够对基本形体的投影进行分析。
2. 能够画组合体投影图。

第一节　平面立体的投影

一、平面立体的类型

表面由平面围成的形体称为平面立体。在建筑工程中，建筑物以及组成建筑物的各种构件和配件等，大多数是平面立体，如梁、板、柱、墙等。因此，应当熟练掌握平面立体的投影特点和分析方法。

基本平面体包括棱柱体（如正方体、长方体、三棱体等）、棱锥体（如三棱锥等）和棱台体（如四棱台等），如图 4-1 所示。

【提示】　作平面体的投影图，其关键在于作出平面体上的点（棱点）、直线（棱线）和平面（各侧表面）的投影。

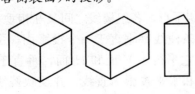

图 4-1　平面几何体

体的投影

二、棱柱体的投影

棱柱体是由侧表面和两底面包围而成。为了便于绘制几何体形的三面正投影图，通常是将形体的各个面与投影面保持平行或垂直的位置。常见的棱柱体有长方体、三棱柱、五棱柱等。

（一）长方体的投影

长方体是由前、后、左、右、上和下六个相互垂直的平面构成的。只要按照投影规律画出各个表面的投影，即可得到长方体的投影图。

把长方体（例如烧结普通砖）放在三个相互垂直的投影面之间，方向位置摆正，即长方体的前、后面与 V 面平行；左、右面与 W 面平行；上、下面与 H 面平行。这样所得到的长方体的三面正投影图，反映了长方体的三个面的实际形状和大小，综合起来，就能说明它的全部形状，如图 4-2 所示。

棱柱体的投影规律

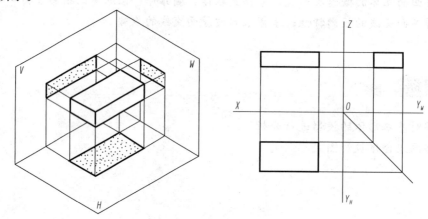

图 4-2　长方体的投影

1. 点的投影分析

长方体上的每一个棱角都可以看作是一个点，从图 4-3 可以看出每一个点在三个投影图中都有与它对应的三个投影。例如 A 点的三个投影为 a、a'、a''。

（1）A 点的正面投影 a' 和水平投影 a，共同反映 A 点在物体上的左右位置以及 A 点与 W 面的垂直距离（X 轴坐标），所以 a 和 a' 一定在同一条铅垂线上。

（2）A 点的正面投影 a' 和侧面投影 a''，共同反映 A 点在物体上的上下位置（高、低）以及 A 点与 H 面的垂直距离（Z 轴坐标），所以 a' 和 a'' 一定在同一条水平线上。

（3）A 点的水平投影 a 和侧面投影 a''，共同反映 A 点在物体上的前后位置以及 A 点与 V 面的垂直距离（Y 轴坐标），所以 a 和 a'' 一定互相对应。

2. 直线的投影分析

长方体上有三组方向不同的棱线，每组四条棱线互相平行，各组棱线之间又互相垂直。

当长方体在三个投影面之间的方向位置放正时，每条棱线都垂直于一个投影面，平行于另外两个投影面。如图 4-4 所示，以棱线 AB 为例，它平行于 V 面和 H 面，垂直于 W 面，所以这条棱线的侧面投影积聚为一点，而正面投影和水平投影为直线，并反映棱线实长。同时可以看出，互相平行的直线其投影也互相平行。

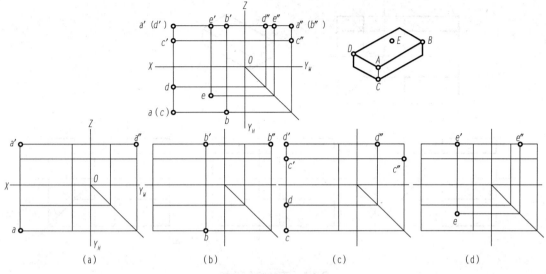

图 4-3 点的投影分析

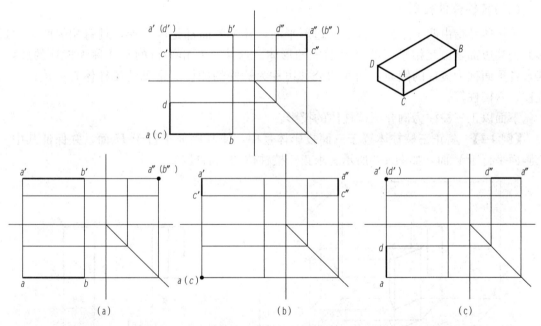

图 4-4 直线的投影分析

3. 面的投影分析

以长方体的前面即 P 面为例,P 面平行于 V 面、垂直于 H 面和 W 面。其正面投影 P' 反映 P 面的实形(形状、大小均相同)。其水平投影和侧面投影都积聚成直线,如图 4-5(a) 所示。长方体上其他各面和投影面的关系,也都平行于一个投影面、垂直于另外两个投影面。各个面的三个投影图都有一个反映实形、两个积聚成直线,如图 4-5 所示。

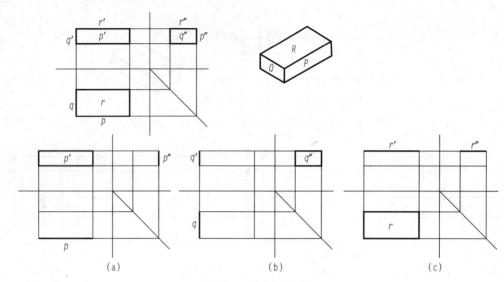

图 4-5 面的投影分析

(二)棱柱体的投影

棱柱体是指由两个互相平行的多边形平面,其余各面都是四边形,且每相邻两个四边形的公共边都是由互相平行的平面围成的形体。这两个互相平行的平面称为棱柱的底面,其余各平面称为棱柱的侧面,侧面的公共边称为棱柱的侧棱。常见的棱柱体有三棱柱、五棱柱、六棱柱等。

下面以正三棱柱为例介绍棱柱体的投影。

【例 4-1】 将正三棱柱体置于三面投影体系中,使其底面平行于 H 面,并保证其中一个侧面平行于 V 面,如图 4-6 所示。求正三棱柱体的三面投影。

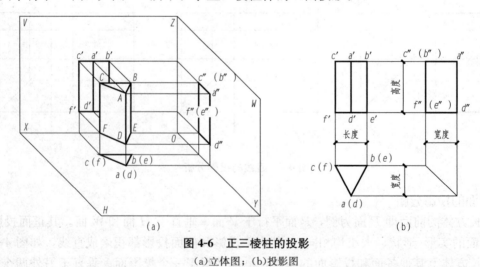

图 4-6 正三棱柱的投影
(a)立体图;(b)投影图

【解】 作图前,应先进行分析:三棱柱为立放,它的底面、顶面平行于 H 面,各侧棱均垂直于 H 面,故在 H 面上的三角形是其底面的实形;V 面、W 面投影的矩形外轮廓是三棱柱两个侧面的类似性投影,两条竖线是侧棱的实长,是三棱柱的实际高度。

作图步骤如下：

(1) 作 H 面投影。底面平行于顶面且平行于 H 面，则在 H 面的投影反映实形，并且相互重合为正三角形。各棱柱面垂直于 H 面，其投影积聚成为直线，构成正三角形的各条边。

(2) 作 V 面投影。由于其中一个侧面平行于 V 面，则在 V 面上的投影反映实形。其余两个侧面与 V 面倾斜，在 V 面上的投影形状缩小，并与第一个侧面重合，所以 V 面上的投影为两个长方形。底面和顶面垂直于 V 面，它们在 V 面上的投影积聚成上、下两条平行于 OX 轴的直线。

(3) 作 W 面投影。由于与 V 面平行的侧面垂直于 W 面，在 W 面上的投影积聚成平行于 OZ 轴的直线。顶面和底面也垂直于 W 面，其在 W 面上的投影积聚为平行于 OY 轴的直线，另两侧面在 W 面的投影为缩小的重合的长方形。

三、棱锥体的投影

棱锥与棱柱的区别是侧棱线交于一点，即锥顶。棱锥的底面是多边形，各个棱面都是有一个公共顶点的三角形。正棱锥的底面是正多边形，顶点底面的投影在多边形的中心。棱锥体的投影仍是空间一般位置和特殊位置平面投影的集合，其投影规律和方法同平面的投影。

下面以正三棱锥体为例介绍棱锥体的投影。

【例 4-2】 已知正三棱锥体的锥顶和底面，求正三棱锥体的三面投影。

【解】 将正三棱锥体放置于三面投影体系中，如图 4-7 所示，使其底面 ABC 平行于 H 面。由于底面 ABC 为正三角形且是水平面，则其水平投影反映实形；棱面 SAB、SBC 为一般位置平面，其各个投影都为类似形，棱面 SAC 为侧垂面，其侧面投影积聚为一条直线，其他投影面的投影为类似形；三棱锥的底边 AB、BC 为水平线，AC 为侧垂线，棱线 SA、SC 为一般位置直线，棱线 SB 为侧平线，其投影特性可以根据不同位置的直线的投影特性来分析作图，也可根据三视图的投影规律作出这个三棱锥的三视图。

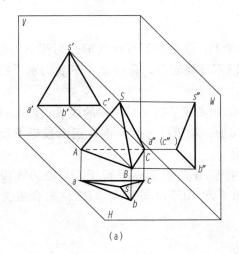
(a)

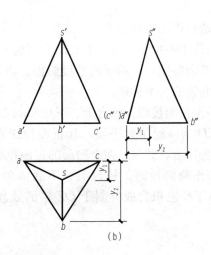
(b)

图 4-7 正三棱锥体的投影
(a) 立体图；(b) 三视图

【提示】 作图时，应根据上述分析结果和正三棱锥的特性，先作出三棱锥的水平投影，也就是平面图，作出正三角形，分别作三角形的高，找到中心点，然后根据投影规律作出其他两个视图。作图时，要注意"长对正，高平齐，宽相等"的对应关系。

四、棱台体的投影

用平行于棱锥底面的平面切割棱锥后，底面与截面之间剩余的部分称为棱台体。截面与原底面称为棱台的上、下底面，其余各平面称为棱台的侧面，相邻侧面的公共边称为侧棱，上、下底面之间的距离为棱台的高。棱台有三棱台、四棱台、五棱台等。

下面以三棱台为例介绍棱台体的投影。

为方便作图，应使棱台上、下底面平行于水平投影面，并使侧面两条侧棱平行于正立投影面，如图4-8所示。

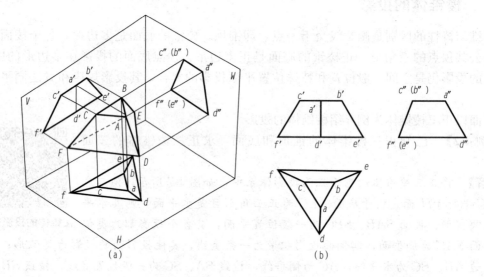

图 4-8 三棱台的投影
(a)直观图；(b)投影图

三棱台作图步骤如下：

(1)作水平投影。由于上底面和下底面为水平面，水平投影反映实形，为两个相似的三角形。其余各侧面倾斜于水平投影面，水平投影不反映实形，是以上、下底面水平投影相应边为底边的三个梯形。

(2)作正面投影。棱台上、下底面的正面投影积聚成平行于 OX 轴的线段；侧面 $ACFD$ 和 $ABED$ 为一般位置平面，其正面投影仍为梯形；$BCFE$ 为侧垂面，正面投影不反映实形，仍为梯形，并与另两个侧面的正面投影重叠。

(3)作侧面投影。棱台上、下底面的侧面投影分别积聚成平行于 OY 轴的线段，侧垂面 $BCFE$ 也积聚成倾斜于 OZ 轴的线段，而平面 $ACFD$ 与平面 $ABED$ 重合成为一个梯形。

五、棱柱表面上的点

根据立体表面上某已知点(或线)的任一投影,要作出该点(或线)的其他投影,实质就是立体表面上取点作线的作图问题。

由于平面立体的各表面都是平面多边形,因此,在具体作图时,只要把立体上的各表面都看成是一个独立的平面,就完全可应用平面上取点原理进行作图。

但由于平面立体的各表面存在着相对位置的差异,必然会出现表面投影的相互重叠,而产生各表面投影的可见与不可见的问题,因此,对处于不同表面上点(或线)的投影,就要进行可见性的判别。一般规定,凡是点的某一投影为不可见时,就要在该不可见点的投影旁加一小括号。

【例 4-3】 已知三棱柱的三面投影及其表面上的点 M 和 N 的正面投影 m' 和 n',求作它们的另两个投影,如图 4-9 所示。

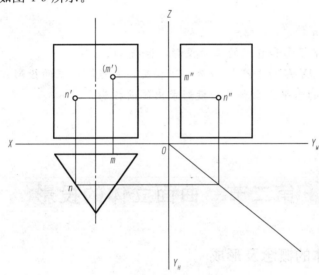

图 4-9 棱柱表面上定点

【解】 分析:根据已知条件,M 点必在三棱柱后侧的棱面上(因 m' 不可见),而 N 点必在三棱柱的右前侧面上(因 n' 可见)。

利用棱柱各棱面的水平投影有积聚性,可向下引投影连接线直接找到两点的水平投影 m 和 n,然后即可按投影规律求出这两点的侧面投影 m'' 和 n''。

六、棱锥表面上的点

【例 4-4】 已知三棱锥面的三面投影及其表面上点 M 的正面投影 m' 和点 N 的水平投影 n,求出它们的另两个投影,如图 4-10 所示。

【解】 分析:根据题中所给出的投影可知,M 点和 N 点分别位于三棱锥的 SAB 和 SBC 棱面上。但由于这两个棱面都是一般位置的平面,它们的各个投影都没有积聚性,因此,显然不可能再利用上例中的作图方法(利用积聚性)解题,为了解决本题,需要先在棱锥的棱面上作出过已知点的辅助线,然后再作出辅助线上该点的各投影。

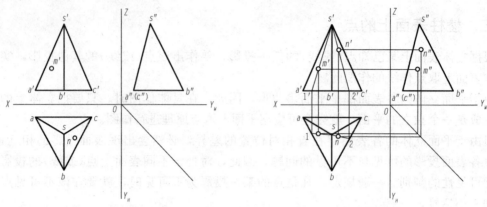

图 4-10 棱锥表面取点

作图步骤如下：
(1) 分别过 m'、n 作 $s'1'$、$s2$。
(2) 求出Ⅰ的水平投影和Ⅱ点的正面投影，连接 $s1$、$s'2'$。
(3) 过 m'、n 作 OX 轴的垂线与 $s1$ 及 $s'2'$ 相交，交点即所求的投影。
(4) 根据 M、N 的水平投影和正面投影求出侧面投影。

第二节　曲面立体的投影

一、曲面立体的概念及形成

1. 曲面体的相关概念

(1) 曲面体：由曲面或曲面和平面围成的立体。
(2) 回转面：直线或曲线绕某一轴线旋转而成的光滑曲面。
(3) 母线：形成回转面的直线或曲线。
(4) 素线：回转面上的任一位置的母线。轮廓素线则是指将物体置于投影体系中，在投影时能构成物体轮廓的素线。
(5) 纬圆：母线上任意点绕轴旋转形成曲面上垂直轴线的圆。

2. 回转体的形成

常见的曲面体有圆柱、圆锥、圆球等。由于这些物体的曲表面均可看成是由一根动线绕着一固定轴线旋转而成的，故这类形体又称为回转体。如图 4-11 所示，图中的固定轴线称为回转轴，动线称为母线。

(1) 当母线为直母线且平行于回转轴时，形成的曲面为圆柱面，如图 4-11(a) 所示。
(2) 当母线为直母线且与回转轴相交时，形成的曲面为圆锥面，如图 4-11(b) 所示。圆锥面上所有母线交于一点，称为锥顶。

(3) 由圆母线绕其直径回转而成的曲面称为圆球面, 如图 4-11(c) 所示。

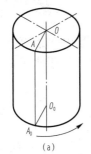 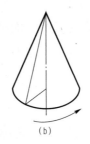 

(a) (b) (c)

图 4-11 回转面的形式

(a) 圆柱面; (b) 圆锥面; (c) 圆球面

二、圆柱体的投影

圆柱体是由圆柱面和两个圆形底面组成的。如图 4-12 所示, 圆柱面可看成是由一条直线 AA_0 绕与它平行的轴线 OO_0 旋转而成的。运动的直线 AA_0 称为母线。圆柱面上与轴线平行的直线称为圆柱面的素线。母线 AA_0 上任意一点的轨迹就是圆柱面的纬圆。

1. 投影分析

如图 4-13 所示, 当圆柱体的轴线为铅垂线时, 圆柱面所有的素线都是铅垂线, 在平面图上积聚为一个圆, 圆柱面上所有的点和直线的水平投影, 都在平面图的圆上; 其正立面图和侧立面图上的轮廓线分别为圆柱面上最左、最右轮廓素线和最前、最后轮廓素线的投影。圆柱体的上、下底面为水平面, 水平投影为圆(反映实形), 另两个投影积聚为直线。

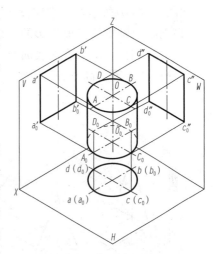

图 4-12 圆柱体作图分析

2. 投影作图步骤

如图 4-13(c) 所示, 圆柱体投影图的作图步骤如下:

(1) 首先作圆柱体三面投影图的轴线和中心线, 然后由直径画水平投影圆。

(2) 由"长对正"和高度作正面投影矩形。

(3) 由"高平齐, 宽相等"作侧面投影矩形。

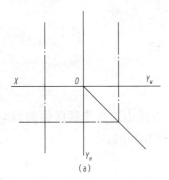 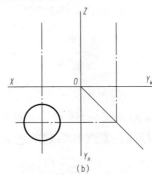 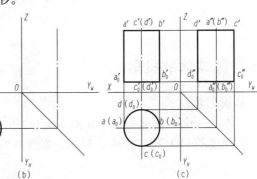

(a) (b) (c)

图 4-13 圆柱体的投影作图

三、圆锥体的投影

圆锥体是由圆锥面和一个底面组成的。圆锥面可看成是由一条直线绕与它相交的轴线旋转而成的。圆锥放置时，应使轴线与水平面垂直，底面平行于水平面，以便于作图，如图 4-14 所示。

1. 投影分析

如图 4-14(a)所示，当圆锥体的轴线为铅垂线时，其正立面图和侧立面图上的轮廓线分别为圆锥面上最左、最右轮廓素线和最前、最后轮廓素线的投影。圆锥体的底面为水平面，水平投影为圆（反映实形），另两个投影积聚为直线。

与圆柱相同，圆锥的 V 面、W 面投影代表了圆锥面上不同的部位。正面投影是前半部投影与后半部投影的重合，而侧面投影是圆锥左半部投影与右半部投影的重合。

2. 投影作图步骤

如图 4-14(b)所示，圆锥体投影图的作图步骤如下：

(1)先画出圆锥体三面投影的轴线和中心线，然后由直径画出圆锥的水平投影图。

(2)由"长对正"和高度作底面及圆锥顶点的正面投影，并连接成等腰三角形。

(3)由"宽相等，高平齐"作侧面投影等腰三角形。

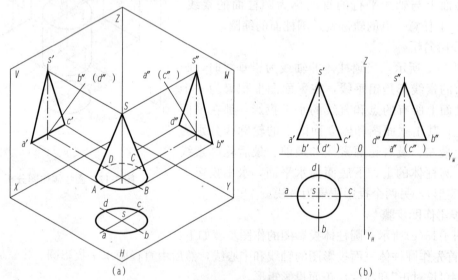

图 4-14 圆锥体的投影图
(a)直观图；(b)投影图

四、圆球体的投影

1. 投影分析

圆球体由一个圆球面组成。如图 4-15(a)所示，圆球面可看成由一条半圆曲线绕以它的直径作为轴线的 OO_0 旋转而成。母线、素线和纬圆的意义都是相同的。

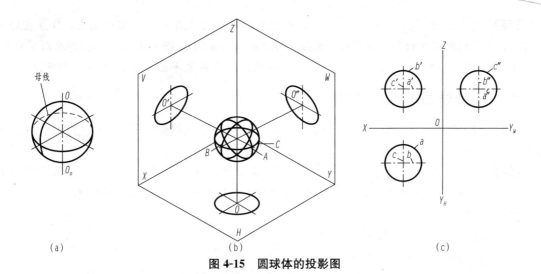

图 4-15　圆球体的投影图
(a)球的形成；(b)作图分析；(c)投影图

如图 4-15(b)所示，球体的三面投影均为与球的直径大小相等的圆，故又称为"三圆为球"。V 面、H 面和 W 面投影的三个圆分别是球体的前、上、左三个半球面的投影，后、下、右三个半球面的投影分别与之重合；三个圆周代表了球体上分别平行于正面、水平面和侧面的三条素线圆的投影。由图 4-15(b)可以看出，圆球面上直径最大的、平行于水平面和侧面的圆 A 与圆 C 的正面投影分别积聚在过球心的水平与铅垂中心线上。

2. 投影作图步骤

如图 4-15(c)所示，圆球体投影图的作图步骤如下：
(1)画圆球面三投影圆的中心线。
(2)以球的直径为直径画三个等大的圆，即各个投影面的投影圆。

五、圆柱表面取点

【例 4-5】　如图 4-16 所示，若已知圆柱面上两点 A 和 B 的正面投影 a' 和 b'，求出它们的水平投影 a、b 和侧面投影 a''、b''。

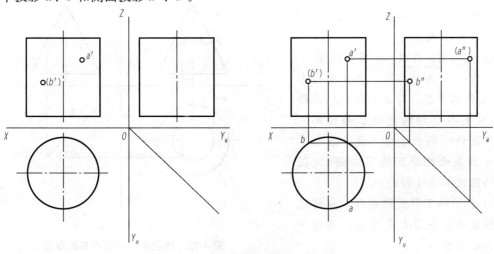

图 4-16　圆柱表面取点

【解】 分析：根据已知条件 a' 可见，b' 不可见，可知 A 点在前半个圆柱面上，B 点在后半个圆柱面上。利用圆柱的水平投影有积聚性，可直接找到 a 和 b，再根据已知二投影求出 a'' 和 b''。

由于 A 点在左半圆柱面上，所以 a'' 为不可见；B 点在左半圆柱上，所以 b'' 为可见。

六、圆锥表面取点、作线

【例 4-6】 如图 4-17 所示，若已知圆锥面上 M 点的正面投影 m'，求作它的水平投影 m 和侧面投影 m''。

【解】 分析：根据已知条件 m' 可见，故 M 点位于前半个圆锥面上，m 必在水平投影中前半个圆内，且投影为可见；m'' 在侧面投影中右半个圆锥面上，投影为不可见。

作图步骤如下：

(1) 用素线法作图，如图 4-17 所示。

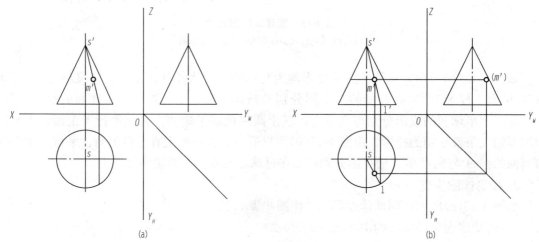

图 4-17 素线法——圆锥表面取点

1) 连 $s'm'$ 并延长，使与底圆的正面投影相交于 $1'$ 点，求出 $s1$ 及 $s''1''$，$S1$ 即过 M 点且在圆锥面上的素线。

2) 已知 m'，应用直线上取点的作图方法求出 m 及 m''。

(2) 用纬圆法作图，如图 4-18 所示。

1) 作过 M 点的纬圆。在正面投影中过 m' 作水平线，与正面投影轮廓线相交（该直线段即纬圆的正面投影）。取此线段的一半长度为半径，在水平投影中画底面轮廓圆的同心圆（此圆即该纬圆的水平投影）。

2) 过 m' 向下引投影连线，在纬圆水平投影的前半圆上求出 m，并根据 m' 和 m，求出 m''。

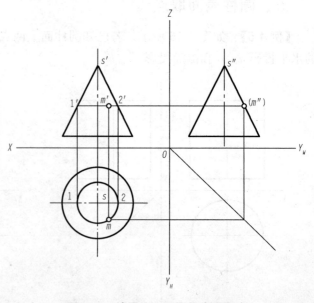

图 4-18 纬圆法——圆锥表面取点

七、圆球体表面取点

【例 4-7】 如图 4-19 所示，已知球面上点 M 的正面投影 m'，试求它的另两个投影。

【解】 分析：根据题意，点 m' 为可见，因此 M 点位于前半球，而且还在上半球，故其水平投影应为可见；又由于 m' 还在左半球上，其侧面投影也为可见。

作图步骤如下：

(1) 过 m' 作水平辅助圆，该圆的正面投影为过 m' 且平行于 OX 轴线的平行线，其两端与正面转向轮廓圆交于 $1'$、$2'$ 两点。

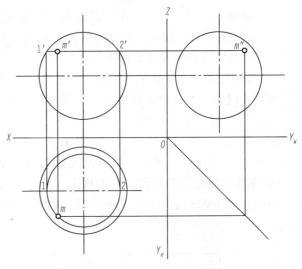

图 4-19 圆球表面取点

(2) 以 $1'2'$ 线段的一半长度为半径，以水平投影轮廓圆的中心为圆心画圆，即辅助圆的水平投影。

(3) 由 m' 向下引投影连线与辅助圆的前半部相交得 m，再根据 m 及 m' 求出侧面投影 m''。

第三节　同坡屋面的交线

在房屋建筑中，常以坡屋面作为屋顶形式，其中最常见的是屋檐等高的同坡屋面，即屋檐高度相等、各屋面与 H 面倾角相等的屋面。已知坡屋顶的屋檐的 H 面投影和屋面的倾角，求作屋面的交线来完成同坡屋面的投影，可视为特殊形式的平面立体相贯。

一、屋面交线的投影特性

同坡屋面上两个相邻屋檐相交成阳角，坡屋面交线为斜脊；两相邻屋檐相交成阴角，坡屋面交线为天沟或斜沟。两个平行屋檐的屋面交线为平脊或屋脊。

(1) 斜脊和斜沟的 H 面投影为两屋檐的 H 面投影夹角的平分线。

(2) 屋顶上如有两条交线交于一点，则至少还有第三条交线通过该交点。

(3) 平脊的 H 面投影，必平行于屋檐的 H 面投影，且与两屋檐的 H 面投影的距离相等。

二、求同坡屋面交线的步骤

(1) 作相邻屋檐的角平分线。如图 4-20(a) 所示，已知屋面的屋檐线的 H 面投影，过各点作角平分线，即斜脊(天沟)线。从图中可看出，屋檐线垂直相交，因此斜脊线为 45°倾斜线。

(2)两个斜脊相交必有第三条平脊出现。如图4-20(b)中1、2角的角平分线交于 a 点，过 a 点必有第三条交线，即前后屋面交线。此线与8角的角平分线相交于 b 点，ab 为平脊。过 b 点又有第三条交线产生。由于前屋面已形成完整的图形 $1ab8$，而后屋面 $ba23$ 和右屋面 $78b$ 未形成完整图形，因此，过 b 点的第三条交线应该是这两个屋面的交线，所以过 b 点作 23和87屋檐的角平分线与3角的角平分线交于 c 点，$3c$ 为天沟。

(3)先碰先交。过 b 点作交线时，注意先碰的线要先相交，否则过 b 点的交线超越先碰的3角平分线而与7角平分线相交于 j 点，同样，fh 线超越7角平分线与4角平分线相交于 h，这样就容易产生 ij 水平天沟线，如图4-20(c)所示，这是要避免的。因此按先碰先交的方法，过 b 点作的交线与3角平分线交于 c 点，再过 c 点作34、87的平行线交4角平分线于 d 点，cd 又是一个平脊，继续完成其 H 面投影，如图4-20(d)所示。

(4)完成屋面交线的 V 面、W 面投影。作完屋面交线的 H 面投影以后，按给定的屋面坡度(一般 $\alpha=30°$)完成其 V 面、W 面投影，此时注意不可见的部分应画成虚线，如图4-20(e)所示。

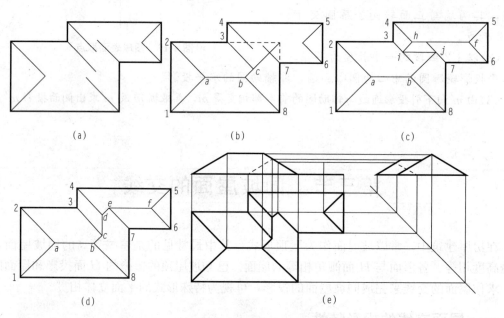

图4-20 求作屋面交线的投影

本章小结

表面由平面围成的形体称为平面立体。根据其表面性质，可以把立体分为平面立体和曲面立体。基本平面体包括棱柱体(如正方体、长方体、三棱体等)、棱锥体(如三棱锥等)和棱台体(如四棱台等)。本章主要介绍平面立体的投影、曲面立体的投影、同坡屋面的交线。

思考与练习

一、填空题

1. 作平面体的投影图，其关键在于作出平面体上的_____、_____和_____的投影。
2. 当长方体在三个投影面之间的方向位置放正时，每条棱线都垂直于_____，平行于_____。
3. 棱锥的底面是_____，各个棱面都是有一个公共顶点的_____。
4. 由曲面或曲面和平面围成的立体称为_____。
5. 直线或曲线绕某一轴线旋转而成的光滑曲面称为_____。

二、判断题

1. 当母线为直母线且平行于回转轴时，形成的曲面为圆球面。（　　）
2. 圆柱面上与轴线平行的直线称为圆柱面的母线。（　　）

三、简答题

1. 举例说明棱台体的投影步骤和作图方法。
2. 举例说明圆柱体的投影步骤。

四、练习题

1. 如图 4-21 所示，已知斜三棱柱表面上折线 EFGH 的正面投影，完成立体表面折线的水平投影。
2. 如图 4-22 所示，已知圆锥表面上闭合线段的正面投影 $a'b'c'd'e'f'$，试完成其水平投影和侧面投影。

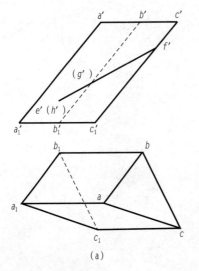

图 4-21　斜三棱柱表面上折线的投影

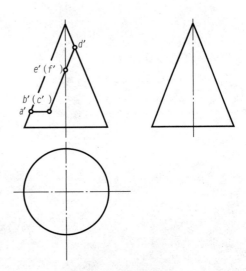

图 4-22　圆锥表面取线

3. 如图 4-23 所示，已知房屋的正面投影和侧面投影，求房屋表面交线。

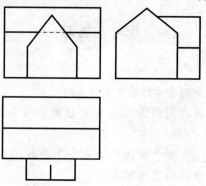

图 4-23　房屋的表面交线

第五章 轴测投影

知识目标

1. 了解轴测投影的相关概念及分类。
2. 了解轴测投影的特性;掌握轴测投影的画法。
3. 了解影响轴测图直观性的因素;掌握避免影响轴测投影的直观性和立体感的方法。

能力目标

1. 能够绘制正等测图和斜等测图。
2. 能够恰当地选择轴测图来表达一个形体。

第一节 轴测投影基本知识

在工程制图中,一般采用正投影图来表达建筑形体的形状与大小,并作为施工依据。但正投影图直观性差,未学过投影理论的人,很难读懂这种图样。因此,在工程上还采用在一个投影面上同时反映物体的长、宽、高三个坐标,并且直观性好的轴测投影图,如图 5-1 所示。轴测投影图作图复杂、度量性差,在工程实践上一般作为辅助图样。

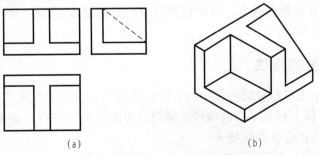

图 5-1 正投影图和轴测投影图
(a)正投影图;(b)轴测投影图

一、轴测投影的形成与分类

在轴测投影中，投影面 P 称为轴测投影面，投射方向 S 称为轴测投射方向。根据投射方向是否垂直于投影面，轴测图可以分为两大类，即正轴测图和斜轴测图。

正轴测图是指投影线垂直于投影面，而形体倾斜于投影面得到的轴测投影图，如图 5-2(a) 所示；斜轴测图是指投影线倾斜于投影面，而形体平行于投影面得到的轴测投影图，如图 5-2(b) 所示。

轴间角和轴向伸缩系数是绘制轴测投影时必须具备的两个要素，对于不同类型的轴测投影，有着不同的轴间角和轴向伸缩系数。

如图 5-3 所示，在轴测投影中，空间直角坐标轴 OX、OY、OZ 在轴测投影面上的投影 O_1X_1、O_1Y_1、O_1Z_1 称为轴测投影轴或轴测轴。轴测轴之间的夹角称为轴间角，如 $\angle X_1O_1Y_1$、$\angle Y_1O_1Z_1$、$\angle Z_1O_1X_1$。

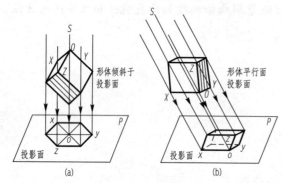

图 5-2 轴测图的形成
(a)正轴测图；(b)斜轴测图

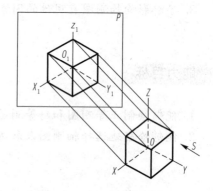

图 5-3 轴测投影的形成

物体上平行于直角坐标轴的直线段投影到轴测投影面 P 上的长度与其相应的原长之比，称为轴向伸缩系数。作图时，可用 p、q、r 分别表示 OX、OY、OZ 轴的轴向伸缩系数。

对于正轴测图或斜轴测图，按其轴向伸缩系数的不同又可分为如下三种：

(1) 如 $p=q=r$，称为正（或斜）等轴测图，简称正（或斜）等测图。

(2) 如 $p=r\neq q$，称为正（或斜）二等轴测图，简称正（或斜）二测图。

(3) 如 $p\neq q\neq r$，称为正（或斜）三等轴测图，简称正（或斜）三测图。

在实际作图时，正等测图用得较多，对于正二测图及斜二测图，一般采用的轴向伸缩系数为 $p=r=2q$。其余轴测投影，可根据作图时的具体要求选用，但一般需采用专用作图工具，否则作图非常烦琐。

二、轴测投影的特性

由于轴测投影是用平行投影法投影的，所以具有平行投影的性质。

(1) 平行性。形体上相互平行的线段在轴测投影图上仍然平行；物体上平行于坐标轴的线段，其轴测投影与相应轴测保持平行。

(2) 定比性。形体上两平行线段长度之比在投影图上保持不变。

(3) 变形性。形体上与坐标轴不平行的直线，具有不同的伸缩系数，不能在轴测图上直接量取,而要先定出直线的两端点的位置,再画出该直线的轴测投影。

(4)真实性。形体上平行于轴测投影面的平面,在轴测图中反映实形。

由上述性质可知,凡与空间坐标轴平行的线段,其轴测投影不但与相应的轴测轴平行,而且可以直接用该轴的伸缩系数度量尺寸;而不与坐标轴平行的线段则不能直接量取尺寸,"轴测"一词由此而来,轴测图也就是沿轴测量尺寸所画出的图。

第二节　正等测图

一、正等测图的含义

当物体的三个坐标轴和轴测投影面 P 的倾角均相等时,物体在 P 平面上的正投影即物体的正等轴测图,简称正等测图。如图 5-4(a)所示,正等测图的三个轴间角均相等,即 $\angle XOY = \angle YOZ = \angle ZOX = 120°$,通常 OZ 轴总是竖直放置,而 OX 轴、OY 轴的方向可以互换。

由几何原理可知,正等测图的轴向伸缩系数也相等,即 $p=q=r=0.82$,如图 5-4(b)所示。为了简化作图,制图标准规定 $p=q=r=1$,如图 5-4(c)所示。这就意味着用此比例画出的轴测图,从视图上要比理论图形大 1.22 倍,但这并不影响其对物体形状和结构的描述。

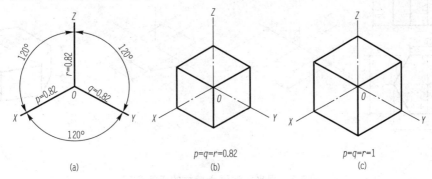

图 5-4　正等测图的轴间角和轴向变化率

二、平面体正等测图的绘制

轴测图的画法很多,常用的平面体正等测图的画法有坐标法、特征面法、切割法和叠加法。

(一)坐标法

按物体的坐标值确定平面体上各特征点的轴测投影并连线,从而得到物体的轴测图的方法即坐标法。坐标法是所有画轴测图方法中最基本的一种,其他方法都是以该方法为基础的。在轴测投影中,一般不画虚线,作图时应特别注意。

1. 作图步骤

采用坐标法画轴测图时，其作图步骤如下：

(1) 根据形体结构特点，先确定坐标原点位置，一般应选在形体的对称轴线上，且放在顶面或底面。

(2) 根据投影的轴间角，画出轴测轴。

(3) 按点的坐标作点、直线的轴测图，一般自上而下进行，然后根据轴测投影基本性质，依次作图。不可见的棱线通常不画出来。

(4) 检查并擦去多余图线，然后加粗加深可见轮廓线，完成作图。

2. 作图实例

【例 5-1】 已知某正六棱柱的正投影图，求该正六棱柱的正等测图。

【解】 分析：根据六棱柱的形状特点，宜采用坐标法作图。关键是选择坐标轴和坐标原点。

由六棱柱的正投影图[图 5-5(a)]可知，六棱柱的顶面和底面均为水平的正六边形，且前后左右对称，棱线垂直于底面，因此可取顶面的对称中心 O 作为原点，OZ 轴与棱线平行，OX、OY 轴分别与顶面对称轴线重合，其作图方法与过程如图 5-5 所示。

(1) 在投影图上定坐标轴和坐标原点。

(2) 画轴测轴，根据尺寸 30、24 定 1、2、3、4 四点。

(3) 过 2、4 点作直线平行于 OX 轴，并在 2、4 点的两边各取 8，连接各顶点。

(4) 过各顶点向下画侧棱，取尺寸 12；画底面各边；检查加深。

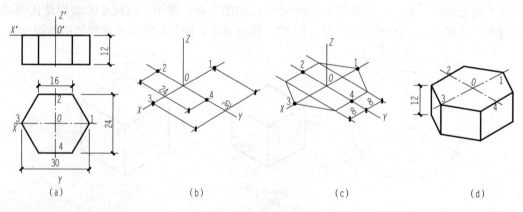

图 5-5 用坐标法画六棱柱的正等测图

(二) 特征面法

特征面法就是当某物的某一端面较为复杂且能够反映其形状特征时，可先画出该面的正等测图，然后再将其"扩展"成立体图。这种方法主要适用于柱体轴测图的绘制。

【例 5-2】 已知某物体的三面正投影图，求它的正等测图。

【解】 分析：图 5-6(a) 所示反映了物体的形状特征，因此，画图时应先画出物体左端面的正等测图，然后向长度方向延伸即可。

其作图步骤如下：

(1) 先设坐标原点 O 和坐标轴，如图 5-6(a) 所示。

(2) 作物体左端面的正等测图，如图 5-6(b) 所示。需特别注意的是，此时图中的两条斜线必须留待最后画出，其长度不能直接测量。

(3)过物体左端面上的各顶点作 X 轴的平行线,并截取物体的长度,然后顺序连接各点得物体的正等测图。

(4)仔细检查后,描粗可见轮廓线,得物体的正等测图,如图 5-6(c)所示。

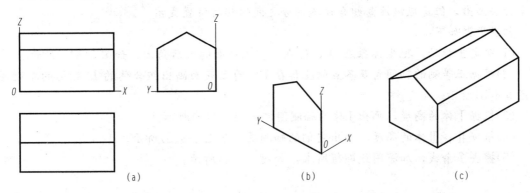

图 5-6　用特征面法画正等测图

(三)切割法

切割法适用于画切割类物体。当物体被看成由基本体切割而成时,作图时可先按完整形体画出,然后用切割的方式画出其不完整部分。

【例 5-3】　已知某物体外形的三面正投影图,求该物体的正等测图。

【解】　分析:如图 5-7 所示,可将该物体视为五棱柱被切去了两个三棱锥后所得到的立体,因而作图时可先作出五棱柱的正等测图,然后再切角。

如图 5-7 所示,该物体正等测图的作图步骤如下:

(1)设定物体正等测图的坐标轴,如图 5-7(a)所示。

(2)画出五棱柱的轴测图,如图 5-7(b)所示。

(3)沿 OX 轴的方向截取长度 x,得到三棱锥的顶点。

(4)检查后擦去被切部分及有关的作图线,描粗加深物体的轮廓,如图 5-7(c)所示。

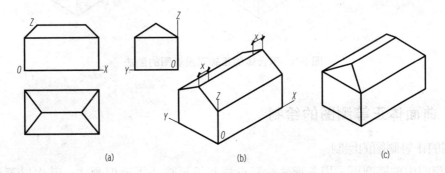

图 5-7　用切割法画正等测图

(四)叠加法

叠加法是对那些由几个基本体相加而成的物体,可以先将其划分为几个部分,然后根据叠加原理逐一画出其各个部分的轴测图,再将这些部分叠加起来,完成正等测图的绘制。

【例 5-4】 已知组合形体的正投影图，如图 5-8(a)所示，画其正等轴测投影图。

【解】 分析：叠加类的组合体，是由几个基本体叠加而成的，在绘制这类组合体的轴测图时，应该分先后、分主次画出组合体的各个基本体的轴测图，每一部分的轴测图仍然用坐标法画出，但是应该注意组合体各部分之间的相对位置关系。

作图步骤如下：

(1)确定坐标轴。把坐标原点 O_1，选在Ⅰ体上底面的右后角上，如图 5-8(a)所示。

(2)根据正等测的轴间角及各点的坐标在Ⅰ体的上底面画出组合体的 H 投影的轴测图，如图 5-8(b)所示。

(3)根据Ⅰ体的高度，画出Ⅰ体的轴测图，如图 5-8(c)所示。

(4)根据Ⅱ、Ⅲ体的高度，画出它们的轴测图，如图 5-8(d)所示。

(5)擦去多余线，加深图线即得所求，如图 5-8(e)所示。

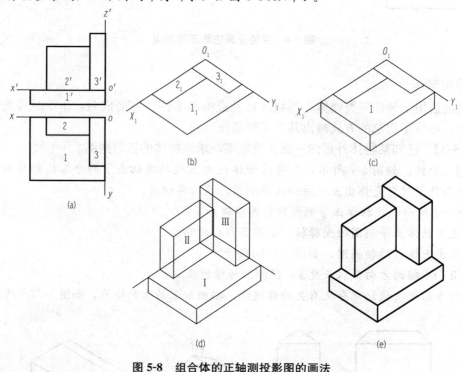

图 5-8 组合体的正轴测投影图的画法

三、曲面体正等测图的绘制

1. 圆的正等测图的绘制

正等测图中的椭圆可采用菱形法、三点法和长短轴法等近似画法，其中以菱形法应用最多。现以水平面圆的正等测图为例，说明菱形法的作图方法，如图 5-9 所示。

其作图步骤如下：

(1)过圆心 O 作坐标轴 OX 和 OY，再作四边平行坐标轴的圆的外切正方形，切点为1、2、3、4，如图 5-9(a)所示。

(2)画出轴测轴 OX、OY，按圆的半径量取切点 1、2、3、4，过各点作轴测轴的平行线,相交成菱形(即圆的外切正方形的正等测图),菱形的对角线分别为椭圆的长、短轴位置,如图 5-9(b)所示。

(3)过 1、2、3、4 作菱形各边的垂线,得交点 O_1、O_2、O_3、O_4,即近似椭圆的四个圆心,O_1、O_3 就是菱形短对角线的顶点,O_2、O_4 都在菱形的长对角线上,如图 5-9(c)所示。

(4)分别以 O_1、O_3 为圆心,$O_3 1$ 为半径画大圆弧 1~2、3~4;分别以 O_2、O_4 为圆心,$O_2 2$ 为半径画小圆弧 2~3、4~1。四段圆弧连成的就是近似椭圆。最后检查、加深,如图 5-9(d)所示。

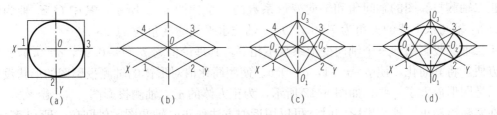

图 5-9　正等测图椭圆的近似画法——菱形法

2. 圆柱体的正等测图的绘制

下面以例 5-5 介绍圆柱体的正等测图的绘制方法。

【例 5-5】　作图 5-10(a)所示圆柱体的正等测图。

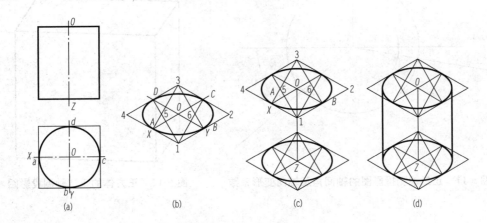

图 5-10　圆柱体的正等测图的画法

【解】　分析:该圆柱体是竖直放置的,其顶圆和底圆平行于水平面,其轴线为铅垂线。作图时,可先利用菱形法画出水平圆的正等测图,然后再利用特征面法画出柱体的投影图。

圆柱体正等测图的作图步骤如下:

(1)确定坐标系,同时作圆的外接正方形,其切点的水平投影分别为 a、b、c、d,如图 5-10(a)所示。

(2)利用菱形法,画出圆柱体水平顶圆的正等测图,如图 5-10(b)所示。

(3)先沿 Z 轴方向向下移动顶圆圆心,移动长度为圆柱的高,此时即可得到底圆的圆心,然后按同样的方法作出底圆的正等测图,如图 5-10(c)所示。

(4)作出两椭圆的公切线,检查无误后描粗加深并完成全图,如图 5-10(d)所示。

第三节　正二轴测投影图

一、正二轴测投影图的轴间角和轴向变形系数

正二轴测投影图的轴间角和轴向变形系数的关系如图 5-11 所示，其中 O_1Z_1 轴为铅垂线，O_1X_1 轴与水平线的夹角为 $7°10′$，O_1Y_1 轴与水平线的夹角为 $41°25′$。

正二轴测投影图的三个轴向变形系数不相等，其理论值为 $p=r=0.94$，$q=0.47$。为了作图方便，将其简化，使 $p=r=1$，$q=0.5$。使用简化值对形体的轴测投影图的形状没有影响，只是图形放大了一些。如图 5-12 所示，为正方体的正二轴测投影图。

在实际绘制正二轴测投影图时，可以用近似方法作正二轴测图的轴间角。即 O_1X_1 轴采用 $1:8$，O_1Y_1 轴采用 $7:8$ 的直角三角形，其斜边即所求的轴测轴，如图 5-13 所示。

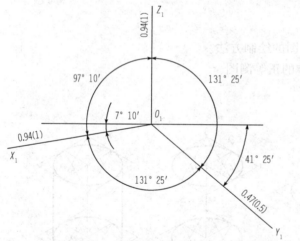
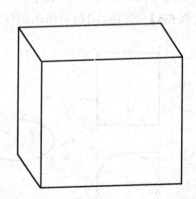

图 5-11　正二轴测投影图的轴间角及轴向变形系数　　图 5-12　正方体的正二轴测投影图

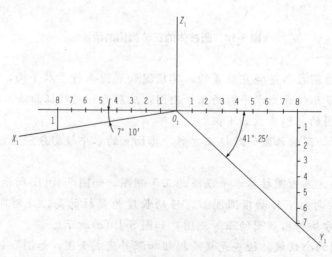

图 5-13　正二轴测轴的画法

二、正二轴测投影图的画法

正二轴测投影图的画法与正等轴测投影图的画法相似,方法相同。只是轴间角和轴向变形系数不同。正二轴测投影图与正等轴测投影图,对于同一个形体而言,轴测图的形状不变,只是观察的角度不同,如图 5-14 所示。

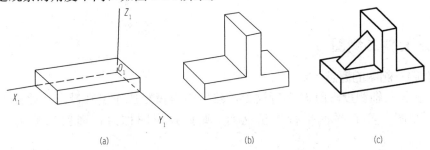

图 5-14 形体的正二轴测投影图

【例 5-6】 已知形体的正投影图,如图 5-15(a)所示,画其正二轴测投影图。

【解】 作图步骤如下:

(1)确定坐标轴。把坐标原点 O_1,选在下底面的右后角上,如图 5-15(a)所示。

(2)根据正二测的轴间角及各点的坐标在形体的下底面画出组合体的 H 投影的轴测图,如图 5-15(b)所示。

(3)根据形体的高度,画出形体的轴测图,如图 5-15(c)所示。

(4)擦去多余线,加深图线即得所求,如图 5-15(d)所示。

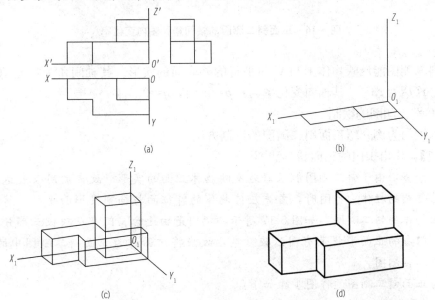

图 5-15 形体的正二轴测投影图

第四节 斜轴测投影

一、正面斜二测图

1. 正面斜二测图的概念

若先将物体与轴测投影面 P 平行放置，然后用斜投影法作出其投影，此投影图即称为物体的斜二测图；若 P 平面平行于正立面，则此投影图称为正面斜二测图，如图 5-16 所示。

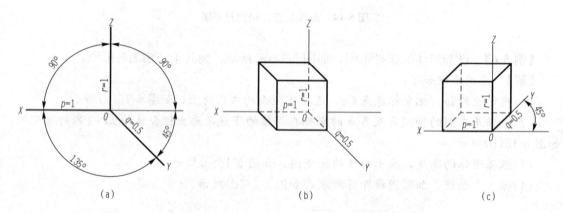

图 5-16　正面斜二测图的轴间角和轴向变化率

正面斜二测图能反映物体上与 V 面平行的外表面的实形。其轴间角为：$\angle XOZ = 90°$，$\angle YOZ = \angle YOX = 135°$。其轴向变化率为：$p = r = 1$，$q = 0.5$。

2. 正面斜二测图的绘制

下面以拱门为例介绍正面斜二测图的绘制方法。

【例 5-7】　作出拱门的正面斜二测图。

【解】　分析：由于斜二测图能很好地反映物体正面的实形，故常被用来表达正面或侧面形状较为复杂的柱体。作图时，首先应使物体的特征面与轴测投影面平行，然后利用特征面法求出物体的斜二测图。如图 5-17 所示，拱门是由地台、门身及顶板三部分组合而成的，其中，门身的正面形状带有圆弧较复杂，故应将该面作为正面斜二测图中的特征面，然后再求出其轴测图。

拱门的正面斜二测图的作图步骤如下：

(1) 先对图 5-17(a) 进行分析，进而确定图 5-17(b) 所示的轴测轴。

(2) 首先作出地台的斜轴测图，然后在地台面上进一步确定拱门前墙的位置线，如图 5-17(c) 所示。

(3) 画出拱门的前墙面，如图 5-17(d) 所示，同时还要确定 Y 方向。

(4)首先利用平移法完成拱门的斜轴测图,如图 5-17(e)所示,然后作出顶板。作顶板时,要特别注意顶板与拱门的相对位置,如图 5-17(f)所示。

(5)检查图稿,若无差错,应将可见的轮廓线加深描粗,以完成全图。

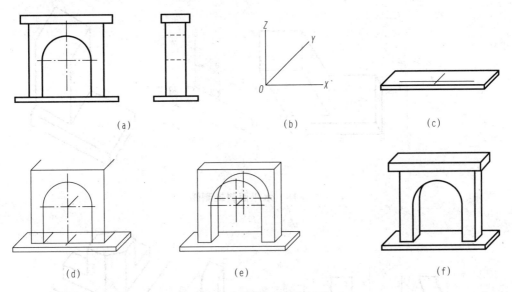

图 5-17 正面斜二测图的画法

轴测图本身作图较烦琐,如果能根据形体的特征,选择恰当的轴测图方法,既能使图形表现清晰,又能使作图简便。由于斜二测图的画法中,组合体的正面平行于轴测投影面,形状不变。所以当组合体的一个表面形状较复杂,或者曲线较多时,采用斜二测图的画法最为简便。

二、水平面斜轴测图

1. 水平面斜轴测图的特点

在轴测投影中,如保持物体与投影面的位置不变,当 P 平面平行于水平投影面,投影线与 P 平面倾斜时,所得的轴测图就被称为水平面斜轴测图,如图 5-18 所示。它能很好地反映物体上与水平面平行的表面的实形。其轴间角 $\angle XOY = 90°$,而 $\angle YOZ$ 和 $\angle ZOX$ 常随着投影线与水平面间的倾角的变化而变化,可令 $\angle ZOX = 120°$,则 $\angle YOZ = 150°$。由于轴向变化率 $p = q = 1$ 始终成立,因此,当 $\angle ZOX = 120°$时,$r = 1$ 也成立。

2. 水平面斜轴测图的画法及要求

依据建筑形体的特点,习惯上将 OZ 轴竖直放置,如图 5-18(b)所示。具体作图时,只需将建筑物的平面图绕着 Z 轴旋转(通常按逆时针方向旋转 30°),然后再画高度尺寸即可。

【例 5-8】 已知形体的正投影图,如图 5-19(a)所示,画其水平斜轴测投影图。

【解】 作图步骤如下:

(1)将 x 轴逆时针方向旋转,使与水平方向成 30°。

(2)按比例画出总平面图的水平面的斜轴测图。

(3)在水平面的斜轴测图的基础上,根据已知的各幢房屋的设计高度按比例画出各幢房屋。

（4）根据总平面图的要求，还可画出绿化、道路等。
（5）擦去多余线，加深图线，如图 5-19(b)所示。

完成上述作图后，还可以根据需要着色，形成彩色的效果图。

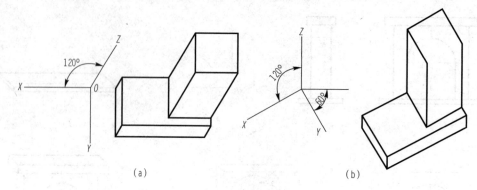

图 5-18　水平面斜轴测图

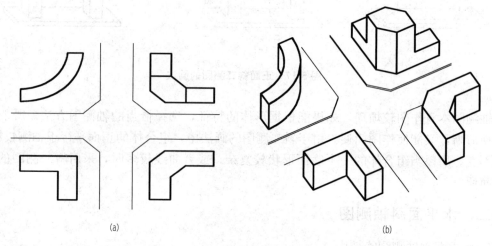

图 5-19　小区的水平斜轴测投影图
（a)总平面图；(b)水平斜轴测投影图

第五节　轴测图的选择

一、选择轴测图的原则

轴测图的种类多，究竟选择哪种轴测图来表达一个形体最为合适，应从两个方面来考虑：一是直观性好，立体感强，且尽可能地表达清楚物体的形状结构；二是作图简便，能较为简捷地画出这个形体的轴测投影。

二、轴测图的直观性和立体感分析

影响轴测图直观性的因素有两个：一是轴测投影方向与各形体的相对位置；二是形体自身的结构。因此，应注意选择投影方向和轴测类型，避免影响轴测投影的直观性和立体感的情况有以下几种：

(1) 避免较多部分或主要部分被遮挡。
(2) 要避免转角处交线投影成一直线。
(3) 避免物体上的某个或某些平面表面积聚成直线。
(4) 避免平面体投影成左右对称的图形。
(5) 合理选择轴测投射方向。

【注意】 正等轴测投影，由于其三个轴间角和三个轴向伸缩系数相同，而且在各平行于坐标面的平面上的圆的轴测投影形状又都相同，所以作图较简便。斜轴测投影，由于有一个坐标面平行于轴测投影面，平行于该坐标面的图形在轴测投影中反映实形，所以如果物体上某一方面较为复杂或具有较多的圆或其他曲线，采用这种类型的轴测投影就较为有利。

本章小结

将空间形体及确定形体空间位置的直角坐标轴一起向某一投影面进行平行投影，所得到的能够反映形体三个侧面形状的立体图称为轴测投影，也叫轴测图。轴测图分为正轴测图和斜轴测图。本章主要介绍正轴测图和斜轴测图的画法与选择。

思考与练习

一、填空题

1. 在工程制图中，一般采用_____来表达建筑形体的形状与大小，并作为施工依据。
2. 在轴测投影中，投影面 P 称为_____，投射方向 S 称为_____。
3. _____是指投影线垂直于投影面，而形体倾斜于投影面得到的轴测投影图。
4. _____是指投影线倾斜于投影面，而形体平行于投影面得到的轴测投影图。
5. _____和_____是绘制轴测投影时必须具备的两个要素。
6. 轴测图的画法很多，常用的平面体正等轴测图的画法有_____、_____、_____与_____。
7. 若先将物体与轴测投影面 P 平行放置，然后用斜投影法作出其投影，此投影图即称为物体的_____。

二、判断题

1. 正等测图的三个轴间角均相等，即 $\angle XOY = \angle YOZ = \angle ZOX = 120°$。 (   )
2. 由于轴测投影是用平行投影法投影的，所以具有平行投影的性质。 (   )

3. 凡与空间坐标轴平行的线段，其轴测投影不但与相应的轴测轴平行，而且可以直接用该轴的伸缩系数度量尺寸。（   ）

4. 在轴测投影中，不能画虚线，作图时应特别注意。（   ）

5. 当组合体的一个表面形状较复杂或曲线较多时，采用正轴测画法最为简便。（   ）

三、简答题

1. 根据投射方向是否垂直于投影面，轴测图可以分为哪两类？
2. 对于正轴测图或斜轴测图，按其轴向伸缩系数的不同又可分哪几种？
3. 轴测投影具有哪些特性？
4. 简述坐标法画轴测图的步骤。
5. 简述水平面斜轴测图的特点。
6. 影响轴测图直观性的因素有哪两个？

四、练习题

1. 如图 5-20 所示，作出圆柱切割后的正等测图。
2. 如图 5-21 所示，已知台阶正投影图，求作它的正等测图。

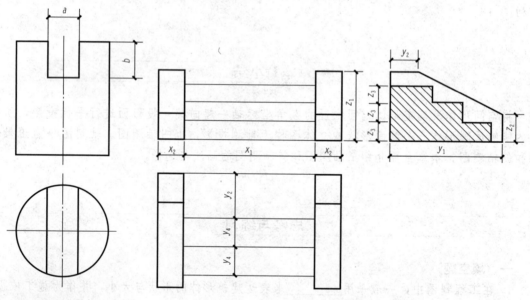

图 5-20　圆柱切割后的正等测图

图 5-21　绘制台阶的正等测图

第六章 组合体的投影

> **知识目标**

1. 了解组合体的组合方式;掌握组合体投影图的画法。
2. 熟悉组合体的尺寸标注。
3. 掌握形体分析法、线面分析法进行组合体投影图的阅读。

> **能力目标**

1. 能够画组合体的投影。
2. 能够对组合体进行尺寸标注。

第一节 组合体的组合方式及画法

一、组合体的组合方式

由基本形体构成组合体时,可以有叠加与切割(包括开槽与穿孔)两种基本形式。

叠加式组合体可以看成是由若干个基本形体叠加而成的。如图 6-1 所示的形体为叠加式组合体,该组合体可看成是由四种简单形体相互叠加而形成的一个整体,其中两个大小一样的六棱柱Ⅰ位于前、后两侧,中间是三个大小不一样的四棱柱Ⅱ、Ⅲ、Ⅳ。组合体的叠加方式可以是叠加、相交和相切。

切割式组合体是将一个完整的

组合体的组合方式

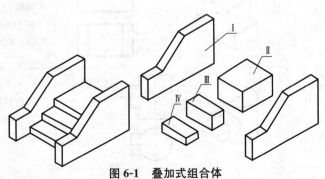

图 6-1 叠加式组合体

基本形体用平面或曲面切割掉某几个部分而形成的。如图 6-2 所示形体为切割式组合体，该组合体可看成是一个长方体经过四次切割后形成的，左、右切割的是两块狭长的三棱柱Ⅱ；在上方中部前、后方向切割去除一个半圆柱体Ⅲ，形成半圆形槽；在上部左、右方向切割去除两块四棱柱切块Ⅳ，形成矩形通槽。组合体的切割方式通常有截切、开槽和穿孔。

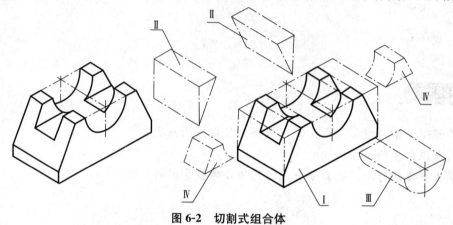

图 6-2 切割式组合体

【注意】 常见到的组合体的组成方式往往是既有叠加又有切割的综合形式。

基本几何体在相互叠加时，两个基本立体之间的相对位置不同，其表面连接关系也不相同，存在四种表面连接关系，即共面、不共面、相交和相切。在绘制投影图时是有区别的。表 6-1 中列举了简单几何形体间的表面连接关系及其画法。

组合体表面的连接关系

表 6-1 形体间的表面连接关系及其画法

组合方式		组合体示例	形体分析	注意画法
叠加式	叠加	不共面有界线	两个四棱柱上下叠加，中间的水平面为结合面。两个四棱柱前后棱面、左右棱面均不共面	不共面的两个平面之间有界线
		共面无界线	两个四棱柱上下叠加，中间的水平面为结合面。两个四棱柱左右棱面不共面，前后棱面共面	共面的两个平面之间无界线
	相交	相交有交线	两直径不等的大、小圆柱垂直相交，表面有相贯线	两立体相贯，则应画出其表面交线（相贯线）

续表

组合方式		组合体示例	形体分析	注意画法
叠加式	相切	不共面有界线 相切无交线	四棱柱的前后棱面与圆柱相切。四棱柱上部的左半圆柱面与四棱柱前后棱面不共面	圆柱与四棱柱不共面,则有界线;平面与圆柱面相切,则不画切线
切割式	截切	相切有交线	在圆柱体上由两个侧平面和一个水平面挖切矩形槽,表面有截交线	平面与立体相交,应画出其表面交线(截交线)
切割式	穿孔		在长方形底板正中挖去一个圆柱后,形成一个圆孔	—

二、组合体投影图的画法

绘制组合体投影图的步骤通常是先对组合体进行形体分析,然后按照分析,从其基本体的作图出发,逐步完成组合体的投影。

1. 形体分析

一个组合体,可以看作由若干个基本形体所组成。对组合体中基本形体的组合方式、表面连接关系及相互位置等进行分析,弄清各部分的形状特征,这种分析过程称为形体分析,如图6-3所示。

组合体的投影图画法

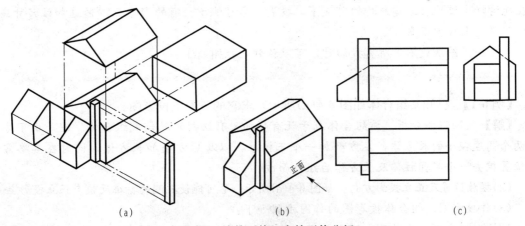

(a)　　　　　　　　　(b)　　　　　　　　　(c)

图6-3　建筑形体组合的形体分析

(a)形体分析;(b)房屋轴测图;(c)三面正投影图

2. 选择投影

(1)确定组合体在投影体系中的安放位置。应符合自然、平稳原则，符合实际工作位置。一般应使底面平行于 H 面。

(2)确定正立面的投影方向。应让建筑的主要立面平行于 V 面，要显示尽可能多的特征轮廓。

(3)确定投影数量。根据表达基本形体所需的投影图来确定组合体的投影图数量，在能清晰完整地表达建筑物的前提下，投影应尽可能少。

3. 选择作图的比例和图幅

先定比例后定图幅，还是先定图幅后定比例，视情况而定。一般先当比例选定以后，再根据投影图所需数量及面积大小，选用合理图幅。在计算机绘图中，视图按 $1:1$ 绘制，图纸和比例一般在作图最后才考虑。

4. 画投影图

(1)布置投影图。布局要合理。

(2)画底稿。画底稿的顺序以形体分析的结果进行。一般为先主体后局部、先外形后内部、先曲线后直线。

(3)复核有无错漏和多余的线条。首先应用形体分析法逐个检查每个形体的投影是否完整，相对位置是否正确，然后想象建筑形体的空间形状，看视图是否与之相符。

(4)加深加粗图线，完成所作投影图。

(5)注写尺寸(组合体尺寸注法见本章第二节)。做到详尽、准确。

知识拓展

投影选择

投影选择是制图过程的重要一步，方法如下：

(1)选择正面投影。一般选择最能反映形体的形状特征及各部分之间的相对位置，且使投影面中虚线最少的一个侧面的投影，作为形体的正面投影。

(2)选择投影数量。根据表达基本形体所需的投影图来确定组合体的投影图数量，在能清晰完整地表达建筑物的前提下，投影应尽可能少。有的形体可以通过加注尺寸或文字说明来减少投影。

当一张图纸放不下所有投影时，可以放到几张图纸上。

【例 6-1】 已知某组合体如图 6-4(a)所示，求它的三面正投影图。

【解】 (1)形体分析。该组合体属于既有叠加又有切割的混合式组合体。它是由下方叠加两个高度较小的长方体，左方叠加一个三棱柱，以及后方叠加长方体，同时在其略靠中的位置挖去一个半圆柱体及长方体后组合而成。

(2)摆放位置及正立投影方向。如图 6-4(a)所示，尽可能使孔洞的特征反映在正立投影上。

(3)作投影图。组合体投影图的作图步骤如下：

1)按形体分析，先画下方两个长方体的三面投影，因此，必须先从 V 面投影开始作图，如图 6-4(b)所示。

2)画出后方长方体及挖去孔洞的三面投影。作图时，应先作出反映实形的 V 面投影，再作其他面的投影，如图 6-4(c)所示。

3)作出叠加左侧三棱柱的三面投影，如图 6-4(d)所示，先作反映实形的 W 面投影，再作 H 面、V 面投影。由于 W 面投影方向上的孔洞、台阶的轮廓均不可见，故均需用虚线来表示。

4)检查图稿有无错误和遗漏。如无错漏，可加深加粗投影图的图线，并完成作图。

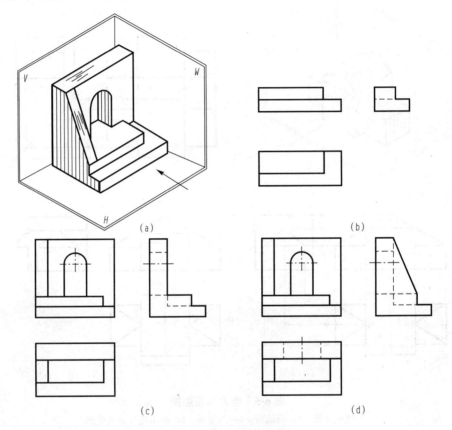

图 6-4　画组合体投影图

(a)摆放位置；(b)画下方长方体；(c)叠加后方长方体并挖孔；(d)叠加左侧三棱柱，完成作图

【例 6-2】 已知某组合体如图 6-5(a)所示，求它的三面正投影图。

【解】 (1)形体分析。该组合体类似于一座建筑物，它以左、中、右三个长方体作为墙身，中间的屋顶为三棱柱，左右屋顶为斜四棱锥体，前方雨篷为 1/4 圆柱体等若干基本形体叠加而成。

(2)选择摆放位置及正立投影方向。组合体的摆放位置如图 6-5(a)所示，其中，长箭头为正立投影方向，该方向不仅显示了中间房屋的雨篷位置及其屋顶的三角形特征，还反映了左右房屋的高低情况及其屋顶的特征(也为三角形)。

(3)作投影图。某组合体投影图的作图步骤如下：

1)按形体分析和叠加顺序画图。先画三组墙身的长方体投影，从 H 面开始画，再画 V 面、W 面投影，如图 6-5(b)所示。

2）叠加屋顶的三面投影。先从反映实形较多的 V 面投影开始，然后画 H 面和 W 面投影，如图 6-5(c)所示。

3）画雨篷形体的三面投影。先从 W 面投影开始，因为此投影上反映 1/4 圆柱的圆弧特征，如图 6-5(d)所示。

4）检查图稿有无错误和遗漏。如校核无误，可加深加粗图线，完成作图。

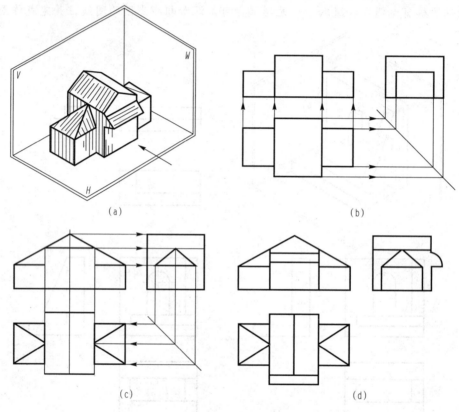

图 6-5　组合体投影图
(a)摆放位置；(b)画墙身；(c)画屋顶；(d)画雨篷并完成全图

第二节　组合体的尺寸标注

投影图只是表达了形体的结构形状，而其大小及各部分之间的相互位置，必须由尺寸来确定。对于组合体，其标注的基本要求是完整和清晰。

一、组合体的定形尺寸标注

如图 6-6 所示，平面立体的大小都是由长、宽、高三个方向的尺寸来确定，一般情况下，这三个尺寸均需标注。有些基本几何体的三个尺寸中有两个或三个互相关联，如六棱柱的正六边形的对边宽和对角距相关联，只需标注对边宽(或对角距)。

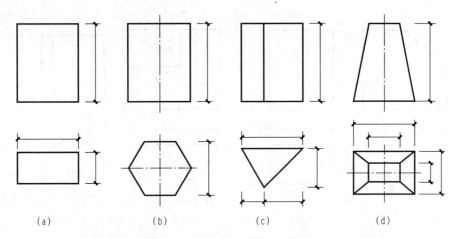

图 6-6　平面立体的尺寸标注
(a)四棱柱；(b)六棱柱；(c)三棱柱；(d)四棱台

1. 回转体的尺寸标注

图 6-7(d)中标注的字母 S，是球的代号。由于明确了这个基本几何体是球体，只要标注了球的直径，用一个投影图就可以完整地表达出这个球。同样，如果图 6-7(a)、(b)、(c)中已明确表示几何体分别是圆柱、圆锥、圆台，在正投影图中标注了图中所示的尺寸，则只要用一个正面投影图就可以完整地表达出这些几何体。所以，像这种类型的几何体一般在非圆的投影图上标注其底面的直径和高度尺寸，在其他投影图上不需要标注尺寸。

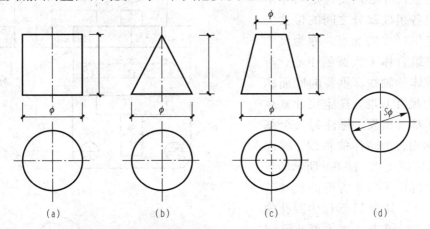

图 6-7　回转体的尺寸标注
(a)圆柱；(b)圆锥；(c)圆台；(d)球

2. 截切体、相贯体的尺寸标注

如图 6-8 所示，截切体的尺寸，除标注其基本几何体的尺寸外，还应标注截平面的位置尺寸。当截平面与基本形体的相对位置确定后，其截交线就随之确定了，因此，截交线上不需标注尺寸。

同理，如果两个基本几何体相交，也只需要分别标注出两个基本几何体的尺寸以及两者之间的定位尺寸，相贯线上不需标注尺寸。

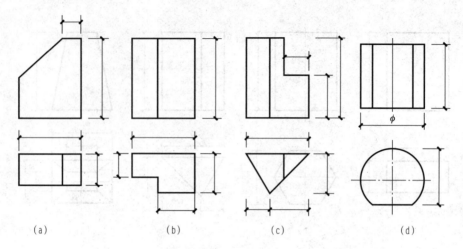

图 6-8 截切体的尺寸注法

二、定位尺寸和尺寸基准

定位尺寸是确定组合体中基本体在组合体中的相对位置的尺寸。组合体中各部分之间的相对位置应从长、宽、高三个方向来确定。

标注定位尺寸必须要选定尺寸基准，以确定各组成部分之间的位置关系。标注定位尺寸的起点，称为尺寸基准。常将组合体上大圆的中心、对称面、回转体的轴线、重要的底面和端面等作为尺寸基准。选定尺寸基准后，从尺寸基准出发，标注每一个基本体的对称面、回转体的轴线、端面及截平面等定位尺寸。图 6-9 所示的组合体标注中标出了三个方向的尺寸基准及定位尺寸，其中 U 形柱中圆孔的定位尺寸为 72，底板上左右两小孔定位尺寸为 90 和 65。

若两形体在某一方向上处于对齐、对称、同轴等位置关系时，该方向的定位尺寸可省略一个。如图 6-9 中底板两个小圆孔长度方向的定位尺寸，只对称地标注一个，省略了高度方向的定位尺寸，U 形柱上直径为 42 的孔，省略了宽度方向和长度方向的定位尺寸。

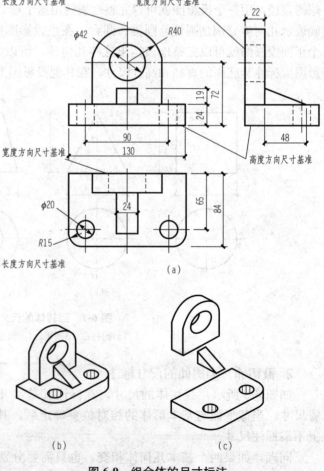

图 6-9 组合体的尺寸标注

三、总体尺寸

为了表达组合体的总体大小及所占空间位置,组合体一般要标注出总长、总宽和总高。总体尺寸要直接标注出。有时在标注总体尺寸时,去掉一个同方向的定形尺寸,以保证尺寸标注的完整性,如图 6-10(b)所示,加注总高 52 的同时,去掉同方向的定形尺寸 32。

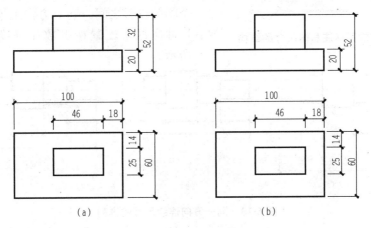

图 6-10 标注尺寸示例

当组合体某个方向的外轮廓为回转面时,一般不标注总体尺寸,而是由确定回转面轴线的定位尺寸和回转面的定形尺寸间接确定。如图 6-9 中的高度方向就没有标注总体尺寸,总高尺寸由确定回转轴线的定位尺寸 72 和回转面的定形尺寸 $R40$ 间接确定。

图 6-11 所示为不直接标注总体尺寸的结构。

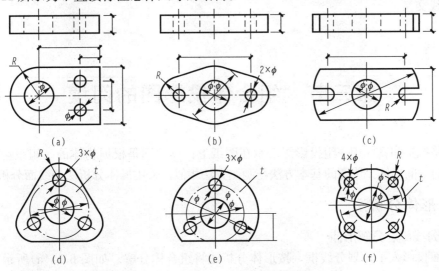

图 6-11 不直接标注总体尺寸的结构

有时为了满足加工工艺要求,既要标注总体尺寸,也要标注定形尺寸,如图 6-12 所示。图中底板四个角的小圆柱可能与孔同轴,也可能不同轴,但无论同轴与否,都要标注孔的轴线间的定位尺寸和圆柱面的定形尺寸,而且要标注出总体尺寸。

四、尺寸标注要清晰

尺寸标注除了要求完整外，还要方便看图，所以一般要注意以下几点：

（1）尺寸排列要整齐。尺寸尽量标注在两个相关投影之间。同一方向上连续标注的几个尺寸应尽量配置在少数几条线上，如图6-13所示。

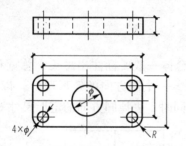

图6-12 需要标注总体尺寸的结构

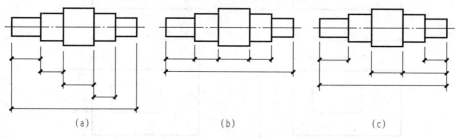

图6-13 同一方向连续尺寸的排列
（a）不好；（b）好；（c）好

（2）尺寸应标注在反映形体特征最明显的投影图上，并尽量避免在虚线上标注尺寸。

（3）同一基本体的定形与定位尺寸，尽可能集中标注在一两个投影图上。

（4）半径尺寸应标注在反映圆弧实形的投影上，直径尺寸尽量标注在非圆投影上。

（5）尺寸尽量标注在投影图轮廓外面，小尺寸在内，大尺寸在外，以保证图形的清晰，避免尺寸线交叉。

第三节　组合体投影图的阅读

画图是把空间物体用一组投影图表示在图纸上；读图则是根据物体的一组投影图，想象出该物体的空间形体。读图的基本方法与画图方法相似，采用形体分析法和线面分析法。

一、形体分析法

1. 划分线框、分解形体

从正面投影入手，划分线框，按形体分析法将组合体分解。如图6-14（a）所示，从正面投影图中划分三个线框Ⅰ、Ⅱ、Ⅲ，其正面投影分别为1′、2′、3′。

2. 对照投影、识别形体

将正面投影划分出的线框，在其他投影中找到对应投影，逐个识别出形体。从图6-14（b）中可以看出，形体Ⅰ为半圆柱中切掉一个小半圆柱；从图6-14（c）中可以看出，形体Ⅱ为带等腰梯形切口和圆弧切口的四棱柱；从图6-14（d）中可以看出，形体Ⅲ接近四棱柱。

3. 确定位置、想出整体

识别出每个基本体的形状后,再确定各基本体之间的相对位置。由图 6-14(a)可见,形体Ⅱ对形体Ⅰ前后、左右都对称;形体Ⅲ对形体Ⅰ前后、左右也都对称,且形体Ⅲ和形体Ⅱ左右平齐。

在看懂每个基本体的基础上,进一步分析相邻表面间的关系,如形体Ⅲ和形体Ⅰ上表面相交有交线。最后综合想象出整体,如图 6-14(e)所示。

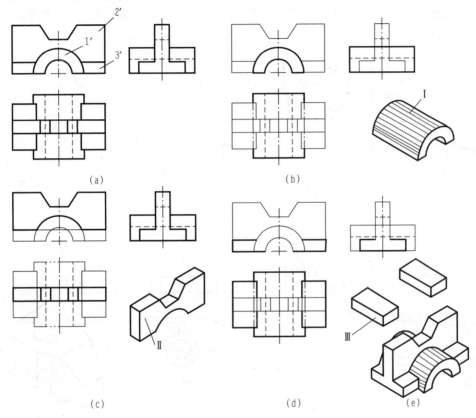

图 6-14 形体分析法读图

二、线面分析法

在形体分析法的基础上,对有些切割型的形体或综合型组合体的局部不规则部位,常采用线面分析法进行读图。线面分析法是通过识别线、面等几何要素的位置及形状,来想象形体的形状。

读懂图 6-15 所示的形体投影图。

(1)先识别被切割的基本体。根据给出的三面投影图,可以看出三个投影的最外线框均接近矩形,因此可以确定该形体是由长方体切割而成。

(2)分析投影图中的线和线框。在正面投影中线段 1′对应的另外两个投影 1 和 1″均为四边形线框(类似形),所以对应的平面为正面投影积聚的正垂面(平面Ⅰ),即用正垂面切去长方体的左上角,如图 6-15(b)、(e)所示。

在水平投影中的线段 2 对应的另外两个投影 2′和 2″为七边形线框,所以对应的平面为铅垂面(平面Ⅱ)，即用铅垂面在长方体左侧的前后各切掉一个三棱柱，如图 6-15(c)、(e)所示。

在侧面投影中，线段 3″对应正面投影 3′为线段，水平投影 3 为四边形线框，所以Ⅲ面为水平面；同理，从侧面投影看线段 4″，对应的正面投影 4′为四边形线框，水平投影 4 为虚线段，所以Ⅳ为正平面，因此Ⅲ面和Ⅳ面是在长方体的前面切掉一个四棱柱(后面四棱柱是对称切割)而形成的，如图 6-15(d)、(e)所示。

（3）综合想象整体。通过对切割面及切割面间交线的分析，最后综合想象出整体形状，如图 6-15(e)所示。

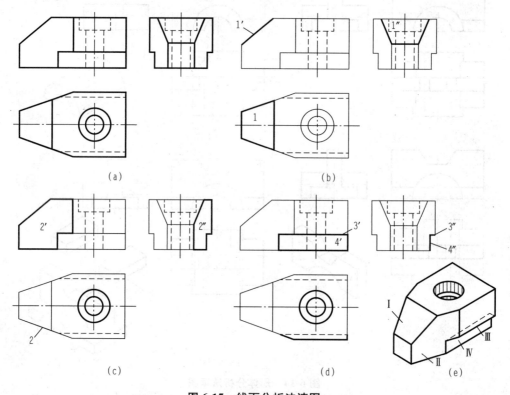

图 6-15　线面分析法读图

【例 6-3】 根据图 6-16(a)给出的正面投影和水平投影，想象出空间形状，补画出侧面投影。

【解】 根据给出的正面投影划分出两个线框 1′、2′，配合水平投影可以看出，该组合体由两个实体Ⅰ和Ⅱ叠加组合而成，实体Ⅰ是一个四棱柱，左上角切去一个三棱柱，左侧前后对称地切去四棱柱Ⅲ和 U 形柱Ⅳ；实体Ⅱ是一个棱柱和圆柱的组合体，挖切掉一个小圆柱，如图 6-16(f)所示。

根据分析想象出组合体形状，如图 6-16(g)所示。

作图步骤如下：

（1）补画侧面投影。按投影规律，先画出实体的侧面投影，再画挖切的侧面投影，不可见轮廓画虚线，如图 6-16(a)~图 6-16(d)所示。

（2）检查、整理，完成作图，如图 6-16(e)所示。

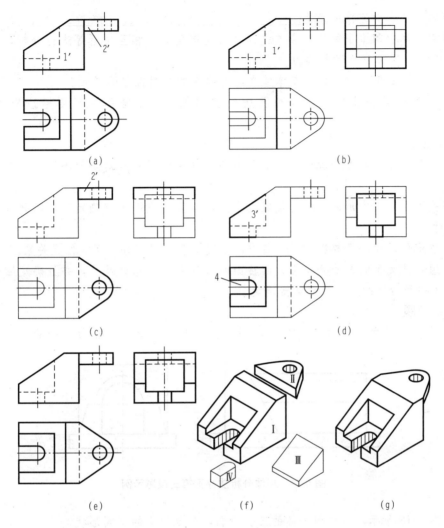

图 6-16　由已知的两个投影补画第三投影

本章小结

建筑物的形状多种多样，有些结构比较复杂，但通过分析都可看作是由若干个简单的几何形体(如棱柱、棱锥、圆柱、圆锥、球等)按照一定的方式组合而成，这物体被称为组合体。本章主要介绍组合体的组合方式及画法、组合体的尺寸标注和组合体投影图的阅读。

思考与练习

一、填空题

1. 由基本形体构成组合体时，可以有_____与_____两种基本形式。

2. 形体间的表面连接关系有_____、_____、_____和_____。

3. 对组合体中基本形体的组合方式、表面连接关系及相互位置等进行分析，弄清各部分的形状特征，这种分析过程称为_____。

4. _____是确定组合体中基本体在组合体中的相对位置的尺寸。

5. 为了表达组合体的总体大小及所占空间位置，组合体一般要标注出_____、_____和_____。

二、判断题

1. 基本几何体在相互叠加时，一般两个基本立体之间的相对位置不同，但表面连接关系也不相同。（   ）

2. 当截平面与基本形体的相对位置确定后，其截交线随之就确定了，因此截交线上不需标注尺寸。（   ）

3. 标注定位尺寸必须要选定尺寸基准，以确定各组成部分之间的位置关系。（   ）

4. 当组合体某个方向的外轮廓为回转面时，都要标注总体尺寸，并且确定回转面轴线的定位尺寸和回转面的定形尺寸间接确定。（   ）

三、练习题

1. 如图 6-17 所示，已知组合体的 V 面投影和 W 面投影，补画 H 面投影。

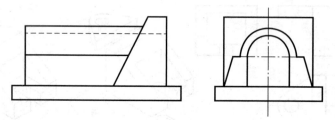

图 6-17　形体分析法补画第三投影示例

2. 如图 6-18 所示，根据组合体的三面投影，想象出它的空间形状。

3. 如图 6-19 所示，试补画图所示投影图中的漏线。

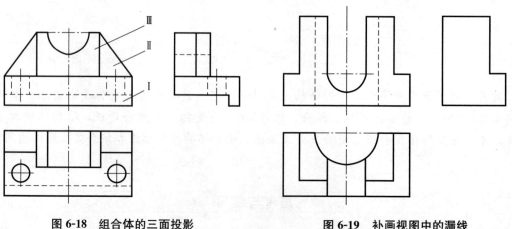

图 6-18　组合体的三面投影　　　　　**图 6-19　补画视图中的漏线**

第七章　工程形体图样的画法

知识目标

1. 了解不同视图读图方法的选择；掌握常用视图识读方法的步骤。
2. 了解不同剖切方式下剖面图的形成；确定剖切平面的位置；掌握剖面图的画法要求。
3. 了解断面图的形成与常见类型；掌握断面图的画法。

能力目标

1. 能够进行剖面图的绘制。
2. 能够进行断面图的绘制。

工程形体可以看作是复杂的组合体，为了清晰、完整、准确的表达工程形体的内外形状和结构，在《房屋建筑制图统一标准》(GB/T 50001—2017)中对工程形体规定了一些表达方法，绘图时可根据表达对象的结构特点，在完整、清晰表达各部分形状的前提下，选用适当的表达方法，并力求绘图简便、读图方便。

第一节　视　　图

视图分为基本视图和辅助视图。辅助视图又分为、斜视图、局部视图展开视图和镜像视图等。

一、基本视图

根据国家标准规定，用正六面体的 6 个面作为基本投影面。将物体置于正六面体中，按正投影法分别向 6 个基本投影面投影所得到的 6 个视图称为基本视图。
6 个基本视图分别称为：
正立面图——由前向后投射所得的视图，又称主视图。
平面图——由上向下投射所得的视图，又称俯视图。

左侧立面图——由左向右投射所得的视图,又称左视图。
右侧立面图——由右向左投射所得的视图,又称右视图。
底面图——由下向上投射所得的视图,又称仰视图。
背立面图——由后向前投射所得的视图,又称后视图。

6个基本投影面的展开方法:正立面保持不动,其他投影面按图7-1(a)中箭头所示方向展开到与正立面成同一平面。展开后各基本视图的配置关系如图7-1(b)所示。6个基本视图之间,仍符合"长对正,高平齐,宽相等"的投影规律。

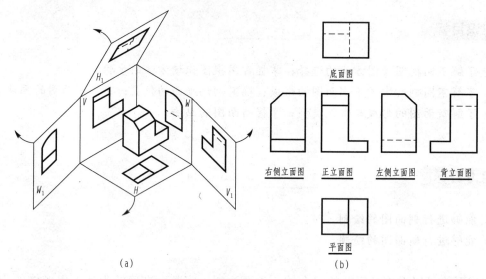

图 7-1 基本视图的形成
(a)基本投影面的展开;(b)基本视图

如在同一张图纸上绘制若干个视图时,视图的位置可按图7-2的顺序进行配置。每个视图一般均应标注图名。图名宜标注在视图的下方或一侧,并在图名下方用粗实线绘制一条横线,其长度应以图名所占长度为准。

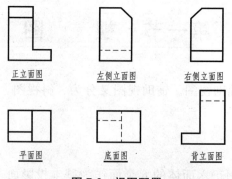

图 7-2 视图配置

实际绘图时,一般不需要将6个基本视图都绘出,而是根据物体的复杂程度和结构特点选择必要的基本视图。在完整、清晰地表达物体各部分形状和结构的前提下,使视图数量最少,力求制图简便。

二、辅助视图

1. 斜视图

如图7-3中,建筑形体的左前墙面与正立投影面和侧立投影面都不平行,所以它在正立面图和左侧立面图中都不能反映真形。为了得到真形的图样,可运用已学过的换面法,与该墙面平行设立一个新投影面,然后将工程形体向该投影面投射,即可得到反映该墙面真形的投影图。

形体向不平行于任何基本投影面投射所得的视图称为斜视图。为了表达斜视图与其他视图的对应关系,要在斜视图上方标注出"×"(×为大写的拉丁字母),在相应的视图附近用箭头指明投射方向,并注上相同的字母。

在斜视图中,可以将整个工程形体的投影全部画出,也可以将工程形体上反映真形的表面画出后,再向两侧扩展画出一小部分,用波浪线或折断线断开。当斜视图所反映真形的表面外轮廓线封闭时,也可只画出这个表面的投影,如图7-3中的A向斜视图。

2. 局部视图

将形体的某一部分向基本投影面投射所得的视图称为局部视图。如图7-4中形体的主要形状已表达清楚,只有A、B两箭头所指的局部形状还没表达清楚,这时可不画出整个的左侧立面图和右侧立面图,而只需画出没有表达清楚的那一部分即可,用波浪线或折断线将其与邻接部分假想断开,如局部视图A所示。当所表达的局部结构外轮廓线自成封闭时,可省略波浪线或折断线,如局部视图B所示。

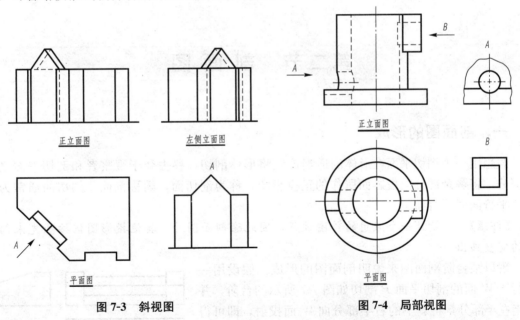

图7-3 斜视图　　　　　　　图7-4 局部视图

局部视图可按投影关系配置,如局部视图A;也可不按投影关系配置,如局部视图B。标注方法与斜视图相同。

3. 展开视图

墙面曲折的建筑物,在画立面图时,可将该部分展开至与基本投影面平行后,再用正投影法向投影面投射,这样得到的视图称为展开视图。如图7-5的主楼两侧副楼的墙面与主楼偏转一个角度,在画正立面图时,可将两侧副楼的墙面展开到与主楼的墙面平齐后再进行投影,由此得到的正立面图的图名后面要加注"展开"两字。

4. 镜像视图

把镜面放在物体的下面,代替水平投影面,在镜面中反射得到的图像,称为镜像投影图。由图 7-6 可知,它与平面图是不同的。直接用正投影法所绘制的图样虚线较多,不易表达清楚某些工程构造的真实情况,此时可用镜像投影法绘制,但应在图名后注写"镜像"两字。这种视图在装饰工程中常用于表达吊顶(天花)平面图。

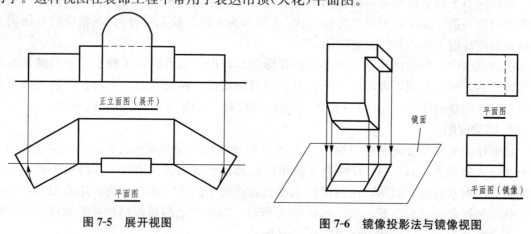

图 7-5　展开视图　　　　　图 7-6　镜像投影法与镜像视图

第二节　剖　面　图

一、剖面图的形成

假想用一个剖切平面在形体的适当位置将形体剖切,移去介于观察者和剖切平面之间的部分,将剩余部分向投影面所作的正投影图,称为剖切面,简称剖面。剖切面通常为投影面平行面或垂直面。

【注意】　剖切是一个假想的作图过程,因此除剖面图外,其他投影图仍按原先未剖切时的完整画出。

现以某台阶剖面图来说明剖面图的形成,假设用一平行于 W 面的剖切平面 P 剖切如图 7-7 所示的台阶,并移走左半部分,将剩下的右半部分向 W 面投射,即可得到该台阶的剖面图,如图 7-8 所示。为了在剖面图上明显地表示出形体的内部形状,根据规定,在剖切断面上应画出建筑材料符号,以区分断面(剖到的)与非断面(未剖到的),图 7-8 所示的断面上是混凝土材料。在不需指明材料时,可以用平行且等距的 45°细斜线来表示断面。

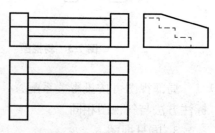

图 7-7　台阶的三视图

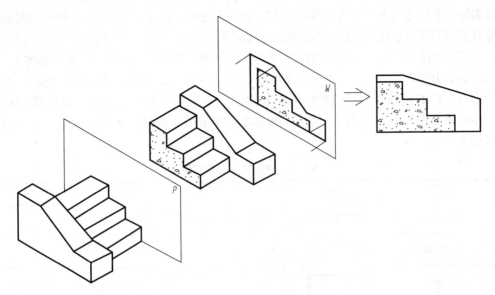

图 7-8　剖面图的形成

二、剖面图的画法

1. 确定剖切位置和投射方向

剖面图的图形是由剖切平面的位置和投射方向决定的。因此，作形体的剖面图时，应首先确定剖切平面的位置，使剖切后得到的剖面图能够清晰地反映出形体的形，以便于理解其内部的构造组成。

在选择剖切平面位置时，除应注意使剖切平面平行于投影面外，还需使其经过形体有代表性的位置，如孔、洞、槽位置（孔、洞、槽若有对称性则应经过其中心线）等。

2. 剖面图的标注

为了方便读图，需要用剖切符号把所画的剖面图剖切位置和投射方向在投影图上表示出来，并对剖切符号进行编号，以免混乱。

(1) 剖切符号。剖视的剖切符号应由剖切位置线及剖视方向线组成，均应以粗实线绘制。剖切位置线的长度宜为 6～10 mm；剖视方向线应垂直于剖切位置线，长度应短于剖切位置线，宜为 4～6 mm（图 7-9），也可采用国际统一和常用的剖视方法，如图 7-10 所示。绘制时，剖视剖切符号不应与其他图线相接触。

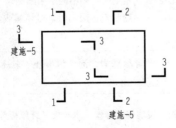

图 7-9　剖视的剖切符号(1)

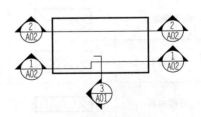

图 7-10　剖视的剖切符号(2)

(2) 注写编号。剖视剖切符号的编号宜采用粗阿拉伯数字，按剖切顺序由左至右、由下向上连续编排,并应注写在剖视方向线的端部;需要转折的剖切位置线,应在转角的外侧加注与该符号相同的编号;建(构)筑物剖面图的剖切符号应注在±0.000标高的平面图或首层平面图上;局部剖面图(不含首层)的剖切符号应注在包含剖切部位的最下面一层的平面图上。

(3)剖切图的图例及编号。为了明显地表达出物体的内部构造,在画剖面图时,要求把剖切平面与物体的接触部分绘制相应的材料图例。在未指明材料类别时,剖面图中的材料图例一律画成方向一致、间隔均匀的45°细实线,即采用通用材料图例来表示。常用建筑材料图例见表7-1。

表7-1 常用建筑材料图例

序号	名称	图例	备注
1	自然土壤		包括各种自然土壤
2	夯实土壤		—
3	砂、灰土	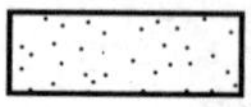	—
4	砂砾石、碎砖三合土	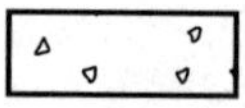	
5	石材	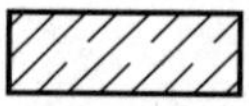	
6	毛石	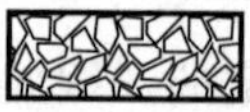	
7	实心砖、多孔砖		包括普通砖、混凝土砖等砌体
8	耐火砖	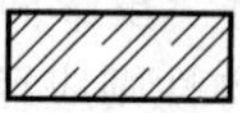	包括耐酸砖等砌体
9	空心砖、空心砌块	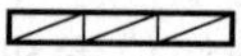	包括普通或轻骨料混凝土小型空心砌块等砌体
10	饰面砖		包括铺地砖、玻璃马赛克、陶瓷锦砖、人造大理石等
11	焦渣、矿渣	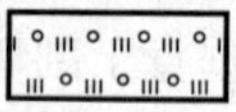	包括与水泥、石灰等混合而成的材料
12	混凝土	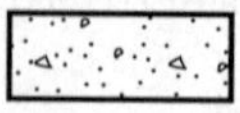	1. 包括各种强度等级、骨料、添加剂的混凝土 2. 在剖面图上绘制表达钢筋时,则不需绘制图例线 3. 断面图形较小,不易绘制表达图例时,可填黑或深灰(灰度宜70%)
13	钢筋混凝土		
14	多孔材料		包括水泥珍珠岩、沥青珍珠岩、泡沫混凝土、软木、蛭石制品等
15	纤维材料	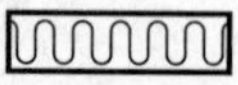	包括矿棉、岩棉、玻璃棉、麻丝、木丝板、纤维板等
16	泡沫塑料材料	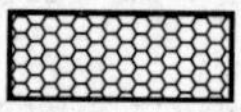	包括聚苯乙烯、聚乙烯、聚氨酯等多聚合物类材料

续表

序号	名称	图例	备注
17	木材	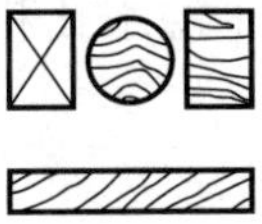	1. 上图为横断面，左上图为垫木、木砖或木龙骨 2. 下图为纵断面
18	胶合板	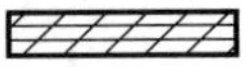	应注明为×层胶合板
19	石膏板	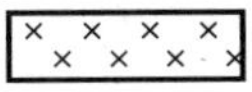	包括圆孔或方孔石膏板、防水石膏板、硅钙板、防水石膏板等
20	金属		1. 包括各种金属 2. 图形较小时，可填黑或深灰（灰度宜70%）
21	网状材料		1. 包括金属、塑料网状材料 2. 应注明具体材料名称
22	液体	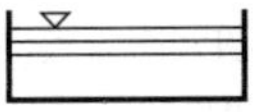	应注明具体液体名称
23	玻璃		包括平板玻璃、磨砂玻璃、夹丝玻璃、钢化玻璃、中空玻璃、夹层玻璃、镀膜玻璃等
24	橡胶		—
25	塑料	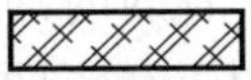	包括各种软、硬塑料及有机玻璃等
26	防水材料	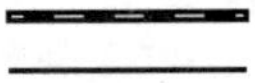	构造层次多或比例大时，可采用本图例
27	粉刷	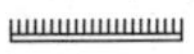	本图例采用较稀的点

注：序号1、2、5、7、8、13、14、17、18、24、25图例中的斜线、短斜线、交叉斜线等均为45°。

【注意】 在绘图时，如果未指明形体所用材料，图例可用与水平方向成45°的斜线来表示，线型为细实线，且应间隔均匀，疏密适度。

三、剖面图的分类

根据剖切方式，剖面图可分为全剖面图、半剖面图、局部剖面图、展开剖面图、阶梯剖面图和分层剖面图。

(一) 全剖面图

1. 全剖面图的形成

对于不对称的建筑形体，或虽然对称但外形较简单，或在另一投影中已将其外形表达清楚时，可以假想使用一剖切平面将形体全剖切开，这样得到的剖面图就叫作全剖面图。

2. 全剖面图绘制注意事项

全剖面图一般应进行标注，但当剖切平面通过形体的对称线，且又平行于某一基本投影面时，可不标注。

如图7-11所示为水槽形体，该形体虽然对称，但比较简单，分别用正平面、侧平面剖切形体得到1—1剖面图、2—2剖面图，剖切平面经过了溢水孔和池底排水孔的中心线，剖切位置如图7-11(b)所示。

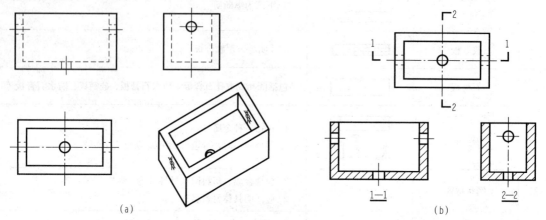

图 7-11　水槽的全剖面图
(a)外观投影图；(b)全剖面图

(二)半剖面图

1. 半剖面图的形成

当形体的内、外部形状均较复杂，且在某个方向上的视图为对称图形时，可以在该方向的视图上一半画没剖切的外部形状，另一半画剖切开后的内部形状，此时得到的剖面图称为半剖面图。图7-12所示为一个杯形基础的半剖面图。在正面投影和侧面投影中都采用了半剖面图的画法，以表示基础的外部形状和内部构造。

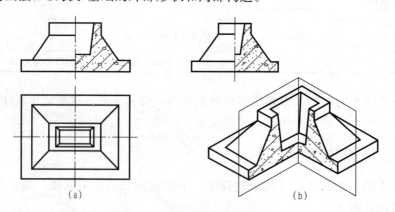

图 7-12　杯形基础的半剖面图
(a)正面投影半剖面图；(b)侧面投影半剖面图

2. 半剖面图绘制注意事项

(1)半剖面图一般应画在水平对称轴线的下侧或竖直对称轴线的右侧。一般不画剖切符号和编号，图名沿用原投影图的图名。

(2)对于同一图形来说，所有剖面图的建筑材料图例要一致。

(3)半剖面图和半外形图应以对称面或对称线为界,对称面或对称线画成细单点长画线。

(4)由于在剖面图一侧的图形已将形体的内部形状表达清楚,因此,在视图一侧不应再画表达内部形状的虚线。

(三)局部剖面图

1. 局部剖面图的形成

当形体某一局部的内部形状需要表达,但又没必要作全剖或不适合作半剖时,可以保留原视图的大部分。用剖切平面将形体的局部剖切开而得到的剖面图称为局部剖面图。如图7-13所示为杯形基础,其正立剖面图为全剖面图,在断面上详细表达了钢筋的配置,所以在画俯视图时,保留了该基础的大部分外形,仅将其一角画成剖面图,反映内部的配筋情况。

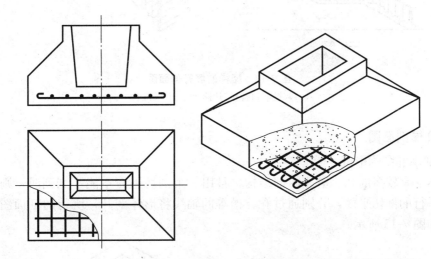

图7-13 杯形基础的局部剖面图

2. 局部剖面图绘制注意事项

(1)局部剖面图与视图之间要用波浪线隔开,且一般不需标注剖切符号和编号。图名沿用原投影图的名称。

(2)波浪线不能与视图中的轮廓线重合,也不能超出图形的轮廓线。

(3)波浪线应是细线,与图样轮廓线相交。注意画图时不要画成图线的延长线。

(四)展开剖面图

1. 展开剖面图的形成

当形体有不规则的转折或有孔、洞、槽,采用以上三种剖切方法都不能解决时,可以用两个相交剖切平面将形体剖切开,得到的剖面图经旋转展开,平行于某个基本投影面后再进行的正投影,这样得到的剖面图称为展开剖面图。

图7-14所示为一个楼梯展开剖面图。由于楼梯的两个梯段间在水平投影图上成一定夹角,用一个或两个平行的剖切平面无法将楼梯表示清楚时,可以用两个相交的剖切平面进行剖切,然后移去剖切平面和观察者之间的部分,将剩余楼梯的右面部分旋转至正立投影面平行后,即可得到其展开剖面图,如图7-14(a)所示。

2. 展开剖面图绘制注意事项

在绘制展开剖面图时，剖切符号的画法如图 7-14(a)所示，转折处用粗实线表示，每段长度为 4~6 mm。剖面图绘制完成后，可在图名后面加上"展开"两字，并加上圆括号。

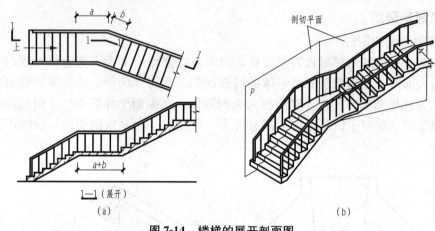

图 7-14 楼梯的展开剖面图
(a)两投影和展开剖切符号；(b)直观图

(五)阶梯剖面图

1. 阶梯剖面图的形成

当形体上有较多的孔、槽等内部结构，且用一个剖切平面不能都剖到时，则可假想用几个互相平行的剖切平面，分别通过孔、槽等的轴线将形体剖开，所得的剖面图称为阶梯剖面图，如图 7-15 所示。

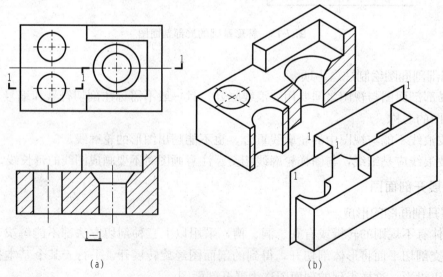

图 7-15 某形体的阶梯剖面图
(a)阶梯剖面图；(b)直观图

2. 阶梯剖面图绘制注意事项

在阶梯剖面图中，不能把剖切平面的转折平面投影成直线，并且要避免剖切面在图形轮廓线上转折。阶梯剖面图必须进行标注，其剖切位置的起、止和转折处都要用相同的阿拉伯数字标注。在画剖切符号时，剖切平面的阶梯转折用粗折线表示，线段长度一般为4～6 mm，折线的凸角外侧可注写剖切编号，以免与图线相混。

(六) 分层剖面图

1. 分层剖面图的形成

对一些具有分层构造的工程形体，可按实际情况用分层剖开的方法得到其剖面图，这种剖面图称为分层剖面图。

2. 分层剖面图绘制注意事项

图7-16所示为分层局部剖面图，其反映地面各层所用的材料和构造的做法，多用来表达房屋的楼面、地面、墙面和屋面等处的构造。分层局部剖面图应按层次以波浪线将各层分开，波浪线也不应与任何图线重合。

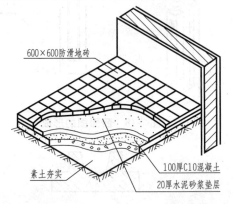
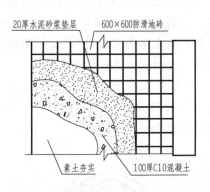

图7-16 分层局部剖面图

图7-17所示为木地板分层构造剖面图。将剖切到的地面一层一层地剥离开来，在剖切的范围中画出材料图例，有时还加注文字说明。

总之，剖面图是工程中应用最多的图样，必须掌握其画图方法，能准确理解和识读各种剖面图，提高识图能力。

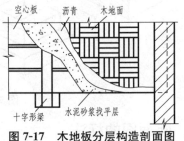

图7-17 木地板分层构造剖面图

第三节 断 面 图

一、断面图的形成

用一个剖切平面将形体剖开之后，剖切平面与形体接触的部位称为断面，如果把这个断面投射到与它平行的投影面上，所得到的投影就是断面图（图7-18）。断面图用来表示形体的内部形状,能很好地表示出断面的实形。

【提示】 断面图与剖面图的区别。

图 7-19 所示为杯形基础的断面图,由图可知,断面图与剖面图都是用假想的剖切平面剖开形体,其区别主要有以下几点:

(1)表达的内容不同。断面图是形体被剖切之后断面的投影,是"面"的投影;而剖面图是形体被剖切之后剩余部分的投影,是"体"的投影。因此可以说,断面图只是剖面图的一部分。

(2)剖切符号的标注不同。断面图的剖切符号只画剖切位置线和编号(如编号写在剖切线的下方,则表示向下投射,编号写在剖切线的左侧,则表示向左投射);而剖面图用剖切位置线、投射方向线和编号来表示。

(3)断面图只有单一剖切平面进行剖切的方式;而剖面图可用两个或两个以上的剖切平面进行剖切。

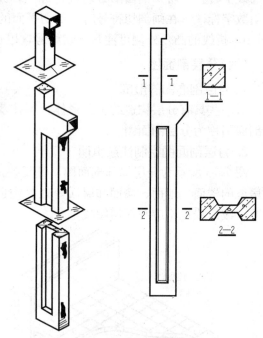

图 7-18 断面图的形成

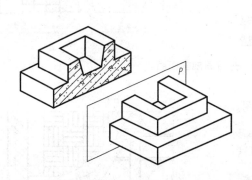

图 7-19 断面图的形成

二、断面图的标注

断面图的标注与剖面图的标注有所不同,断面图也用两段粗实线表示剖切位置,但不再画表示投射方向的粗实线,而是用表示编号的数字所处位置来说明投射方向。断面剖切符号的编号宜采用阿拉伯数字,按顺序连续编排,并应注写在剖切位置线的一侧;编号所在的一侧应为该断面的剖视方向(图 7-20)。

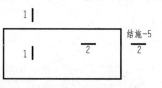

图 7-20 断面的剖切符号

三、断面图的分类

1. 中断断面图

如形体较长且断面没有变化时,可以将断面图画在视图中间断开处,称为中间断面图。

如图7-21(a)所示,在T形梁的断开处,画出梁的断面,以表示梁的断面形状,这样的断面图不需标注,也不需要画剖切符号。

图 7-21　中断断面图
(a)T形梁；(b)槽钢

中断断面图的轮廓线用粗实线,断开位置线可为波浪线、折断线等,但必须为细线,图名沿用原投影图的名称。钢屋架的大样图常采用中断断面的形式表达其各杆件的形状。

2. 重合断面图

画在视图内的断面称为重合断面图。重合断面图的图线与视图的图线应有所区别。当重合断面图的图线为粗实线时,视图的图线应为细实线,反之则用粗实线。如图7-22所示为一槽钢和背靠背双角钢的重合断面图,断面图轮廓及材料图例画成细实线。

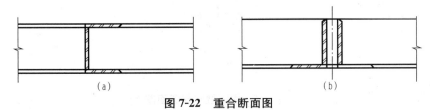

图 7-22　重合断面图
(a)槽钢的重合断面图；(b)背靠背双角钢的重合断面图

重合断面图不画剖切位置线也不编号,图名沿用原图名。重合断面图通常在整个构件的形状一致时使用,断面图形的比例与原投影图形比例应一致,其轮廓可能是闭合的,如图7-22所示；也可能是不闭合的,如图7-23所示。当不封闭时应于断面轮廓线的内侧加画图例符号。

3. 移出断面图

画在视图外的断面,称为移出断面图。移出断面图的轮廓线用粗实线绘制,轮廓线内画图例符号,如图7-24所示,梁的断面图中画出了钢筋混凝土的材料图例。断面图应画在形体投影图的附近,以便于识读；此外,断面图也可以适当地放大比例,以利于标注尺寸和清晰地显示其内部构造。

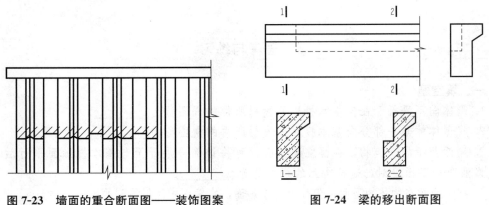

图 7-23　墙面的重合断面图——装饰图案　　　　图 7-24　梁的移出断面图

一个形体有多个断面图时，可以整齐地排列在视图的四周。图7-25（b）所示为梁、柱节点断面图，花篮梁的断面形状如图7-25（a）中1—1断面图所示，上方柱和下方柱分别用图7-25中的2—2、3—3断面图表示。这种处理方式适用于断面变化较多的形体，并且往往用较大的比例画出。

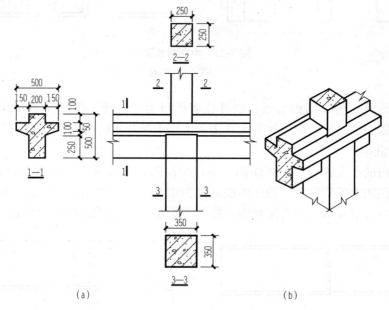

图7-25　梁、柱节点断面图
(a)断面图；(b)直观图

本章小结

建筑形体的形状和结构是多种多样的，要想把它们表达得既完整、清晰，又便于画图和读图，就得懂得形体图样的表达方法及画法。本章依据国家标准《房屋建筑制图统一标准》（GB/T 50001—2017），简单介绍了工程视图、剖面图及断面图的画法以及如何应用这些方法表达各种形体的结构形状。

思考与练习

一、填空题

1. 形体向不平行于任何基本投影面投射所得的视图称为_____。
2. 将形体的某一部分向基本投影面投射所得的视图称为_____。
3. 墙面曲折的建筑物，在画立面图时，可将该部分展开至与基本投影面平行后，再用正投影法向投影面投射，这样得到的视图称为_____。
4. 把镜面放在物体的下面，代替水平投影面，在镜面中反射得到的图像，称为_____。

5. 剖面图的图形是由剖切平面的_____和_____决定的。

6. 建(构)筑物剖面图的剖切符号应注在_____的平面图或首层平面图上。

7. 局部剖面图(不含首层)的剖切符号应注在包含剖切部位的_____的平面图上。

8. 剖面图绘制完成后,可在图名后面加上_____两字,并加上圆括号。

二、判断题

1. 剖切面通常为投影面平行面或垂直面。 ( )

2. 剖视的剖切符号应由剖切位置线及剖视方向线组成,均应以细实线绘制。 ( )

3. 剖视剖切符号的编号宜采用粗阿拉伯数字,按剖切顺序由左至右、由上向下连续编排,并应注写在剖视方向线的端部。 ( )

4. 局部剖面图与视图之间要用波浪线隔开,且一般不需标注剖切符号和编号。( )

5. 全剖面图一般应进行标注。但当剖切平面通过形体的对称线,且又平行于某一基本投影面时,可不标注。 ( )

6. 重合断面图不画剖切位置线也不编号,图名沿用原图名。 ( )

三、简答题

1. 什么是剖切面?选择剖切平面位置应注意哪些问题?

2. 视图的识读方法有哪几种?

3. 根据剖切方式,剖面图可分为哪几类?

4. 展开剖面图是如何形成的?

5. 简述阶梯剖面图绘制注意事项。

6. 简述分层剖面图的形成和注意事项。

7. 断面图与剖面图的区别有哪些?

四、练习题

1. 将图 7-26 所示组合体的正立面图和左侧立面图改画成适当的剖面图。

2. 如图 7-27 所示,已知形体的 1—1、3—3 断面图,用断面对应法求作 2—2 剖面图。

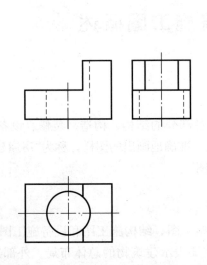

图 7-26 组合体的正立面图和左侧立面图

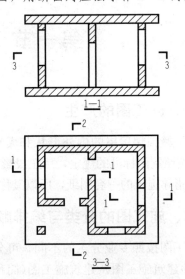

图 7-27 形体断面图

第八章　建筑施工图

知识目标

1. 了解房屋的构造组成及施工图的类型与用途，能根据需要正确选择建筑施工图。
2. 了解建筑总平面图的表达内容、表达方法及图示特点；掌握一定的绘图能力。
3. 了解建筑平面图、建筑立面图、建筑剖面图的表达内容、表达方法及图示特点；掌握一定的识读和绘制能力。
4. 了解建筑详图的基本内容；掌握建筑详图的绘制要求。

能力目标

1. 能够根据需要正确选用建筑施工图。
2. 能够根据原有房屋或道路确定新建建筑物的具体位置。
3. 能够根据建筑制图标准绘制建筑平面图、建筑立面图、建筑剖面图以及建筑详图。

第一节　建筑施工图概述

一、施工图的产生

将一幢拟建房屋的内外形状和大小，以及各部分的结构、构造、装修、设备等内容(图8-1)，按照制图标准的规定，用正投影方法详细、准确地画出的图样，称为"房屋建筑图"。它是用以指导施工的一套图纸，所以又称为"施工图"。

二、施工图的分类与编排顺序

施工图按照专业分工的不同，可分为建筑施工图、结构施工图和设备施工图。

(1)建筑施工图。建筑施工图(简称建施)主要表示建筑物的总体布局、外部造型、内部布置、细部构造、装饰装修和施工要求等，主要包括建筑总平面图、建筑平面图、建筑立面图、建筑剖面图、建筑详图等。

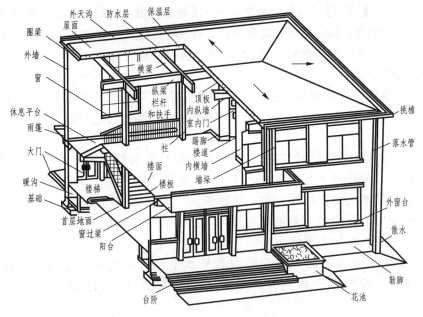

图 8-1 房屋的构造组成

施工图的阅读

(2)结构施工图。结构施工图(简称结施)主要表示房屋的结构设计内容,如房屋承重构件的布置,构件的形状、大小、材料等,主要包括结构平面布置图、构件详图等。

(3)设备施工图。设备施工图(简称设施)包括给水排水、采暖通风、电气照明等各种施工图,其内容有各工种的平面布置图、系统图等。

施工图一般的编排顺序:图纸目录、设计总说明、建筑施工图、结构施工图、设备施工图等。

各专业的施工图,应按图纸内容的主次关系系统地排列。例如,基本图在前,详图在后;全局图在前,局部图在后;布置图在前,构件图在后;先施工的图在前,后施工的图在后等。

三、建筑施工图画法的有关规定

为方便学习,现对建筑施工图中的常用规定和表示方法作简单介绍。

1. 比例

图样的比例应为图形与实物相对应的线性尺寸之比,用符号":"表示。绘图所用的比例应根据图样的用途与被绘对象的复杂程度,从表 8-1 中选用,并应优先采用表中常用比例。比例应以阿拉伯数字表示,比例宜注写在图名的右侧,字的基准线应取平;比例的字高宜比图名的字高小一号或二号(图 8-2)。

表 8-1 绘图所用的比例

常用比例	1:1、1:2、1:5、1:10、1:20、1:30、1:50、1:100、1:150、1:200、1:500、1:1 000、1:2 000
可用比例	1:3、1:4、1:6、1:15、1:25、1:40、1:60、1:80、1:250、1:300、1:400、1:600、1:5 000、1:10 000、1:20 000、1:50 000、1:100 000、1:200 000

平面图 1:100 ⑥ 1:20　　【注意】 一般情况下，一个图样应选用一种比例。根据专业制图需要，同一图样可选用两种比例；特殊情况下也可自选比例，这时除应注出绘图比例外，还应在适当位置绘制出相应的比例尺。

图 8-2　比例的注写

2. 索引符号与详图符号

(1)图样中的某一局部或构件，如需另见详图，应以索引符号索引[图 8-3(a)]。索引符号是由直径为 8~10 mm 的圆和水平直径组成，圆及水平直径应以细实线绘制。索引符号应按下列规定编写：

1)索引出的详图，如与被索引的详图同在一张图纸内，应在索引符号的上半圆中用阿拉伯数字注明该详图的编号，并在下半圆中间画一段水平细实线[图 8-3(b)]。

2)索引出的详图，如与被索引的详图不在同一张图纸内，应在索引符号的上半圆中用阿拉伯数字注明该详图的编号，在索引符号的下半圆用阿拉伯数字注明该详图所在图纸的编号[图 8-3(c)]。数字较多时，可加文字标注。

3)索引出的详图，如采用标准图时，应在索引符号水平直径的延长线上加注该标准图集的编号[图 8-3(d)]。需要标注比例时，应在文字的索引符号右侧或延长线下方，与符号下对齐。

图 8-3　索引符号　　　　　　　索引符号

(2)当索引符号用于索引剖视详图时，应在被剖切的部位绘制剖切位置线，并以引出线引出索引符号，引出线所在的一侧应为剖视方向(图 8-4)。

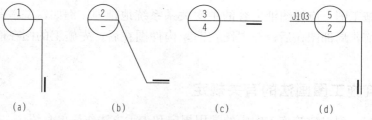

图 8-4　用于索引剖面详图的索引符号

(3)零件、钢筋、杆件及消火栓、配电箱、管井等设备的编号宜以直径为 4~6 mm 的细实线圆表示，同一图样应保持一致，其编号应用阿拉伯数字按顺序编写(图 8-5)。

图 8-5　零件、钢筋等的编号

(4)详图的位置和编号应以详图符号表示。详图符号的圆应以直径为 14 mm 粗实线绘制。详图编号应符合下列规定：

1)详图与被索引的图样同在一张图纸内时，应在详图符号内用阿拉伯数字注明详图的编号(图 8-6)。

2)详图与被索引的图样不在同一张图纸内时，应用细实线在详图符号内画一水平直径，在上半圆中注明详图编号，在下半圆中注明被索引的图纸的编号(图 8-7)。

图 8-6 与被索引图样同在
一张图纸内的详图符号

图 8-7 与被索引图样不在
同一张图纸内的详图符号

3. 引出线

建筑施工图中标注文字说明、编号及数字等常用引出线，引出线应以细实线绘制，宜采用水平方向的直线，或与水平方向成 30°、45°、60°、90°的直线，并经上述角度再折成水平线。文字说明宜注写在水平线的上方[图 8-8(a)]，也可注写在水平线的端部[图 8-8(b)]。索引详图的引出线，应与水平直径线相连接[图 8-8(c)]。同时引出的几个相同部分的引出线，宜互相平行[图 8-9(a)]，也可画成集中于一点的放射线[图 8-9(b)]。

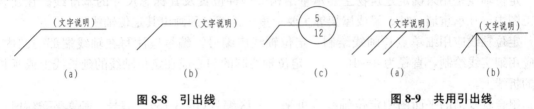

图 8-8 引出线　　　　　　图 8-9 共用引出线

多层构造或多层管道共用引出线，应通过被引出的各层，并用圆点示意对应各层次。文字说明宜注写在水平线的上方，或注写在水平线的端部，说明的顺序应由上至下，并应与被说明的层次对应一致；如层次为横向排序，则由上至下的说明顺序应与由左至右的层次对应一致(图 8-10)。

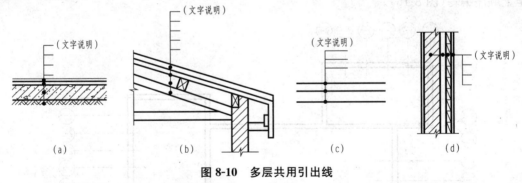

图 8-10 多层共用引出线

4. 其他符号

(1)对称符号应由对称线和两端的两对平行线组成。对称线应用细单点长画线绘制；平行线用细实线绘制，其长度宜为 6~10 mm，每对的间距宜为 2~3 mm；对称线应垂直平分于两对平行线，两端超出平行线宜为 2~3 mm(图 8-11)。

(2)连接符号应以折断线表示需连接的部位。两部位相距过远时，折断线两端靠图样一侧应标注大写拉丁字母表示连接编号。两个被连接的图样应用相同的字母编号(图 8-12)。

(3)指北针的形状应符合图 8-13 的规定，其圆的直径宜为 24 mm，用细实线绘制；指针尾部的宽度宜为 3 mm，指针头部应注"北"或"N"字。需用较大直径绘制指北针时，指针尾部的宽度宜为直径的 1/8。

(4)对图纸中局部变更部分宜采用云线并注明修改版次(图8-14)。

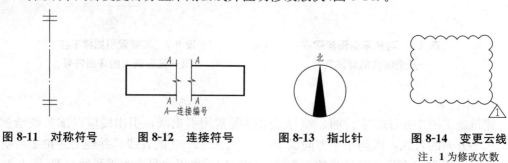

图 8-11　对称符号　　　图 8-12　连接符号　　　图 8-13　指北针　　　图 8-14　变更云线

注：**1** 为修改次数

5. 定位轴线

定位轴线是用来确定建筑物主要承重结构或构件位置及其标志尺寸的基准线。在建筑施工图中，凡承重墙、柱、梁或屋架等主要承重构件都必须画出其定位轴线。

定位轴线应用细单点长画线绘制。定位轴线应编号，编号应注写在轴线端部的圆内。圆应用细实线绘制，直径为 8～10 mm。定位轴线圆的圆心应在定位轴线的延长线上或延长线的折线上。

组合较复杂的平面图中定位轴线也可采用分区编号(图8-15)。编号的注写形式应为"分区号-该分区编号"。"分区号-该分区编号"宜采用阿拉伯数字或大写拉丁字母表示。除较复杂需采用分区编号或圆形、折线形外，平面图上定位轴线的编号，宜标注在图样的下方或左侧。横向编号应用阿拉伯数字，从左至右顺序编写；竖向编号应用大写拉丁字母，从下至上顺序编写(图8-16)。

定位轴线

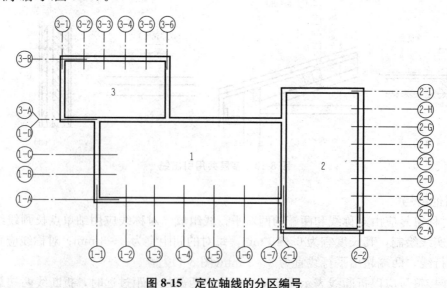

图 8-15　定位轴线的分区编号

拉丁字母作为轴线号时，应全部采用大写字母，不应用同一个字母的大小写来区分轴线号。拉丁字母的 I、O、Z 不得用作轴线编号。当字母数量不够使用时，可增用双字母或单字母加数字注脚。

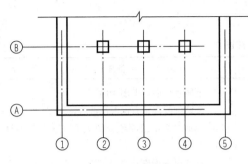

图 8-16 定位轴线的编号顺序

(1)附加定位轴线的编号,应以分数形式表示,并应符合下列规定:

1)两根轴线的附加轴线,应以分母表示前一轴线的编号,分子表示附加轴线的编号。编号宜用阿拉伯数字顺序编写。

2)1 号轴线或 A 号轴线之前的附加轴线的分母应以 01 或 0A 表示。

(2)一个详图适用于几根轴线时,应同时注明各有关轴线的编号(图 8-17)。

(3)通用详图中的定位轴线,应只画圆,不注写轴线编号。

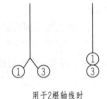

图 8-17 详图的轴线编号

(4)圆形与弧形平面图中的定位轴线,其径向轴线应以角度进行定位,其编号宜用阿拉伯数字表示,从左下角或 -90°(若径向轴线很密,角度间隔很小)开始,按逆时针顺序编写;其环向轴线宜用大写拉丁字母表示,从外向内顺序编写(图 8-18、图 8-19)。

(5)折线形平面图中定位轴线的编号可按图 8-20 所示的形式编写。

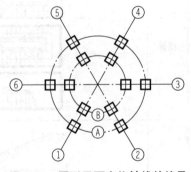

图 8-18 圆形平面定位轴线的编号

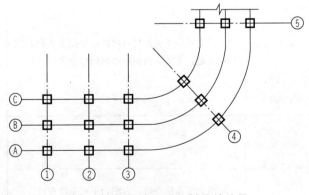

图 8-19 弧形平面定位轴线的编号

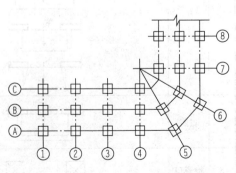

图 8-20 折线形平面定位轴线的编号

6. 图例

(1)构造及配件图例(见表 8-2)。

表 8-2 构造及配件图例

序号	名称	图例	备注
1	墙体	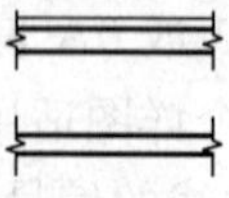	1. 上图为外墙，下图为内墙。 2. 外墙细线表示有保温层或有幕墙。 3. 应加注文字或涂色或图案填充表示各种材料的墙体。 4. 在各层平面图中防火墙宜着重以特殊图案填充表示
2	隔断		1. 加注文字或涂色或图案填充表示各种材料的轻质隔断。 2. 适用于到顶与不到顶隔断
3	玻璃幕墙		幕墙龙骨是否表示由项目设计决定
4	栏杆		—
5	楼梯	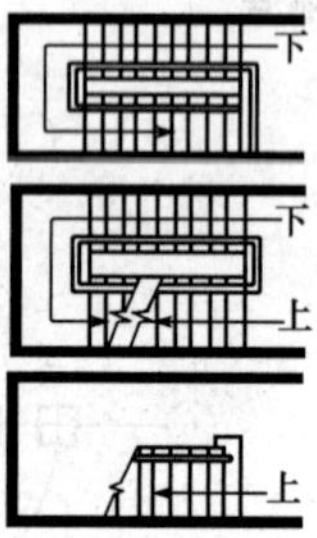	1. 上图为顶层楼梯平面，中图为中间层楼梯平面，下图为底层楼梯平面。 2. 需设置靠墙扶手或中间扶手时，应在图中表示
6	坡道	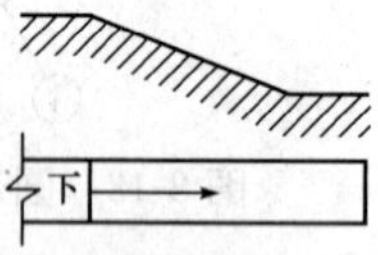	长坡道
		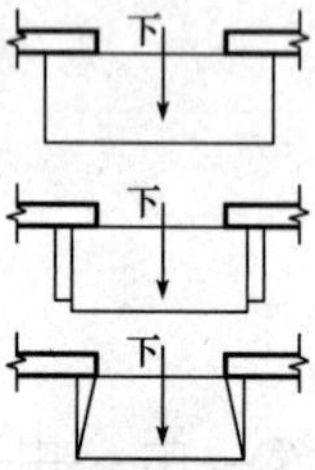	上图为两侧垂直的门口坡道，中图为有挡墙的门口坡道，下图为两侧找坡的门口坡道
7	台阶	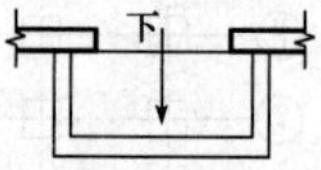	—
8	检查口	 	左图为可见检查口，右图为不可见检查口

续表

序号	名称	图例	备注
9	孔洞		阴影部分亦可填充灰度或涂色代替
10	坑槽		—
11	墙预留洞、槽	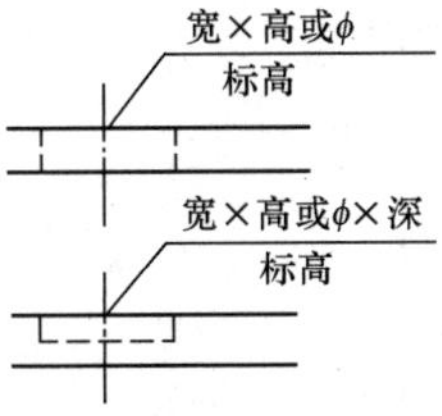 宽×高或φ 标高 / 宽×高或φ×深 标高	1. 上图为预留洞,下图为预留槽。 2. 平面以洞(槽)中心定位。 3. 标高以洞(槽)底或中心定位。 4. 宜以涂色区别墙体和预留洞(槽)
12	地沟	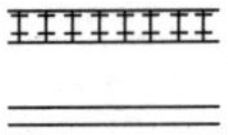	上图为活动盖板地沟,下图为无盖板明沟
13	烟道	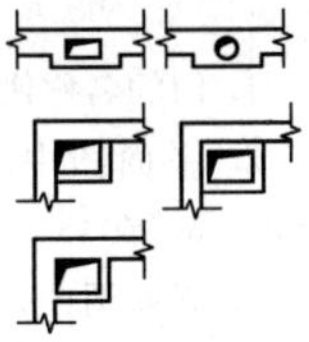	1. 阴影部分亦可涂色代替。 2. 烟道、风道与墙体为相同材料,其相接处墙身线应连通。 3. 烟道、风道根据需要增加不同材料的内衬
14	风道	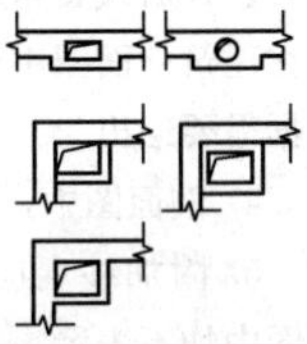	
15	新的墙和窗	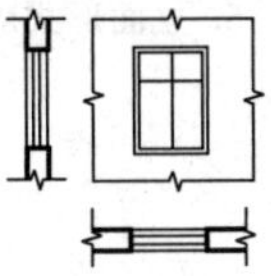	—
16	改建时保留的墙和窗	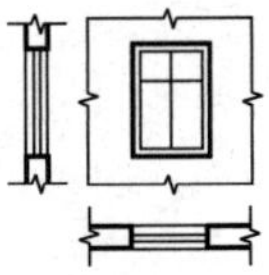	只更换窗,应加粗窗的轮廓线
17	拆除的墙	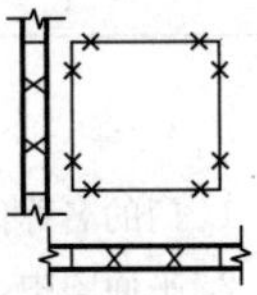	—
18	改建时在原有墙或楼板新开的洞	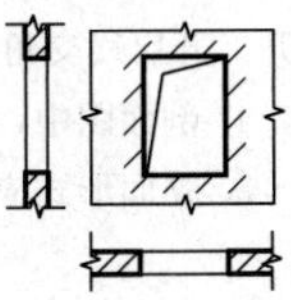	—

续表

序号	名称	图例	备注
19	空门洞	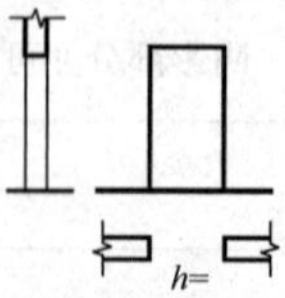	h 为门洞高度
20	单扇平开或单向弹簧门	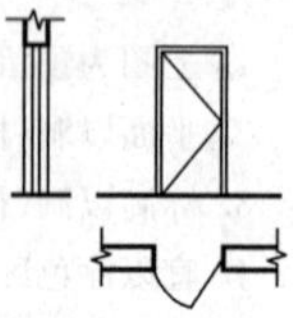	
	单扇平开或双向弹簧门	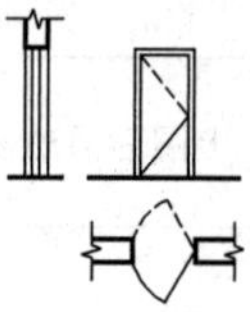	
	双层单扇平开门	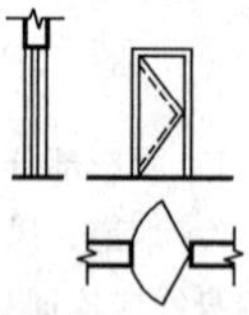	1. 门的名称代号用 M 表示。 2. 平面图中，下为外，上为内门开启线为 90°、60°或 45°。 3. 立面图中，开启线实线为外开，虚线为内开。开启线交角的一侧为安装合页一侧。开启线在建筑立面图中可不表示，在立面大样图中可根据需要绘出。 4. 剖面图中，左为外，右为内。 5. 附加纱扇应以文字说明，在平、立、剖面图中均不表示。 6. 立面形式应按实际情况绘制
21	单面开启双扇门（包括平开或单面弹簧）	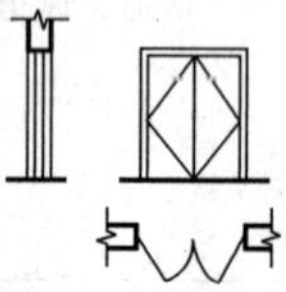	
	双面开启双扇门（包括双面平开或双面弹簧）	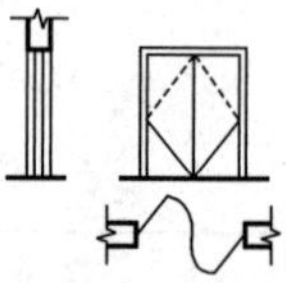	
	双层双扇平开门	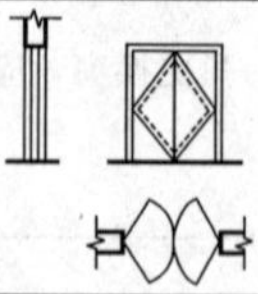	
22	折叠门	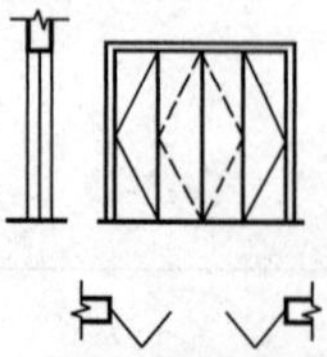	1. 门的名称代号用 M 表示。 2. 平面图中，下为外，上为内。 3. 立面图中，开启线实线为外开，虚线为内开。开启线交角的一侧为安装合页一侧。 4. 剖面图中，左为外，右为内。 5. 立面形式应按实际情况绘制
	推拉折叠门	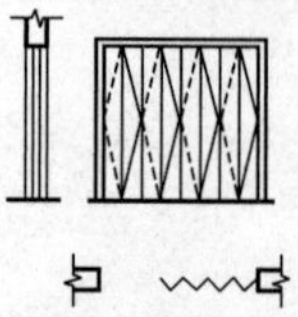	

续表

序号	名称	图例	备注
23	墙洞外单扇推拉门	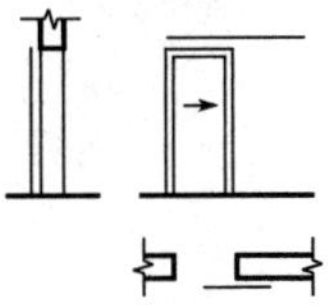	1. 门的名称代号用 M 表示。 2. 平面图中，下为外，上为内。 3. 剖面图中，左为外，右为内。 4. 立面形式应按实际情况绘制
	墙洞外双扇推拉门	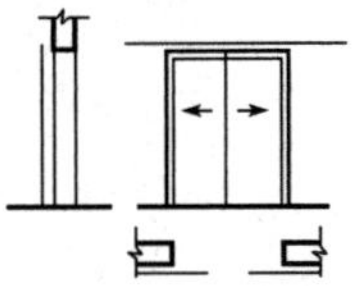	
	墙中单扇推拉门	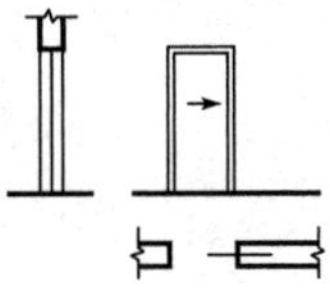	
	墙中双扇推拉门	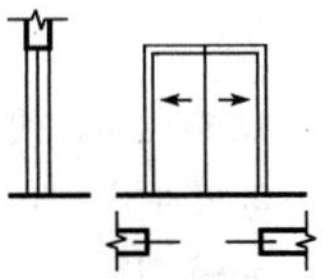	
24	门连窗	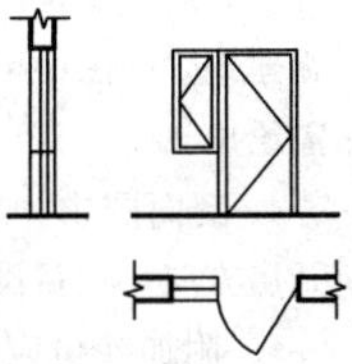	—
25	旋转门	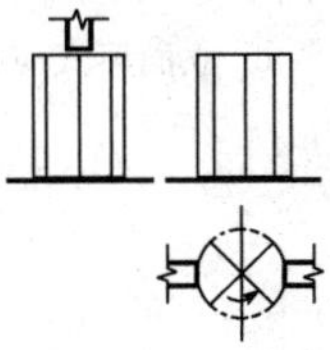	—
26	自动门	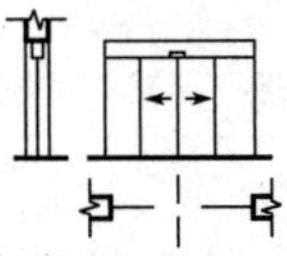	—
27	竖向卷帘门	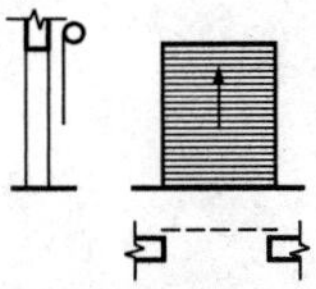	—

续表

序号	名称	图例	备注
28	固定窗	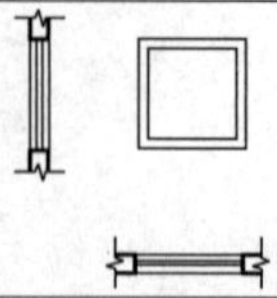	
29	上悬窗	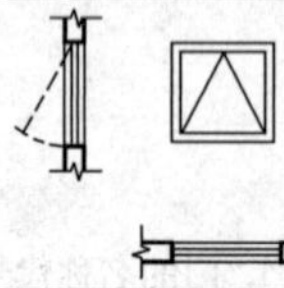	
	中悬窗	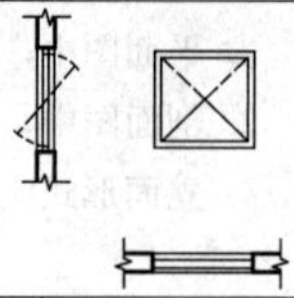	
	下悬窗	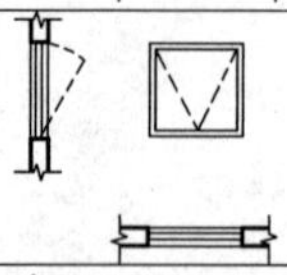	
30	立转窗	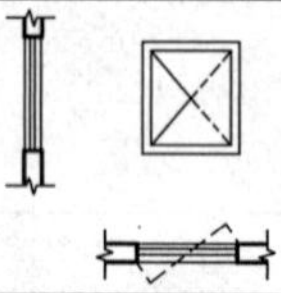	1. 窗的名称代号用C表示。 2. 平面图中，下为外，上为内。 3. 立面图中，开启线实线为外开，虚线为内开。开启线交角的一侧为安装合页一侧。开启线在建筑立面图中可不表示，在门窗立面大样图中需绘出。 4. 剖面图中，左为外，右为内，虚线仅表示开启方向，项目设计不表示。 5. 附加纱窗应以文字说明，在平、立、剖面图中均不表示。 6. 立面形式应按实际情况绘制
31	单层外开平开窗	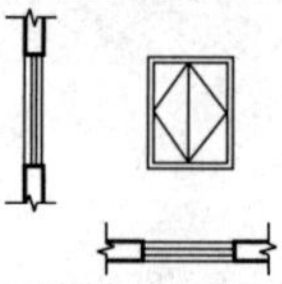	
	单层内开平开窗	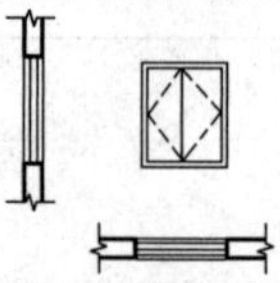	
	双层内外开平开窗	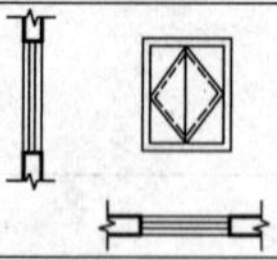	
32	单层推拉窗	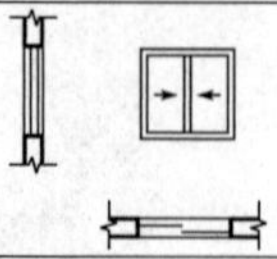	
	双层推拉窗	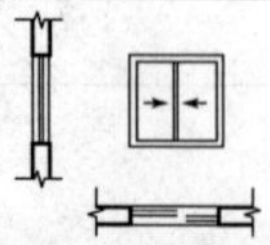	
33	百叶窗	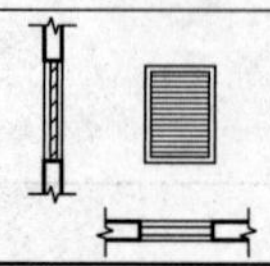	

(2)总平面常用图例(见表 8-3)。

表 8-3　总平面图常用图例

序号	名称	图例	备注
1	新建建筑物	① 12F/2D　H=59.00 m　X=/Y=	新建建筑物以粗实线表示与室外地坪相接处±0.00外墙定位轮廓线。 建筑物一般以±0.00高度处的外墙定位轴线交叉点坐标定位。轴线用细实线表示，并标明轴线号。 根据不同设计阶段标注建筑编号，地上、地下层数，建筑高度，建筑出入口位置(两种表示方法均可，但同一图纸采用一种表示方法)。 地下建筑物以粗虚线表示其轮廓。 建筑上部(±0.00以上)外挑建筑用细实线表示。 建筑物上部连廊用细虚线表示并标注位置
2	原有建筑物		用细实线表示
3	计划扩建的预留地或建筑物		用中粗虚线表示
4	拆除的建筑物		用细实线表示
5	建筑物下面的通道		—
6	散状材料露天堆场		需要时可注明材料名称
7	其他材料露天堆场或露天作业场		需要时可注明材料名称
8	铺砌场地		—
9	敞棚或敞廊		—

续表

序号	名称	图例	备注
10	高架式料仓	 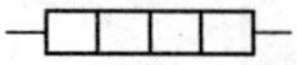	—
11	漏斗式贮仓		左、右图为底卸式，中图为侧卸式
12	冷却塔(池)	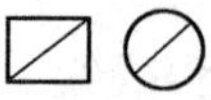	应注明冷却塔或冷却池
13	水塔、贮罐	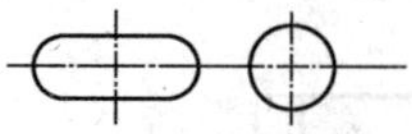	左图为卧式贮罐，右图为水塔或立式贮罐
14	水池、坑槽		也可以不涂黑
15	烟囱		实线为烟囱下部直径，虚线为基础，必要时可注写烟囱高度和上、下口直径
16	围墙及大门	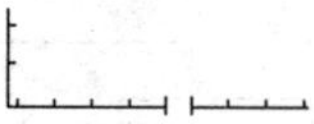	—
17	挡土墙	 5.00 / 1.50	挡土墙根据不同设计阶段的需要标注 墙顶标高 墙底标高
18	挡土墙上设围墙		
19	台阶及无障碍坡道	1. 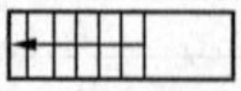 2. 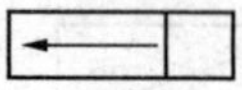	1. 表示台阶(级数仅为示意)； 2. 表示无障碍坡道
20	坐标	1. 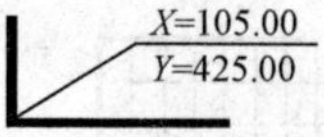 $X=105.00$ $Y=425.00$ 2. $A=105.00$ $B=425.00$ 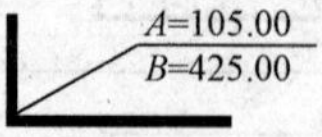	1. 表示地形测量坐标系； 2. 表示自设坐标系； 坐标数字平行于建筑标注

续表

序号	名称	图例	备注
21	方格网交叉点标高	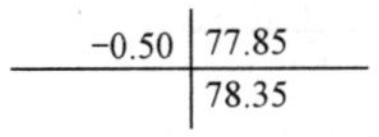 -0.50 | 77.85 78.35	"78.35"为原地面标高； "77.85"为设计标高； "-0.50"为施工高度； "-"表示挖方（"+"表示填方）
22	填方区、挖方区、未整平区及零线	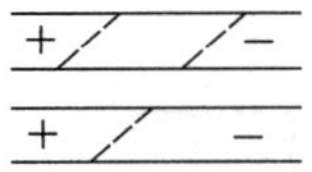 + / - + / -	"+"表示填方区； "-"表示挖方区； 中间为未整平区； 点画线为零点线
23	填挖边坡		—
24	截水沟	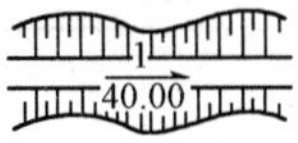 40.00	"1"表示1‰的沟底纵向坡度，"40.00"表示变坡点间距离，箭头表示水流方向
25	排水明沟	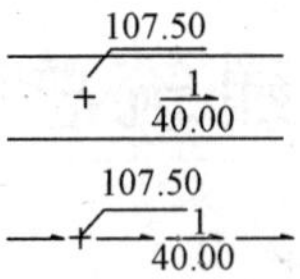 107.50 1/40.00 107.50 1/40.00	上图用于比例较大的图面； 下图用于比例较小的图面； "1"表示1‰的沟底纵向坡度，"40.00"表示变坡点间距离，箭头表示水流方向； "107.50"表示沟底变坡点标高（变坡点以"+"表示）
26	有盖板的排水沟	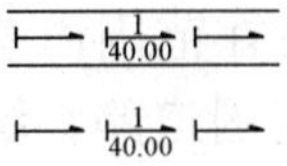 40.00 1/40.00	—
27	雨水口	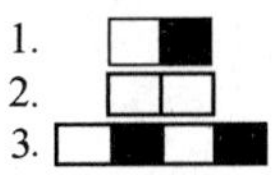 1. 2. 3.	1. 雨水口； 2. 原有雨水口； 3. 双落式雨水口
28	消火栓井		—
29	室内地坪标高	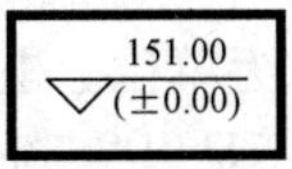 151.00 (±0.00)	数字平行于建筑物书写
30	室外地坪标高	 ▼ 143.00	室外标高也可采用等高线

续表

序号	名称	图例	备注
31	盲道	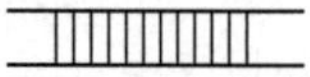	—
32	地下车库入口	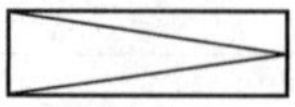	机动车停车场
33	地面露天停车场	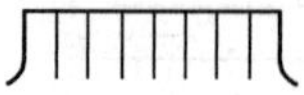	—
34	露天机械停车场	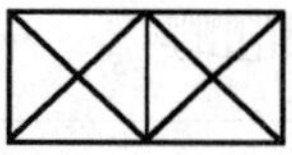	露天机械停车场

第二节　建筑总平面图

一、建筑总平面图的概念

建筑总平面图是表明新建房屋基地所在范围内总体布置的图样，主要表达新建房屋的位置和朝向，与原有建筑物的关系，周围道路、绿化布置及地形地貌等内容。建筑总平面图是新建房屋定位、土方施工以及绘制水、暖、电等管线总平面图和施工总平面图的依据。

二、建筑总平面图的表示方法

由于建筑总平面图包括的区域较大，在《总图制图标准》（GB/T 50103—2010）中规定（以下简称"总图标准"），总平面图的比例一般用1∶300、1∶500、1∶1 000、1∶2 000绘制。在实际工作中，由于各地方国土管理局所提供的地形图的比例为1∶500，故我们常接触的总平面图中多采用这一比例。

总平面图中的坐标、标高、距离以米为单位。坐标以小数点标注三位，不足以"0"补齐；标高、距离以小数点后两位数标注，不足以"0"补齐；详图可以毫米为单位。

总平面图应按上北下南方向绘制，根据场地形状或布局，可向左或右偏转，但不宜超过45°。总平面图中应绘制指北针或风频率玫瑰图，如图8-21所示。

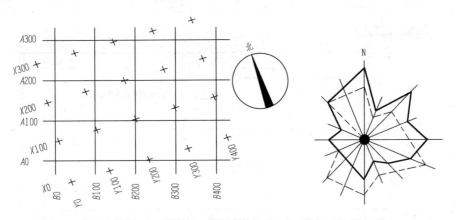

图 8-21 坐标网格(指北针，风频率玫瑰图)

注：图中 X 为南北方向轴线，X 的增量在 X 轴线上；Y 为东西方向轴线，Y 的增量在 Y 轴线上。
A 轴相当于测量坐标网中的 X 轴，B 轴相当于测量坐标网中的 Y 轴。

建筑物应以接近地面处的±0.00 标高的平面作为总平面。总平面图中标注的标高应为绝对标高。当标注相对标高时，则应注明相对标高与绝对标高的换算关系。

由于建筑总平面图采用的比例较小，各种有关物体均不能按照投影关系如实反映出来，只能用图例的形式进行绘制。

三、建筑总平面图的基本内容

(1)表明新建区的总体布局：如拨地范围，各建筑物及构筑物的位置，道路、管网的布置等。

(2)确定建筑物的平面位置：一般根据原有房屋或道路定位。修建成片住宅、较大的公共建筑物、工厂或地形较复杂时，用坐标确定房屋及道路转折点的位置。

(3)根据工程的需要，有时还有水、暖、电等管线总平面图、各种管线综合布置图、竖向设计图、道路纵横剖面图以及绿化布置图等。

(4)表明建筑物首层地面的绝对标高，室外地坪、道路的绝对标高；说明土方填挖情况、地面坡度及雨水排除方向。

(5)用指北针表示房屋的朝向，有时用风频率玫瑰图表示常年风向频率和风速。

四、建筑总平面图识读要点

(1)了解工程性质、图纸比例尺，阅读文字说明，熟悉图例。

(2)了解建设地段的地形，查看拨地范围、建筑物的布置、四周环境、道路布置。图 8-22 为某小学学校总平面图，表明了拨地范围与现有道路和民房的关系。

(3)当地形复杂时，要了解地形概貌，观察图形等高线。

(4)了解各新建房屋的室内外高差、道路标高、坡度以及地面排水情况。

(5)查看房屋与管线走向的关系以及管线引入建筑物的具体位置。

(6)查找定位依据。

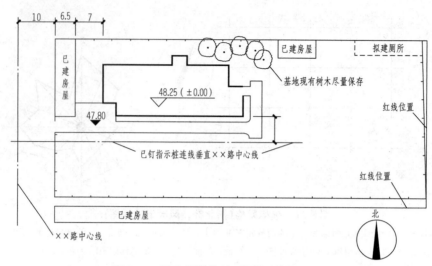

图 8-22 某小学学校总平面图(单位：m)

五、新建建筑物的定位

新建建筑物的具体位置，一般根据原有房屋或道路来确定，并以米为单位标出定位尺寸。但是，当新建建筑物附近无原有建筑物为依据时，要用坐标定位法确定建筑物的位置。

坐标定位法有测量坐标定位法和建筑坐标定位法两种。

(1)测量坐标定位法。在地形图上绘制的方格网叫作测量坐标方格网(图 8-23)。它与地形图采用同一比例。方格网的边长一般采用 100 m×100 m 或者 50 m×50 m，纵坐标为 X，横坐标为 Y。斜方位的建筑物一般应标注建筑物的左下角和右上角的两个角点的坐标。如果建筑物的方位是正南正北，又是矩形，则可只标注建筑物的一个角点的坐标。

(2)建筑坐标定位法。建筑坐标方格网是以建设地区的某点为"0"点，在总平面图上分格，分格大小应根据建筑设计总平面图上各建筑物、构筑物及各种管线的布设情况，结合现场的地形情况而定的，一般采用 100 m×100 m 或者 50 m×50 m，采用比例与总平面图相同，纵坐标为 A，横坐标为 B。定位放线时，应以"0"点为基准，测出建筑物墙角的位置。建筑坐标方格网如图 8-24 所示。

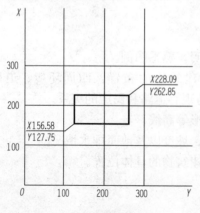

图 8-23 测量坐标方格网

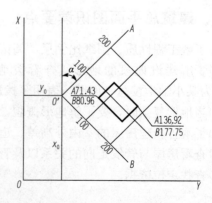

图 8-24 建筑坐标方格网

六、建筑总平面图识图示例

下面以图 8-25 所示的某住宅小区总平面图为例，介绍阅读总平面图的方法。

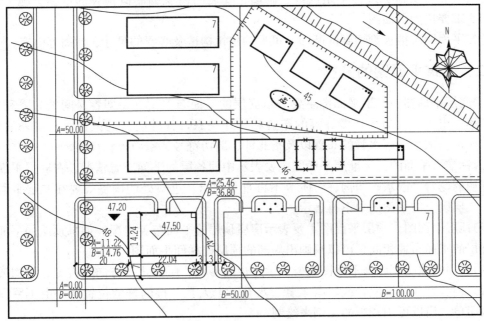

图 8-25 某住宅小区总平面图

从图 8-25 可以看出：

(1) 图线。拟建建筑的平面图是用粗实线表示的，原有建筑是用细实线表示的。

(2) 比例。从图名可看出图 8-25 采用的是 1:1 000 的比例。

(3) 建筑定位。图 8-25 中有一栋新建住宅，住宅两个相对墙角的坐标分别为 $\frac{A=11.22}{B=14.76}$、$\frac{A=25.46}{B=36.80}$。

(4) 等高线。图 8-25 中标有 46 的等高线，表示该等高线高出海平面 46 m。

(5) 指北针及风向频率玫瑰图。该地区常年主导风向是东北风，夏季主导风向是东南风。

第三节 建筑平面图

一、建筑平面图的形成

假想用一水平的剖切面沿门窗洞的位置将房屋剖切后，将留下的部分按俯视方向在水平投影面上作正投影所得到的图样，主要用来表示房屋的平面布置情况，即建筑平面图，简称平面

建筑平面图的形成与用途

图。它反映出房屋的平面形状、大小和房间的布置，墙或柱的位置、大小、厚度和材料，门窗的类型和位置等情况。

建筑平面图在施工过程中是放线、砌墙、安装门窗及编制概预算的依据。施工备料、施工组织都要用到平面图。

建筑平面图包括被剖切到的断面、可见的建筑构造及必要的尺寸、标高等内容。

二、建筑平面图的分类

(1) 底层平面图。底层平面图主要表示底层的平面布置情况，即各房间的分隔和组合、房间名称、出入口、门厅、楼梯等的布置和相互关系，各种门窗的位置以及室外的台阶、花台、明沟、散水、落水管的布置以及指北针、剖切符号、室内外标高等。

(2) 标准层平面图。标准层平面图主要表示中间各层的平面布置情况。在底层平面图中已经标明的花台、散水、明沟、台阶等不再重复画出。进口处的雨篷等要在二层平面图上表示，二层以上的平面图中不再表示。

(3) 顶层平面图。顶层平面图主要表示房屋顶层的平面布置情况。如果顶层的平面布置与标准层的平面布置相同，可以只画出局部的顶层楼梯间平面图。

(4) 屋顶平面图。屋顶平面图主要表示屋顶的形状、屋面排水方向及坡度、天沟或檐沟的位置，还有女儿墙、屋脊线、落水管、水箱、上人孔、接闪杆的位置等。由于屋顶平面图比较简单，所以可用较小的比例来绘制。

(5) 局部平面图。当某些楼层的平面布置基本相同，仅有局部不同时，这些不同部分就可以用局部平面图来表示。当某些局部布置由于比例较小而固定设备较多，或者内部的组合比较复杂时，也可以另画较大比例的局部平面图。为了清楚地表明局部平面图在平面图中所处的位置，必须标明与平面图一致的定位轴线及其编号。常见的局部平面图有厕所、盥洗室、楼梯间平面图等。

三、建筑平面图的基本内容

建筑平面图的基本内容见表 8-4。

建筑平面图的图示内容

表 8-4 建筑平面图的基本内容

项目	内容
建筑物形状、内部的布置及朝向	包括建筑物的平面形状，各房间的布置及相互关系，入口、走道、楼梯的位置等。一般平面图中均注明房间的名称或编号。首层平面图还标注指北针，标明建筑物的朝向
建筑物的尺寸	在建筑平面图中，用轴线和尺寸线表示各部分的长宽尺寸和准确位置。外墙尺寸一般分三道标注：最外面一道是外包尺寸，标明建筑物的总长度和总宽度；中间一道是轴线尺寸，标明开间和进深的尺寸；最里面一道是表示门窗洞口、墙垛、墙厚等详细尺寸。内墙需注明与轴线的关系、墙厚、门窗洞口尺寸等。此外，首层平面图上还要标明室外台阶、散水等尺寸。各层平面图还应标明墙上留洞的位置、大小、洞底标高

续表

项目	内容
建筑物的结构形式及主要建筑材料	建筑物的结构形式有混合结构、框架结构、木结构、钢结构等，其中混合结构的主要建筑材料有砖与砌块等，框架结构主要由钢筋混凝土柱子来承重
各层的地面标高	首层室内地面标高一般定为±0.000，并注明室外地坪标高。其余各层均注有地面标高。有坡度要求的房间还应注明地面的坡度
门窗及其过梁的编号、门的开启方向	(1)注明门窗编号。 (2)表示门的开启方向，作为安装门及五金的依据。 (3)注明门窗过梁编号
剖面图、详图和标准配件的位置及其编号	(1)标明剖切线的位置。 (2)标明局部详图的编号及位置。 (3)标明所采用的标准构件、配件的编号
综合反映其他各工种（工艺、水、暖、电）对土建的要求	各工种要求的坑、台、水池、地沟、电闸箱、消火栓、落水管等及其在墙或楼板上的预留洞，应在图中标明其位置及尺寸
室内装修做法	包括室内地面、墙面及顶棚等处的材料及做法。一般简单的装修，在平面图内直接用文字注明；较复杂的工程则应另列房间明细表和材料做法表，或另画建筑装修图
文字说明	平面图中不易标明的内容，如施工要求、砖及灰浆的强度等级等需用文字说明

四、建筑平面图的绘制要求

(1)平面图的方向宜与总图方向一致。平面图的长边宜与横式幅面图纸的长边一致。

(2)在同一张图纸上绘制多于一层的平面图时，各层平面图宜按层数由低向高的顺序从左至右或从下至上布置。

(3)除顶棚平面图外，各种平面图应按正投影法绘制。

建筑平面图的图示方法

(4)建筑平面图应在建筑物的门窗洞口处水平剖切俯视（屋顶平面图应在屋面以上俯视），图内应包括剖切面及投影方向可见的建筑构造以及必要的尺寸、标高等，如需表示高窗、洞口、通气孔、槽、地沟及起重机等不可见部分，则应以虚线绘制。

(5)建筑平面图应注写房间的名称或编号。编号注写在直径为6 mm细实线绘制的圆圈内，并在同张图纸上列出房间名称表。

(6)平面较大的建筑物，可分区绘制平面图，但每张平面图均应绘制组合示意图。各区应分别用大写拉丁字母编号。在组合示意图中要提示的分区，应采用阴影线或填充的方式表示。

(7)顶棚平面图宜用镜像投影法绘制。

(8)为表示室内立面在平面图上的位置，应在平面图上用内视符号注明视点位置、方向及立面，编号如图 8-26 所示。符号中的圆圈应用细实线绘制，根据图面比例圆圈直径可选择 8～12 mm。立面编号宜用拉丁字母或阿拉伯数字表示。内视符号如图 8-27 所示。

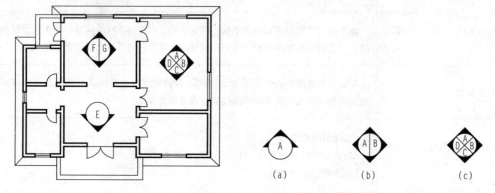

图 8-26　平面图上内视符号的应用

图 8-27　内视符号的表示方法
(a)单面内视符号；(b)双面内视符号；(c)四面内视符号

【注意】　平面图上尺寸标注应合理、齐全，底层平面一般标注三道尺寸，第一道尺寸是总体尺寸，第二道尺寸是定位轴线的间距，第三道尺寸是细部尺寸。

五、建筑平面图识图示例

图 8-28 为某职工住宅的一层平面图；图 8-29 为其标准层（二～五层）平面图；图 8-30 为其屋顶平面图。这些平面图在正式的施工图中都是按国家制图标准用 1∶100 比例绘制的。

从图 8-28 可以看出，该职工住宅的平面形状为矩形。该职工住宅总长为 25 740 mm，总宽为 16 440 mm。住宅单元的出入口设在建筑的北端⑨～⑪轴线间的Ⓒ轴线墙上。通过出入口处门斗下的平台进入楼梯间内，再由楼梯间上至各层住户。楼梯间内地坪标高为 −0.900 m，室外地坪标高为 −1.000 m，故楼梯间室内外高差为 100 mm。一层室内地坪标高设为 ±0.000 m，与室外地坪的高差为 1 000 mm，是通过楼梯间内 6 级台阶来消化此高差的。剖面图的剖切位置在⑨～⑪轴线之间的楼梯间位置。楼梯间的开间尺寸为 2 700 mm，进深尺寸为 5 700 mm。楼梯间门的宽度为 1 500 mm，高度为 2 100 mm，编号为 M1521。由于该单元是一梯两户的平面布置，两户的户型完全一致。因此，只要看懂了一户的平面布置即可。下面以左边一户为例读图。该户型是从⑨轴线墙上，Ⓑ到Ⓒ轴线间的编号为 M1021 的门进入户内的玄关，该层的平面布置有客厅、餐厅、厨房、餐厅、一间带有卫生间和衣帽间的主卧室、一间次卧室及一间书房。客厅的开间尺寸为 4 800 mm，进深尺寸为 6 300 mm；在客厅的Ⓐ轴线墙上开有一个通向阳台的宽为 3 600 mm、高为 2 400 mm 的推拉门。从客厅与餐厅连接处上 3 级台阶到居住区，这里有卧室和书房。主卧室是通过Ⓒ轴线上的编号为 M0921 的门进入到衣帽间，然后再进入主卧室的。主卧室的面积也较大，其开间尺寸为 3 900 mm，进深尺寸为 5 100 mm；卧室的窗是编号为 TC2119 的阳光窗；窗的旁边是室外空调机的安放位置；主卧室带的卫生间称为主卫，该主卫的开间、进深尺寸为 2 100 mm×2 700 mm，并开有一个编号为 C0915 的窗；主卧室衣帽间的开间、进深尺寸为 1 800 mm×3 600 mm。次卧室的门开在

Ⓑ轴线墙上，编号为 M0921，其开间尺寸为 3 300 mm，进深尺寸为 4 200 mm，其窗的编号为 TC1519 的阳光窗，窗的旁边也有室外空调机的安放位置。还有一个次卧室紧挨着入口，平面布置与另一次卧室对称。进入餐厅和厨房的门都是推拉门，从餐厅到生活阳台的门编号为 M0924（门窗编号中的数字，一般表示门窗洞口的宽度和高度，如 TM1821 表示进入餐厅的门洞口的宽度为 1 800 mm、高度为 2 100 mm。以后不再解释）；餐厅的开间尺寸为 3 200 mm，进深尺寸为 3 600 mm；厨房的开间、进深尺寸为 2 400 mm×3 600 mm（尺寸可从右边户型中读到）。在餐厅外面的服务阳台连着公共卫生间，其开间、进深尺寸为 1 800 mm×2 700 mm，公卫的门和窗是连在一起的，称为带窗门，门洞口的尺寸为 1 300 mm×2 400 mm。从图 8-28 中还可以看出，沿该建筑的外墙都设有宽度为 1 000 mm 的散水。

在图 8-29 所示标准层（二～五层）平面图中，可以看到的内容除标高及楼梯间表现形式与一层平面图不同外，其余平面布置完全一致，不再赘述。但在楼梯间外由于只有二层有雨篷，故在此部位有一引出线说明："仅二层有"，以区别除此部位外的其他部位在三～五层都相同。由于该图是同时表示二～五层的平面布置，故在右边户型的客厅、主卧室中由下向上分别标注了二～五层该处的标高，同时在楼梯间的中间平台处也由下向上分别标注了二～五层楼梯间的中间平台处的标高。

图 8-30 所示为该住宅的屋顶平面图。屋顶平面图是屋顶的 H 面投影，除少数伸出屋面较高的楼梯间、水箱、电梯机房被剖到的墙体轮廓用粗实线表示外，其余可见轮廓线的投影均用细实线表示。

屋顶平面图是用来表达房屋屋顶的形状、女儿墙位置、屋面排水方式、坡度、雨水管位置等的图形。

屋顶平面图的比例常用 1∶100，也可用 1∶200 的比例绘制。平面尺寸可只标轴线尺寸。从图 8-30 所示该住宅的屋顶平面图可以看出，该屋顶为平屋面，雨水顺着屋面从中间分别向前后的Ⓒ、Ⓚ轴线方向墙处排，经④、⑤、⑮、⑯轴线墙外的雨水口排入雨水管后排出室外。从以上的各图中还可看出，一层、中间层、顶层平面图中的楼梯表达方式不同，要注意区分。

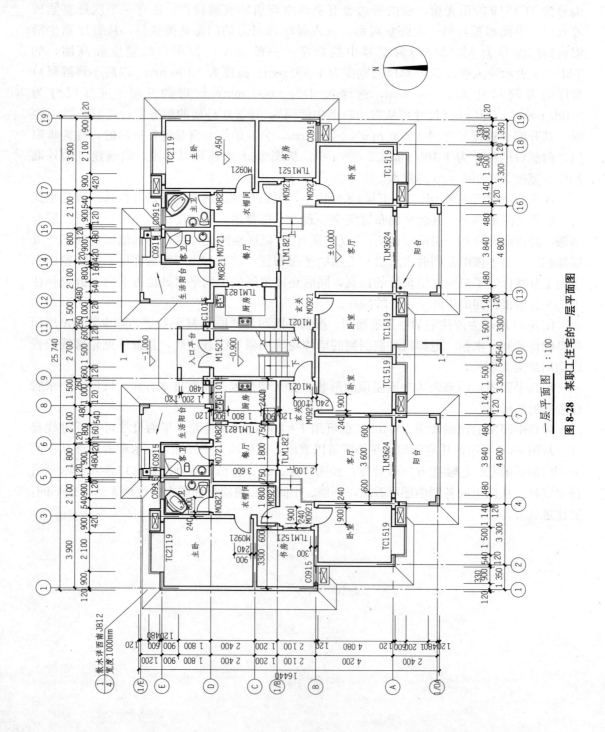

图 8-28 某职工住宅的一层平面图

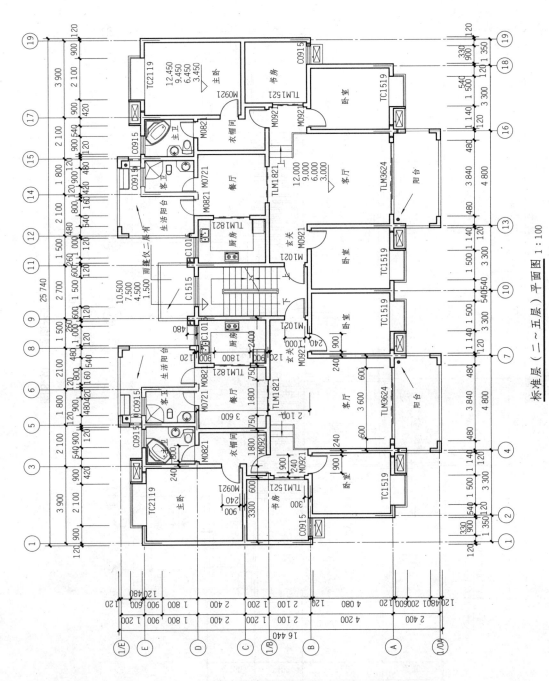

图 8-29 标准层平面图

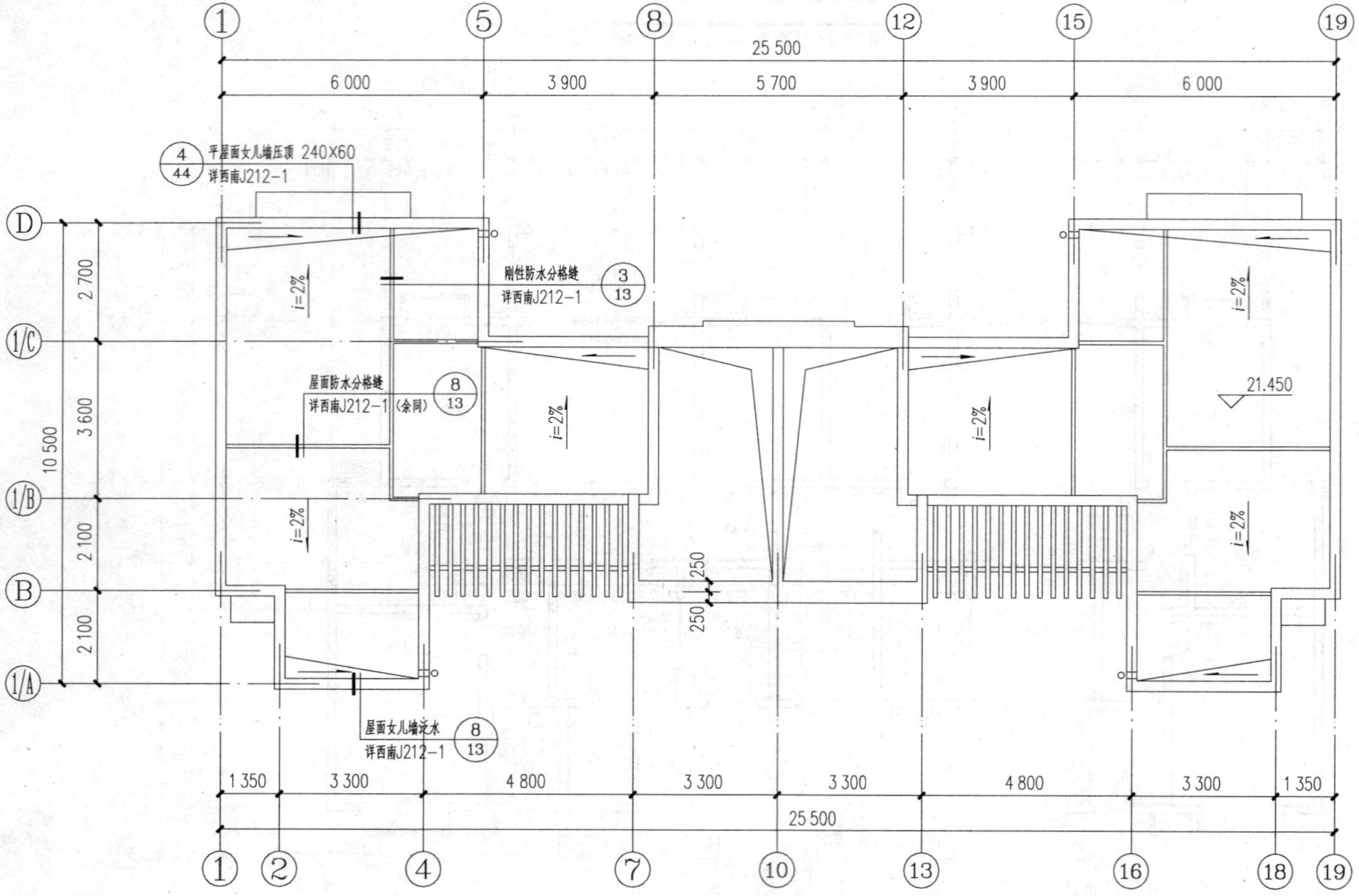

图 8-30 屋顶平面图

第四节 建筑立面图

一、建筑立面图的形成

建筑立面图是投影面平行于建筑物各个外墙面的正投影图,如图 8-31 所示。

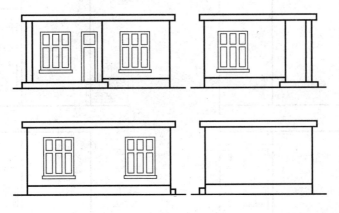

图 8-31 建筑立面图的形成

立面图中反映主要出入口或房屋主要外貌特征的一面称为正立面图,其余的立面图则相应地称为背立面图、左侧立面图、右侧立面图。有时也可按房屋的朝向来命名立面图,如南立面图、北立面图、西立面图、东立面图。立面图还可以根据立面图两端的轴线编号来命名,如①~⑩立面图、⑩~①立面图等。

> **知识拓展**
>
> 立面图中的线型要求
> (1)屋脊和外墙等外轮廓线画粗实线。
> (2)勒脚、窗台、门窗洞、檐口、阳台、雨篷、柱、台阶、花池等轮廓线画中实线。
> (3)门窗扇、栏杆、雨水管和墙面分格线等画细实线。
> (4)地坪线画特粗实线。

二、建筑立面图的基本内容

(1)标明建筑物外形及门窗、台阶、雨篷、阳台、烟囱、落水管等的位置。
(2)用标高表示出建筑物的总高度(屋檐或屋顶)、各楼层高度、室内外地坪标高以及烟囱高度等。

(3)标明建筑外墙所用材料及饰面的分格。详细做法应翻阅总说明及材料做法表。
(4)有时还标注墙身剖面图的位置。

三、建筑立面图的绘制步骤

建筑立面图的绘制步骤，如图 8-32 所示。

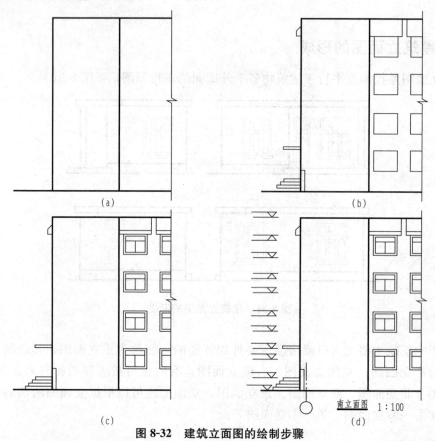

图 8-32　建筑立面图的绘制步骤

(1)定室外地坪线、外墙轮廓线和屋顶线，如图 8-32(a)所示。
(2)画细部，如檐口、窗台、雨篷、阳台、落水管等，如图 8-32(b)所示。
(3)经检查无误后，擦去多余图线，按立面图的线型要求加深图线，并完成装饰细部，如图 8-32(c)所示。
(4)标注轴线、标高、图名、比例及有关文字说明等，如图 8-32(d)所示。

四、建筑立面图的绘制要求

(1)各种立面图应按正投影法绘制。
(2)建筑立面图应包括投影方向可见的建筑外轮廓线和墙面线脚、构配件、墙面做法及必要的尺寸和标高等。
(3)室内立面图应包括投影方向可见的室内轮廓线和装修构造、门窗、构配件、墙面做法、固定家具、灯具、必要的尺寸和标高及需要表达的非固定家具、灯具、装饰物件等(室内立面图的顶棚轮廓线,可根据具体情况只表达吊平顶或同时表达吊平顶及结构顶棚)。

(4)平面形状曲折的建筑物,可绘制展开立面图、展开室内立面图。圆形或多边形平面的建筑物,可分段展开绘制立面图、室内立面图,但均应在图名后加注"展开"两字。

(5)较简单的对称式建筑物或对称的构配件等,在不影响构造处理和施工的情况下,立面图可绘制一半,并在对称轴线处画对称符号。

(6)在建筑立面图上,相同的门窗、阳台、外檐装修、构造做法等可在局部重点表示,绘制出其完整图形,其余部分只画轮廓线。

(7)在建筑立面图上,外墙表面分格线应表示清楚,用文字说明各部位所用面材及色彩。

(8)有定位轴线的建筑物,宜根据两端定位轴线号编注立面图名称(如①~⑩立面图、Ⓐ~Ⓕ立面图)。无定位轴线的建筑物可按平面图各面的朝向确定名称。

(9)建筑物室内立面图的名称,应根据平面图中内视符号的编号或字母确定(如①立面图、Ⓐ立面图)。

五、建筑立面图识图示例

下面以图 8-33 所示的立面图为例,介绍阅读建筑立面图的方法。

从图 8-33 可以看出:

(1)图 8-33 所示比例为 1∶100 的新建住宅的正立面图。

(2)住宅为朝南方向的正立面图,它反映建筑的外貌特征及装饰风格。该建筑主体有三层,左右对称,底层有四个门;门前都有三级台阶,两户共一个花池,该立面墙面用大玻璃推拉门窗装饰。每户二、三层均有封闭式阳台,阳台栏板采用铁艺装饰。屋顶为坡屋顶形式,屋檐下方有若干通风孔。正立面墙面有三处雨水管,除正中一个外,另两个均在花池处。

(3)立面图中只标出了一些重要部位的相对标高,由这些标高可知本幢房屋相对于底层地面的高度为 12.810 m,室外地坪的标高为 -0.400 m。

(4)了解各部位的装修做法。在图中用文字说明了外墙面、阳台栏板铁花装饰、勒脚、窗台、引条线的装修做法。

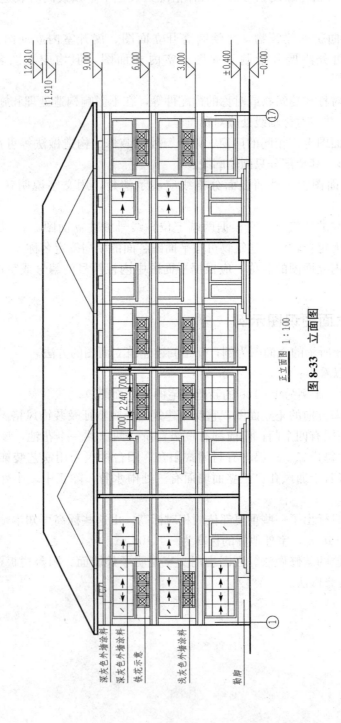

图 8-33 立面图

第五节　建筑剖面图

一、建筑剖面图的形成

建筑剖面图是指用一个竖直剖切面从上到下将房屋垂直剖开，移去一部分后绘出的剩余部分的正投影图，如图 8-34 所示。

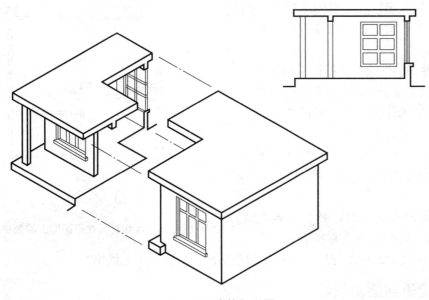

图 8-34　建筑剖面图

根据建筑物的实际情况和施工需要，剖面图有横剖面图和纵剖面图。横剖是指剖切平面平行于横轴线的剖切，纵剖是指剖切平面平行于纵轴线的剖切，如图 8-35 所示。建筑施工图中大多数是横剖面图。

剖面图的剖切位置应选择在建筑物的内部结构和构造比较复杂或有代表性的部位，其数量应根据建筑物的复杂程度和施工的实际需要而确定。

对于多层建筑，一般至少要有一个通过楼梯间剖切的剖面图。如果用一个剖切平面不能满足要求，可采用转折剖的方法，但一般只转折一次。

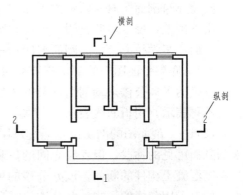

图 8-35　横剖和纵剖

建筑剖面图主要表示建筑物内部空间的高度关系，如顶层的形式、屋顶的坡度、檐口的形式、楼层的分层情况、楼板的搁置方式、楼梯的形式、内外墙及其门窗的位置、各种承重梁和连系梁的位置以及简要的结构形式和构造方法等。

二、建筑剖面图的基本内容

(1) 建筑物各部位的高度：剖面图中用标高及尺寸线表明建筑总高、室内外地坪标高、各层标高、门窗及窗台高度等。

(2) 建筑主要承重构件的相互关系：各层梁、板的位置及其与墙柱的关系，屋顶的结构形式等。

(3) 剖面图中不能详细表达的地方，有时引出索引号另画详图表示。

三、建筑剖面图的绘制要求

(1) 剖面图的剖切部位应根据图纸的用途或设计深度，在平面图上选择能反映建筑全貌、构造特征以及有代表性的部位剖切。

(2) 各种剖面图应按正投影法绘制。

(3) 建筑剖面图内应包括剖切面和投影方向可见的建筑构造、构配件以及必要的尺寸、标高等。

(4) 剖切符号可用阿拉伯数字、罗马数字或拉丁字母编号，如图 8-36 所示。

(5) 画室内立面图时，相应部位的墙体、楼地面的剖切面宜有所表示。必要时，占空间较大的设备管线、灯具等的剖切面，应在图纸上绘出。

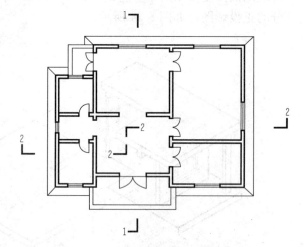

图 8-36　剖切符号在平面图上的画法

四、建筑剖面图识读

阅读建筑剖面图时应以建筑平面图为依据，由建筑平面图到建筑剖面图，由外部到内部，由下到上，反复对照查阅，形成对房屋的整体认识。

下面以某学校办公楼的剖面图(图 8-37、图 8-38)为例介绍建筑剖面图的识读方法。

(1) 由底层平面图中的剖切符号可知，1—1 剖面图是通过大门厅、楼梯间的一个纵剖面图，仅表达了办公楼东端剖切部分的内容。而中、西部的未剖到部分与南立面图相同，故在此不再表示，用折断线表示。

(2) 1—1 剖面图的剖切位置通过每层楼梯的第二个梯段，而每层楼梯的第一个梯段则为未剖到而可见的梯段，但各层之间的休息平台是被剖切到的。图中的涂黑断面均为剖切到的钢筋混凝土构件的断面。该办公楼的屋顶为平屋顶，利用屋面材料做出坡度形成双坡排水，檐口采用包檐的形式。办公楼的层高为 3.4 m，室内、外地面的高差为 0.6 m，檐口的高度为 1.2 m。另外，从图中还可以得知各层楼面、休息平台面、屋面、檐口顶面的标高尺寸。

(3) 图中注写的文字表明办公楼采用水磨石楼、地面，屋面为油毡屋面。

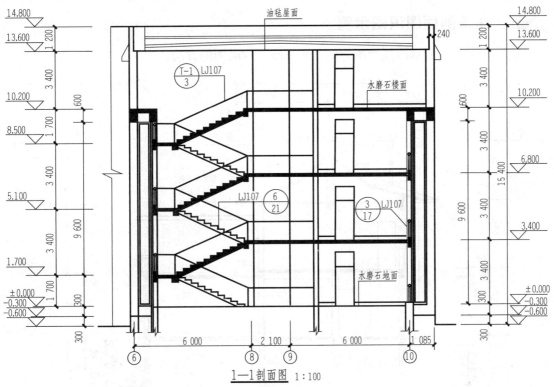

图 8-37　某学校办公楼 1—1 剖面图

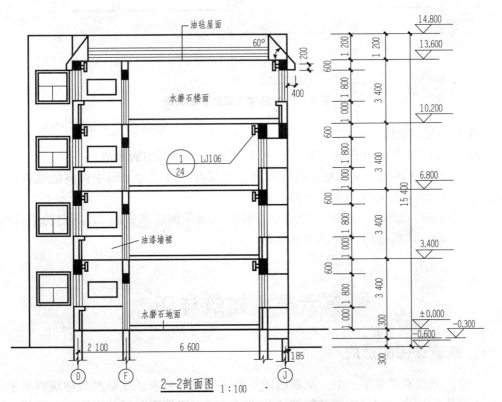

图 8-38　某学校办公楼 2—2 剖面图

五、建筑剖面图识图示例

下面以图 8-39 所示的剖面图为例,介绍阅读剖面图的方法。

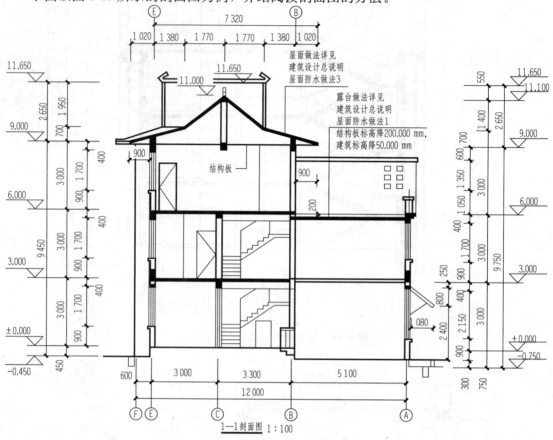

图 8-39 某新建三层别墅剖面图

从图 8-39 可以看出:

(1)由图名可知图 8-39 是比例为 1∶100 的新建三层别墅的剖面图。

(2)从剖面图上可知,该别墅在高度方向上注写有三道尺寸。图中标高都是以±0.000 为基准的相对标高,注写了房屋主要部分标高。

(3)文字说明。如屋面的做法详见建筑设计总说明屋面防水做法 3;露台的结构板标高降 200.000 mm,建筑标高降 50.000 mm 等。

第六节 建筑详图

一、建筑详图的形成

一个建筑物仅有建筑平、立、剖面图还不能满足施工要求,这是因为建筑物的平、立、剖面图图样比例较小,建筑物的某些细部及构配件的详细构造和尺寸无法表示清楚。因此,在一套施工图中，除了有全局性的基本图样外，还必须有许多比例较大的图样，对建筑物细部的形状、大小、材料和做法加以补充说明，这种图样称为建筑详图。建筑详图是建筑细部施工图，是建筑平、立、剖面图的补充，是建筑施工的重要依据之一。

二、建筑详图的绘制要求

绘制建筑详图采用的比例一般为1∶1、1∶2、1∶5、1∶10、1∶20等。建筑详图的尺寸要齐全、准确，文字说明要清楚、明白。

在建筑平面图、立面图、剖面图中，凡需绘制详图的部位均应画上索引符号，而在所画出的详图上则应编上相应的详图符号。详图符号与索引符号必须对应一致，以便看图时查找有关的图纸。对于套用标准图或通用图的建筑构配件和剖面节点，只需注明所套用图集的名称、编号和页次，而不必另画详图。

三、建筑详图的基本内容

建筑详图主要表示建筑构配件（如门、窗、楼梯、阳台、各种装饰等）的详细构造及连接关系；表示建筑细部及剖面节点（如檐口、窗台、明沟、楼梯、扶手、踏步、楼地面、屋面等）的形式、层次、做法、用料、规格及详细尺寸；表示施工要求及制作方法。

建筑详图主要的图样有外墙详图、楼梯详图、门窗详图及厨房、浴室、卫生间详图等。

1. 外墙详图

外墙详图实际上是建筑剖面图的局部放大图，表达房屋的屋面、楼层、地面和檐口构造，楼板与墙的连接，门窗顶、窗台和勒脚、散水等处构造的情况，是施工的重要依据，如图8-40所示。

多层房屋中，各层的情况一样时，可只画底层或加一个中间层来表示。画图时，往往在窗洞中间处断开，成为几个节点详图的组合。有时，也可不画整个墙身的详图，而是把各个节点的详图分别单独绘制。详图的线型要求与剖面图一样。

2. 楼梯详图

（1）楼梯详图的基本内容。楼梯是多层房屋中维持上下交通的主要设施。楼梯是由楼梯段、休息平台、栏杆或栏板组成的。楼梯的构造比较复杂，在建筑平面图和建筑剖面图中均不能将其表达清楚，所以必须另画详图表示。楼梯详图主要表示楼梯的类型、结构形式、各部位的尺寸及装修做法等，是楼梯施工放样的主要依据。

楼梯详图一般分为建筑详图与结构详图，应分别绘制并编入建筑施工图和结构施工图中。对于一些构造和装修较简单的现浇钢筋混凝土楼梯，其建筑详图和结构详图可合并绘制，编入建筑施工图或结构施工图均可。

楼梯的建筑详图包括楼梯平面图、楼梯剖面图以及踏步和栏杆等节点详图，如图8-41所示。楼梯平面图与剖面图的比例要一致，以便对照阅读。踏步、栏杆等节点详图比例要大一些，以便能清楚表达该部分的构造情况。

（2）楼梯平面图的形成。楼梯平面图是距每层楼地面1 m以上（尽量剖到楼梯间的门窗）沿水平方向剖开，向下投影所得到的水平剖面图。各层被剖到的楼梯段用45°折断线表示。

楼梯平面图一般应分层绘制。对于三层以上的建筑物，当中间各层楼梯完全相同时，可用一个图样表示，同时要标明中间各层的楼面标高。

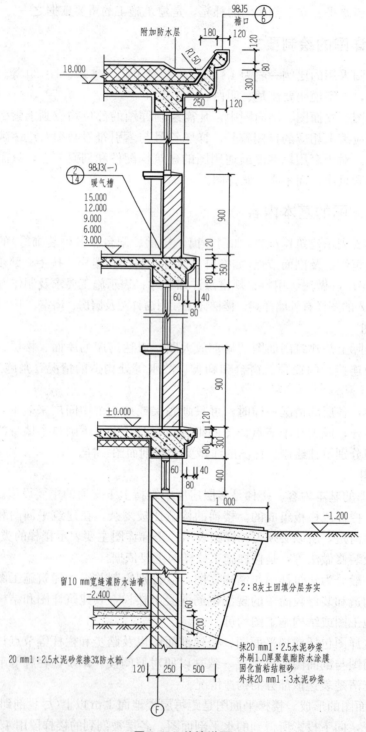

图 8-40 外墙详图

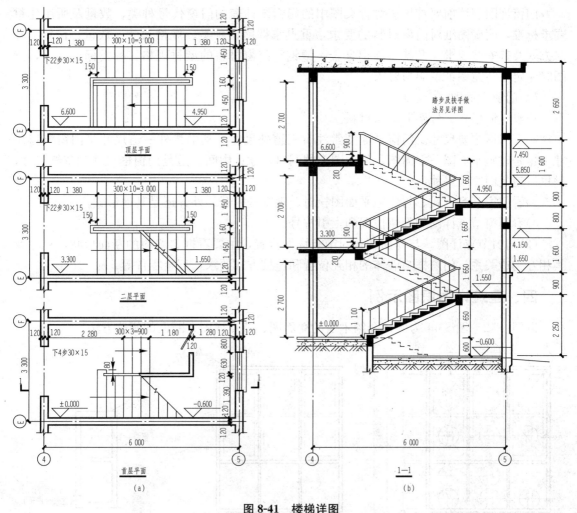

图 8-41 楼梯详图

(3)楼梯剖面图的形成。假想用一铅垂面,将楼梯某一跑和门窗洞垂直剖开,向未剖到的另一跑方向投影,所得到的垂直剖面图就是楼梯剖面图。剖切面所在位置即表示在楼梯首层平面图上。

(4)楼梯详图读图注意事项。

1)根据轴线编号查清楼梯详图和建筑平、剖面图的关系。

2)在看楼梯间门窗洞口及圈梁的位置和标高时,要与建筑平、立、剖面图和结构图纸对照阅读。

3)当楼梯间地面标高较首层地面标高低时,应注意楼梯间防潮层的位置。

4)当楼梯的结构图与建筑图分别绘制时,阅读楼梯建筑详图应对照结构图纸,核对楼梯梁、板的尺寸和标高。

3. 门窗详图

门窗详图一般采用标准图或通用图。如果采用标准图或通用图,在施工中,只注明门窗代号并说明该详图所在标准图集的编号,并不画出详图;如果没有标准图,则一定要画出门窗详图。一般门窗详图包括立面图、节点详图、五金表和文字说明四部分内容。

门窗详图识读前要首先核对首页图中的门窗统计表的门窗代号种类、数量及所用建材要求标准，明确图纸对门窗材料的要求，重点掌握门窗种类、规格尺寸、数量、位置、开启方式及其安装要求。尤其当前铝合金、塑钢等门窗材料的型材规格、种类标准众多，读图时一定应注意图纸说明与要求。

(1) 门窗立面图。

1) 看立面形式、骨架形式与材料。

2) 看门窗主要尺寸。门窗平面图常注有三道外尺寸，其中最外一道尺寸是门窗洞口尺寸，也是建施平面图、立面图、剖面图上的洞口尺寸；中间一道是门窗框尺寸和灰缝尺寸；最里一道是门窗扇尺寸。

3) 看门窗开启方式。与建施平面图核对，观察是内开、外开还是其他形式。

4) 看门窗节点详图的剖切位置和索引符号。

(2) 门窗节点详图。与立面图核对节点详图位置，主要看框料扇料的断面形状、尺寸及其相互构造关系，门窗框与墙体的相互位置和连接方式要求，五金零件等。

四、建筑详图识图示例

以图 8-42～图 8-44 为例，介绍木窗的立面图、节点详图、断面的阅读方法。

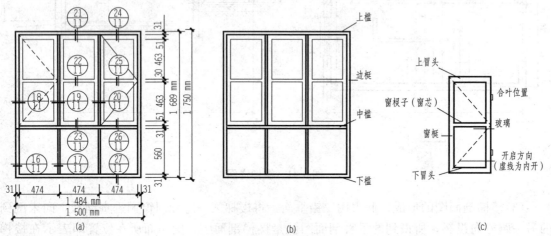

图 8-42 木窗详图

(a) C149 窗立面图；(b) 窗框；(c) 窗扇

木窗的立面图、节点详图、断面尺寸分析如下：

(1) 立面图。立面图表明木窗的形式、开启方式和方向、主要尺寸及节点索引号。图 8-42(a) 为 C149 窗立面图，说明有两个窗扇向内开启。立面图上注有三道尺寸：外面一道尺寸 1 750 mm×1 500 mm 是窗洞尺寸；中间一道尺寸 1 689 mm×1 484 mm 是窗樘的外包尺寸；里面一道尺寸是窗扇尺寸。

(2) 节点详图。在各层平面图中注出的是窗洞口的尺寸，为砌砖墙留口用。窗樘及窗扇尺寸供木工加工制作用。

节点详图表明木窗各部件断面用料、尺寸、线型、开启方向。节点详图编号可由立面图上查到。

图 8-43 所示㉔、㉕、㉖、㉗四个节点说明了窗扇与窗框的关系以及窗框与窗扇的用料尺寸。

（3）断面尺寸。图 8-44 所示为窗框及窗扇的断面形式及裁口尺寸。

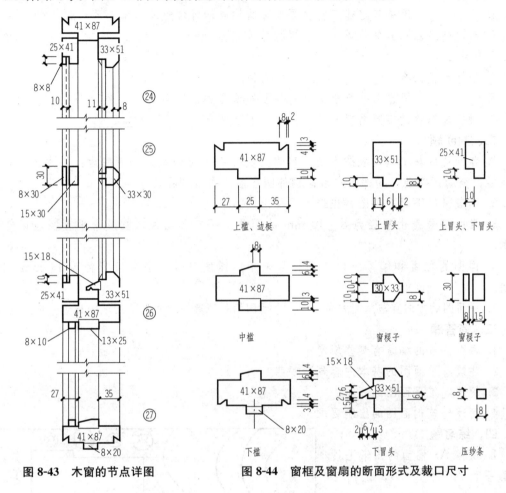

图 8-43　木窗的节点详图　　　　图 8-44　窗框及窗扇的断面形式及裁口尺寸

本章小结

本章分为建筑施工图概述、建筑总平面图、建筑平面图、建筑立面图、建筑剖面图以及建筑详图六项内容，通过实例讲解，使学生在掌握建筑施工图的表达内容、表达方法及图示特点的基础上，能熟练识读建筑施工图并具备一定的绘图能力。

思考与练习

一、填空题

1. 施工图按照专业分工的不同，可分为＿＿＿＿、＿＿＿＿和＿＿＿＿。
2. ＿＿＿＿包括给水排水、采暖通风、电气照明等各种施工图，其内容有各工种的平面布置图、系统图等。

3. 图样中的某一局部或构件，如需另见详图，应以_____索引。

4. _____是用来确定建筑物主要承重结构或构件位置及其标志尺寸的基准线。

5. 新建建筑物的具体位置，一般根据原有房屋或道路来确定，并以_____为单位标出定位尺寸。

6. 坐标定位法有_____和_____两种。

7. _____是投影面平行于建筑物各个外墙面的正投影图。

8. 根据建筑物的实际情况和施工需要，剖面图有_____和_____。

二、判断题

1. 各专业的施工图，应按图纸内容的主次关系系统地排列。一般为：基本图在前，详图在后；全局图在前，局部图在后；构件图在前，布置图在后。（ ）

2. 一般情况下，一个图样应选用一种比例。（ ）

3. 索引符号是由直径为 8～10 mm 的圆和水平直径组成，圆及水平直径应以粗实线绘制。（ ）

4. 详图的位置和编号应以详图符号表示。详图符号的圆应以直径为 14 mm 细实线绘制。（ ）

5. 平面图的方向宜与总图方向一致。平面图的长边宜与立式幅面图纸的长边一致。（ ）

三、简答题

1. 索引符号的编写有哪些规定？
2. 建筑总平面图的基本内容包括哪些？
3. 简述建筑平面图的分类。
4. 简述建筑剖面图的绘制要求。

四、练习题

1. 试在 A3 幅面的图纸上抄绘总平面图（图 8-45），比例可自选。

2. 在 A3 幅面的图纸上，用 1∶100 的比例抄绘立面图（图 8-46）。

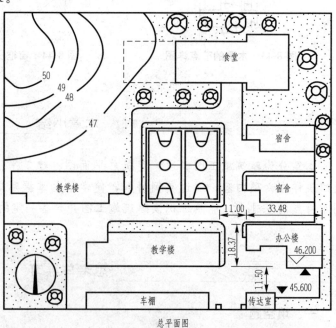

图 8-45　总平面图

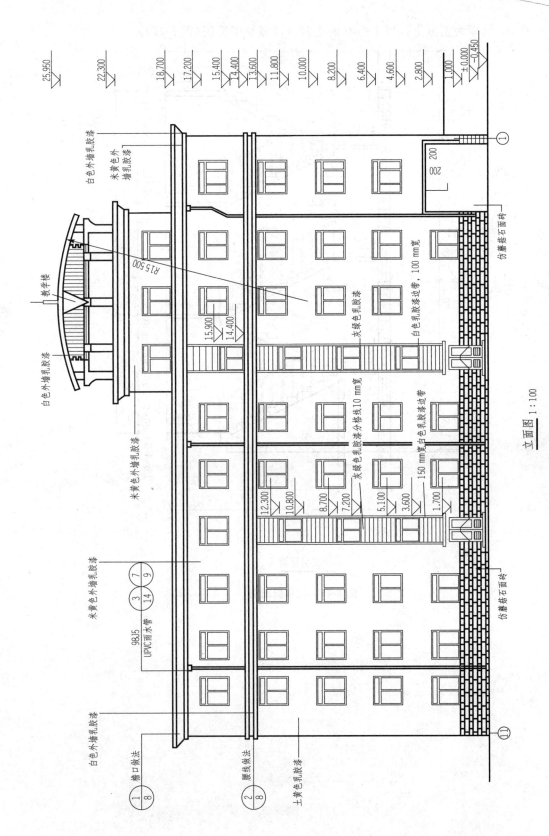

图 8-46 总平面图

3. 在 A3 幅面的图纸上，用 1∶50 的比例抄绘楼梯剖面图(图 8-47)。

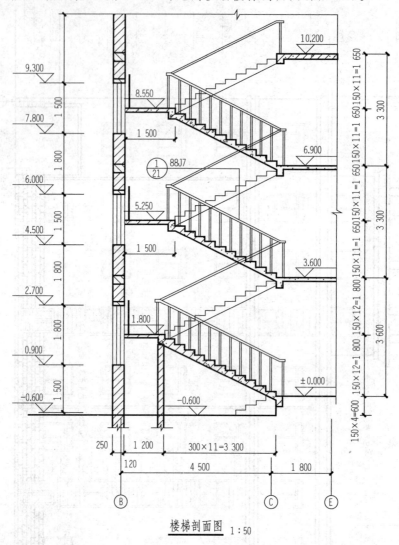

楼梯剖面图 1∶50

图 8-47 楼梯剖面图

第九章 结构施工图

知识目标

1. 了解结构施工图的内容和工程结构的分类;熟悉结构平面图的要求;掌握绘制结构施工图的有关规定。

2. 熟悉钢筋的分类及作用、钢筋的图例、钢筋的画法、混凝土保护层的最小厚度;掌握柱平法施工图的识读、梁平法施工图的识读。

3. 了解钢结构的标注方法;掌握钢屋架结构详图的表示方法。

能力目标

1. 具备看懂柱平法施工图的能力。
2. 具备看懂梁平法施工图的能力。

第一节 概 述

一、结构施工图的内容和工程结构的分类

1. 结构施工图的内容
（1）图纸目录。
（2）结构设计施工说明。
1）设计依据。
2）自然条件：基本风压、基本雪压。
3）设计基本参数：设计±0.000 标高所对应的绝对标高、图纸中标高和尺寸的单位、建筑结构的安全等级、抗震等级、耐火等级、地基基础设计等级等。
4）楼屋面设计使用荷载标准值。
5）使用材料：品种、规格、性能及相应的产品标准。
6）结构构造：通用做法和标准构件图集。

7)混凝土施工要求。
8)钢筋施工要求。
9)结构施工中应遵循的施工规范和注意事项。
(3)结构平面图。
1)基础平面图：反映基础形式、尺寸、定位及标高的图纸。
2)楼层平面图：反映楼层各钢筋混凝土受力构件的形式、尺寸、定位及标高的图纸。
3)屋面平面图：反映屋面混凝土受力构件的形式、尺寸、定位及标高的图纸。
(4)结构构件详图。
1)基础详图。
2)梁、板、柱等构件详图。
3)楼梯结构详图。
4)屋架结构详图。
5)其他构件详图。

2. 工程结构的分类

根据工程结构体系，它可分为混合结构、钢筋混凝土结构和钢结构。

(1)混合结构。主要受力结构由两种以上建筑材料组成，如用砖做墙、墙墩承重，用钢筋混凝土做梁、板的建筑称为砖混结构。在房建工程中，住宅、宿舍等小空间的低层、多层民用建筑多采用这种结构形式。

(2)钢筋混凝土结构。主要受力结构是钢筋混凝土构件。房屋由柱(剪力墙)、梁(屋架或屋面梁)、板共同组成钢筋混凝土骨架受力的建筑称为钢筋混凝土结构。在房建工程中，大空间和高层的民用建筑，以及大空间的工业建筑多采用这种结构形式。

(3)钢结构。主要的受力结构用钢材做成。如钢桁架、钢结构的厂房以及大型民用建筑中的空间网架等。

二、绘制结构施工图的有关规定

绘制结构施工图，除应遵守《房屋建筑制图统一标准》(GB/T 50001—2017)中的基本规定外，还应遵守《建筑结构制图标准》(GB/T 50105—2010)的规定。

1. 图线

结构施工图中各种图线的用法见表9-1。

表9-1　图线

名称		线型	线宽	一般用途
实线	粗	——————	b	螺栓、钢筋线、结构平面图中的单线结构构件线、钢木支撑及系杆线、图名下横线、剖切线
	中粗	——————	$0.7b$	结构平面图及详图中剖到或可见的墙身轮廓线、基础轮廓线、钢木结构轮廓线、钢筋线
	中	——————	$0.5b$	结构平面图及详图中剖到或可见的墙身轮廓线、基础轮廓线、可见的钢筋混凝土构件轮廓线、钢筋线
	细	——————	$0.25b$	标注引出线、标高符号线、索引符号线、尺寸线

续表

名称		线型	线宽	一般用途
虚线	粗	----------	b	不可见的钢筋线、螺栓线、结构平面图中不可见的单线结构构件线及钢、木支撑线
	中粗	----------	0.7b	结构平面图中的不可见构件、墙身轮廓线及不可见钢、木结构构件线、不可见的钢筋线
	中	----------	0.5b	结构平面图中的不可见构件、墙身轮廓线及不可见钢、木结构构件线、不可见的钢筋线
	细	----------	0.25b	基础平面图中的管沟轮廓线、不可见的钢筋混凝土构件轮廓线
单点长画线	粗	—·—·—	b	柱间支撑、垂直支撑、设备基础轴线图中的中心线
	细	—·—·—	0.25b	定位轴线、对称线、中心线、重心线
双点长画线	粗	—··—··—	b	预应力钢筋线
	细	—··—··—	0.25b	原有结构轮廓线
折断线		∼	0.25b	断开界线
波浪线		～～～	0.25b	断开界线

2. 比例

绘图时根据图样的用途和被绘物体的复杂程度，应按表 9-2 选用。特殊情况下也可以选用可用比例。当构件的纵、横向断面尺寸相差悬殊时，可以在同一详图中的纵、横向选用不同的比例绘制。轴线尺寸与构件尺寸也可选用不同的比例绘制。

表 9-2　比例

图名	常用比例	可用比例
结构平面图、基础平面图	1∶50，1∶100，1∶150	1∶60，1∶200
圈梁平面图，总图中管沟、地下设施等	1∶200，1∶500	1∶300
详图	1∶10，1∶20，1∶50	1∶5，1∶30，1∶25

3. 构件代号

在结构施工图中，构件的名称可用代号来表示，代号后应用阿拉伯数字标注该构件的型号或编号，也可为构件的顺序号。构件的顺序号采用不带角标的阿拉伯数字连续编排。常用的构件代号见表 9-3。

表 9-3　常用构件代号

类型	构件代号	名称	构件代号	名称
柱	KZ	框架柱	LZ	梁上柱
	KZZ	框支柱	QZ	剪力墙上柱
	XZ	芯柱	FBZ	扶壁柱
	GZ	构造柱	—	—
梁	KL	楼层框架梁	L	非框架梁
	WKL	屋面框架梁	XL	悬挑梁

续表

类型	构件代号	名称	构件代号	名称
梁	KZL	框支梁	JZL	井字梁
	JL	基础梁	QL	圈梁
	TL	楼梯梁	GL	过梁
板	B	板	KB	空心板
	LB	楼面板	CB	槽形板
	WB	屋面板	ZB	折板
	TB	楼梯板	MB	密肋板
	YB	檐口板	TGB	天沟板
剪力墙	Q	墙	DWQ	地下室外墙
剪力墙柱	YDZ	约束边缘端柱	GDZ	构造边缘端柱
	YAZ	约束边缘暗柱	GAZ	构造边缘暗柱
	YYZ	约束边缘翼墙柱	GYZ	构造边缘翼墙柱
	YJZ	约束边缘转角墙柱	GJZ	构造边缘转角墙柱
剪力墙梁	LL	连梁	AL	暗梁
	BKL	边框梁	—	—
墙洞	JD	矩形洞	YD	圆形洞
其他	CT	承台	ZH	桩
	J	基础	SJ	设备基础
	YP	雨篷	T	楼梯
	YT	阳台	M	预埋件
	ZC	柱间支撑	CC	垂直支撑
	SC	水平支撑	GJ	钢架
	ZJ	支架	CJ	天窗架
	W	钢筋网	DQ	挡土墙
	G	钢筋骨架	DG	地沟
	DB	吊车安全走道板	LT	檩条
	TGB	天沟板	TJ	托架
	WJ	屋架	LD	梁垫
单层工业厂房	DL	吊车梁	TD	天窗端壁
	DDL	单轨吊车梁	CD	车挡
	DGL	轨道连接	DB	吊车安全走道板
	GB	盖板或沟盖板	YB	挡雨板或檐口板

三、结构平面图的要求

结构平面图是反映各钢筋混凝土构件的位置、编号和标高、定位的图纸。相当于剖切在各层墙脚处的水平剖面。由于结构平面图是表示受力构件的布置情况，因此在钢筋混凝土结构中，建筑平面图中的非受力构件不用绘出；剪力墙、柱涂灰，板下部的钢筋混凝土梁一般按正投影法画出，梁的投影用细虚线绘制。

在结构平面图中可绘制重合断面图，表达梁、板受力构件在垂直方向的高度关系。特别是标高和板厚变化处，以绘局部断面图表达。

楼梯间一般另出详图，可注明楼梯编号和详图所在图纸编号。

结构平面图尺寸标注的内容：

(1)定位轴线及其编号、轴线间的尺寸和总尺寸。其标注必须与建筑施工图一致。

(2)结构层高表。层高表中包括各结构层的楼面标高、结构层高和相应的结构平面层标高位置示意。结构标高一般比相应的建筑标高低 30 mm 或 50 mm。

(3)各钢筋混凝土构件的编号。表达内容包括墙、柱、剪力墙等竖向构件的编号和尺寸，梁、板等水平构件的编号和尺寸。各构件编号由类型代号加序号组成。如 KZ1 表示框架柱，编号为 1。

(4)各钢筋混凝土构件的平面尺寸(从轴线定位标注)。

(5)相应的施工说明。

四、钢筋混凝土构件平法表达方式

所谓平法，是指将结构构件的尺寸和配筋等，按照平面整体表示方法的制图规定，直接表达在各类构件的结构平面图上。这样的表达更加清晰明确，改善了将各构件从结构平面图中索引出来，再逐个绘制构件详图的烦琐方法，提高了作图和读图的效率。在各结构平面图(基础平面图、楼层平面图、屋面平面图)中，标注各构件的代号和编号。然后在此基础上采用平面注写、列表注写、构件断面或立面详图注写三种方式结合在一起表达各构件的配筋方式。钢筋混凝土构件平法的平面注写方式是集中标注和原位标注相结合，将在第二节中详细介绍各类钢筋混凝土构件的表达方式；出图时，宜按基础、竖向构件(柱、剪力墙)、梁、板、楼梯和其他构件的先后顺序，从建筑的下部往上的顺序编写图纸序号。

第二节 钢筋混凝土施工图

一、钢筋混凝土的基本知识

混凝土是由水泥、砂子、石子和水按一定比例配制后，经搅拌、成型和硬化而形成的一种建筑材料。混凝土按抗压强度划分为 14 个等级，分别为 C15、C20、C25、C30、C35、C40、C45、C50、C55、C60、C65、C70、C75、C80 等级。

混凝土抗压能力强，抗拉能力差，受拉后容易断裂。为了提高混凝土的抗拉性能，在混凝土中配置一定数量的钢筋，即形成了钢筋混凝土，钢筋混凝土由钢筋和混凝土来共同承受外力。

用钢筋混凝土制成的梁、板、柱、基础等构件，称为钢筋混凝土构件。如果是在施工现场浇制，称为现浇钢筋混凝土构件；如果是预先制作好后，运到工地安装，称为预制钢筋混凝土构件。还有些构件，制作时通过对钢筋张拉预加给构件受拉区的混凝土一定的压应力，用以减小或抵消构件受荷载时产生的拉应力，提高构件的抗裂性能，称为预应力钢筋混凝土构件；全部由钢筋混凝土承重的结构物，称为钢筋混凝土结构。

表示钢筋混凝土构件的图样称为钢筋混凝土结构图。钢筋混凝土结构图有两种：一种是外形图（又称模板图），主要表明构件的形状和大小；另一种是钢筋布置图，主要表达钢筋在结构物中的配置情况。如果构件外形简单，则钢筋布置图已经可以表明其外形，不必另画外形图。

1. 钢筋的分类及作用

配置在钢筋混凝土结构中的钢筋，按其在结构中的作用，可分为以下几种，如图 9-1 所示。

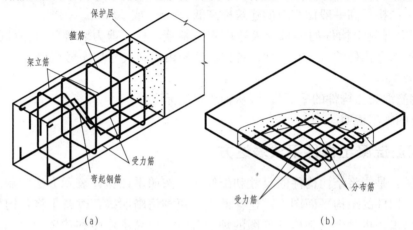

图 9-1　钢筋的种类
(a)梁中钢筋；(b)板中钢筋

（1）受力筋：承受构件内力的主要钢筋，主要布置在混凝土构件的受拉区。

（2）箍筋（钢箍）：用以承受剪力，主要用来固定受力筋的位置，多用于梁和柱内。

（3）架立筋：用来固定梁内钢箍的位置，构成钢筋的骨架。

（4）分布筋：固定受力筋的位置，将承受的力均匀地传给受力筋，用于板式钢筋混凝土构件中，与板中受力钢筋垂直布置。

（5）其他钢筋：按照构件构造或施工安装需要而配置的钢筋，如腰筋、预埋锚固筋及吊环等。

普通钢筋混凝土结构及预应力混凝土结构中常用钢筋种类及其符号见表 9-4。

表 9-4　普通钢筋种类、牌号和符号

钢筋种类	牌号	符号	直径 d/mm	屈服强度标准值 /(N·mm^{-2})	极限强度标准值 /(N·mm^{-2})
热轧光圆钢筋	HPB300	Φ	6～14	300	420
普通热轧带肋钢筋	HRB335	Φ	6～14	335	455
普通热轧带肋钢筋	HRB400	Φ	6～50	400	540
细晶粒热轧带肋钢筋	HRBF400	Φ F			
余热处理带肋钢筋	RRB400	Φ R			
普通热轧带肋钢筋	HRB500	Φ	6～50	500	630
细晶粒热轧带肋钢筋	HRBF500	Φ F			

2. 钢筋的图例

在构件中,钢筋不论粗细、级别均采用单根粗实线绘制。为了清楚表达钢筋端部的构造,如弯钩、接头等,国标规定了钢筋的图示方法,表 9-5 列出了一般钢筋的常用图例。

表 9-5 一般钢筋的常用图例

序号	名称	图例	说明
1	钢筋断面	●	—
2	无弯钩的钢筋端部		下图表示长、短钢筋投影重叠时,可在短钢筋的端部用 45°短画线表示
3	带半圆形弯钩的钢筋端部		—
4	带直钩的钢筋端部		—
5	带丝扣的钢筋端部		—
6	无弯钩的钢筋搭接		—
7	带半圆弯钩的钢筋搭接		—
8	带直钩的钢筋搭接		—
9	花篮螺丝钢筋接头		—

3. 钢筋的画法

在钢筋混凝土构件图中,钢筋的画法应符合表 9-6 的规定。

表 9-6 钢筋的画法

序号	图例	说明
1	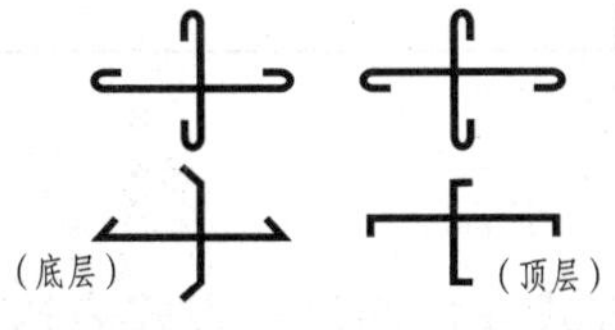 (底层)　(顶层)	在结构楼板中配置双层钢筋时,低层钢筋的弯钩应向上或向左,顶层钢筋的弯钩则向下或向右
2	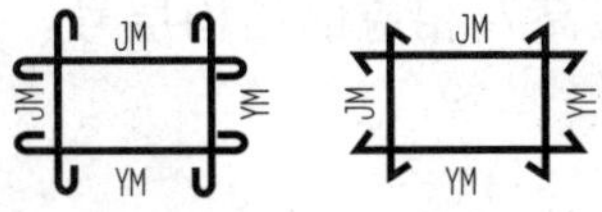	钢筋混凝土墙体配置双层钢筋时,在配筋立面图中,远面(YM)钢筋的弯钩应向上或向左,而近面(JM)钢筋的弯钩向下或向右
3	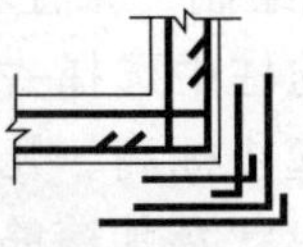	若在断面图中不能表达清楚的钢筋布置,应在断面图外增加钢筋大样图(如钢筋混凝土墙、楼梯等)
4	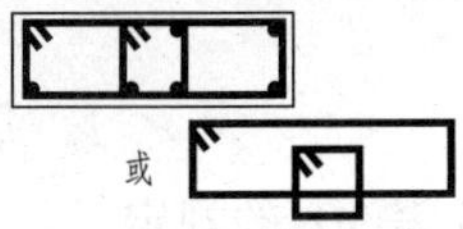 或	图中所表示的箍筋、环筋等布置复杂时,可加画钢筋的大样图或说明

续表

序号	图例	说明
5	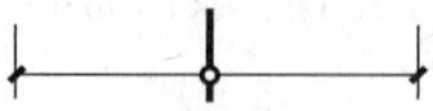	每组相同的钢筋、箍筋或环箍,可用一根粗实线表示,并用横穿钢筋的尺寸线、两端的尺寸界线及起止符号表示该组钢筋的起止范围

4. 混凝土保护层的最小厚度

为了防止钢筋锈蚀,增强钢筋与混凝土之间的粘结力及钢筋的防火能力,在钢筋混凝土构件中钢筋的外边缘至构件表面应留有一定厚度的混凝土,称为混凝土保护层。

影响混凝土保护层厚度的四大因素是环境类别、构件类型、混凝土强度等级及结构设计使用年限。不同环境类别的混凝土保护层的最小厚度应符合表 9-7 的规定。

表 9-7 混凝土保护层的最小厚度(混凝土强度等级≥C30) mm

环境类别	板、墙、壳	梁、柱、杆
一	15	20
二 a	20	25
二 b	25	35
三 a	30	40
三 b	40	50

注:1. 表中混凝土保护层厚度指最外层钢筋外边缘至混凝土表面的距离,适用于设计使用年限为 50 年的混凝土结构。
2. 构件中受力钢筋的保护层厚度不应小于钢筋的公称直径。
3. 设计使用年限为 100 年的混凝土结构,一类环境中,最外层钢筋的保护层厚度不应小于表中数值的 1.4 倍;二、三类环境中,应采取专门的有效措施。例如,环境类别为一类,结构设计使用年限为 100 年的框架梁,混凝土强度等级 C30,其混凝土保护层的最小厚度应为 $20 \times 1.4 = 28(mm)$。
4. 混凝土强度等级不大于 C25 时,表中保护层厚度数值应增加 5 mm。
5. 基础底面钢筋的保护层厚度,有混凝土垫层时,应从垫层顶面算起,且不应小于 40 mm;无垫层时,不应小于 70 mm。

二、柱平法施工图

柱平法施工图是在柱平面布置图上,采用列表注写方式或截面注写方式表达。在柱平法施工图中,应按规定注明各结构层的楼面标高、结构层高及相应的结构层号,还应注明上部结构嵌固部位位置。

1. 列表注写方式

列表注写方式是在柱平面布置图上(一般只需采用适当比例绘制一张柱平面布置图,包括框架柱、框支柱、梁上柱和剪力墙上柱),分别在同一编号的柱中选择一个(有时需要选择几个)截面标注几何参数代号;在柱表中标写柱编号、柱段起止标高、几何尺寸(含柱截面对轴线的偏心情况)与配筋的具体数值,并配以各种柱截面形状及其箍筋类型图的方式,来表达柱平法施工图,如图 9-2 所示。

列表注写内容规定如下:

(1)注写柱编号。柱编号由类型代号和序号组成,应符合表 9-8 的规定。

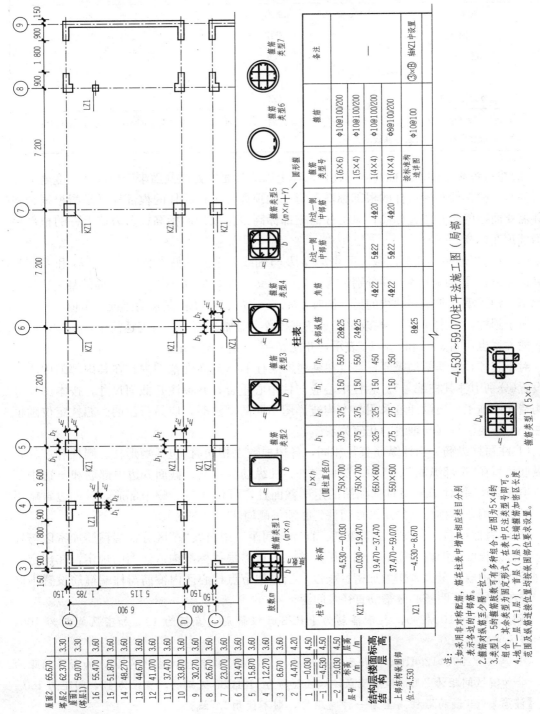

图 9-2 采用列表注写方式表达的柱平法施工图示例

表 9-8　柱编号

柱类型	代号	序号
框架柱	KZ	××
转换柱	ZHZ	××
芯柱	XZ	××
梁上柱	LZ	××
剪力墙上柱	QZ	××

注：编写时，当柱的总高、分段截面尺寸和配筋均对应相同，仅截面与轴线的关系不同时，仍可将其编为统一柱号，但应在图中注明截面与轴线的关系。

(2)注写各段柱的起止标高。自柱根部往上以变截面位置或截面未变但配筋改变处为界分段注写。框架柱和转换柱的根部标高是指基础顶面标高；芯柱的根部标高是指根据结构实际需要而定的起始位置标高；梁上柱的根部标高是指梁顶面标高；剪力墙上柱的根部标高为墙顶面标高。

(3)对于矩形柱，注写柱截面尺寸 $b×h$ 及与轴线关系的几何参数代号 b_1、b_2 和 h_1、h_2 的具体数值，需对应于各段柱分别注写。其中 $b=b_1+b_2$，$h=h_1+h_2$。当截面的某一边收缩变化至与轴线重合或偏到轴线的另一侧时，b_1、b_2、h_1、h_2 中的某项为零或为负值。

对于圆柱，表中 $b×h$ 一栏改用在圆柱直径数字前加 d 表示。为表达简单，圆柱截面与轴线的关系也用 b_1、b_2 和 h_1、h_2 表示，并使 $d=b_1+b_2=h_1+h_2$。

对于芯柱，根据结构需要，可以在某些框架柱的一定高度范围内，在其内部的中心位置设置(分别引注其柱编号)。芯柱中心应与柱中心重合，并标注其截面尺寸，按本图集标准构造详图施工；当设计者采用与本构造详图不同的做法时，应另行注明。芯柱定位随框架柱，不需要注写其与轴线的几何关系。

(4)注写柱纵筋。当柱纵筋直径相同，各边根数也相同时(包括矩形柱、圆柱和芯柱)，将纵筋注写在"全部纵筋"一栏中；除此之外，柱纵筋分角筋、截面 b 边中部筋和 h 边中部筋三项分别注写(对于采用对称配筋的矩形截面柱，可仅注写一侧中部筋，对称边省略不注；对于采用非对称配筋的矩形截面柱，必须每侧均注写中部筋)。

(5)注写柱箍筋。它包括钢筋级别、直径与间距。用斜线"/"区分柱端箍筋加密区与柱身非加密区长度范围内箍筋的不同间距。施工人员需根据标准构造详图的规定，在规定的几种长度值中取其最大者作为加密区长度。当框架节点核心区内箍筋与柱端箍筋设置不同时，应在括号中注明核心区箍筋直径及间距。

【例】 Φ10@100/200，表示箍筋为 HPB300 级箍筋，直径为 10，加密区间距为 100，非加密区间距为 200。

Φ10@100/200(Φ12@100)，表示柱中箍筋为 HPB300 级钢筋，直径为 10，加密区间距为 100，非加密区间距为 200。框架节点核心区箍筋为 HPB300 级钢筋，直径为 12，间距为 100。

【注意】 当箍筋沿柱高全为一种间距时，则不使用"/"线。

【例】 Φ10@100，表示沿柱全高范围内箍筋均为 HPB300，钢筋直径为 10，间距为 100。

【注意】 当圆柱采用螺旋箍筋时，需要在箍筋前加"L"。

(6)具体工程所设计的各种箍筋类型图以及箍筋复合的具体方式,需画在表的上部或图中的适当位置,并在其上标注与表中相对应的 b、h 和类型号。

【注意】 确定箍筋肢数时要满足对柱纵筋"隔一拉一"以及箍筋肢距的要求。

2. 截面注写方式

(1)截面注写方式,是在柱平面布置图的柱截面上,分别在同一编号的柱中选择一个截面,以直接注写截面尺寸和配筋具体数值的方式来表达柱平法施工图,如图9-3所示。

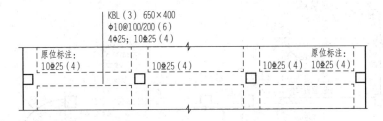

图 9-3 采用截面注写方式表达的柱平法施工图示例

(2)对除芯柱之外的所有柱截面按规定进行编号,从相同编号的柱中选择一个截面,按另一种比例原位放大绘制柱截面配筋图,并在各配筋图上继其编号后再注写截面尺寸 $b×h$、角筋或全部纵筋(当纵筋采用一种直径且能够图示清楚时)、箍筋的具体数值,以及在柱截面配筋图上标注柱截面与轴线关系 b_1、b_2、h_1、h_2 的具体数值。

当纵筋采用两种直径时,需再注写截面各边中部筋的具体数值(对于采用对称配筋的矩形截面柱,可仅在一侧注写中部筋,对称边省略不注)。

当在某些框架柱的一定高度范围内,在其内部的中心位置设置芯柱时,首先按照规定进行编号,继其编号之后注写芯柱的起止标高、全部纵筋及箍筋的具体数值,芯柱截面尺寸按构造确定,并按标准构造详图施工,设计不注;当设计者采用与本构造详图不同的做法时,应另行注明。芯柱定位随框架柱,不需要注写其与轴线的几何关系。

(3)在截面注写方式中,如柱的分段截面尺寸和配筋均相同,仅截面与轴线的关系不同时,可将其编号为同一柱号。但此时应在未画配筋的柱截面上注写该柱截面与轴线关系的具体尺寸。

三、梁平法施工图

梁平法施工图是在梁平面布置图上采用平面注写方式或截面注写方式表达。梁平面布置图应分别按梁的不同结构层,将全部梁和与其相关联的柱、墙、板一起采用适当比例绘制。对于轴线未居中的梁,应标注其偏心定位尺寸(贴柱边的梁可不注)。

(一)平面注写方式

平面注写方式,是在梁平面布置图上,分别在不同编号的梁中各选一根梁,在其上注写截面尺寸和配筋具体数值的方式来表达梁平法施工图,如图9-4所示。

平面注写方式包括集中标注与原位标注,集中标注表达梁的通用数值,原位标注表达梁的特殊数值。当集中标注中的某项数值不适用于梁的某部位时,则将该项数值原位标注,施工时,原位标注取值优先(图9-5)。

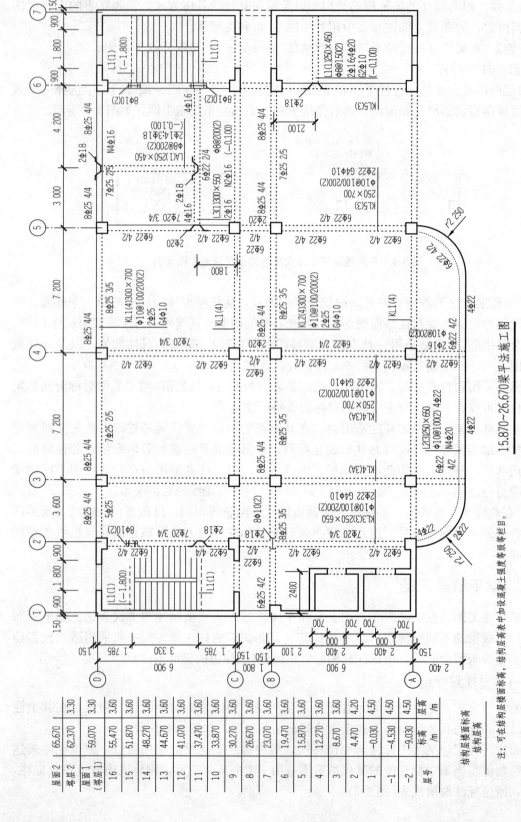

图 9-4 梁平法施工图平面注写方式示例

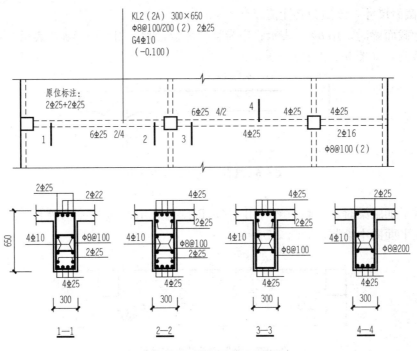

图 9-5 平面注写方式示例

【注意】 图 9-5 中四个梁截面是采用传统方法绘制，用于对比按平面注写方式表达的同样内容。实际采用平面注写方式表达时，不需绘制梁截面配筋图和图中的相应截面号。

1. 梁编号

梁编号有梁类型、代号、序号、跨数及是否带有无悬挑组成，并应符合表 9-9 规定。

表 9-9 梁编号

梁类型	代号	序号	跨数及是否带有悬挑
楼层框架梁	KL	××	(××)、(××A)或(××B)
楼层框架扁梁	KBL	××	(××)、(××A)或(××B)
屋面框架梁	WKL	××	(××)、(××A)或(××B)
框支梁	KZL	××	(××)、(××A)或(××B)
托柱转换梁	TZL	××	(××)、(××A)或(××B)
非框架梁	L	××	(××)、(××A)或(××B)
悬挑梁	XL	××	(××)、(××A)或(××B)
井字梁	JZL	××	(××)、(××A)或(××B)

注：(××A)为一端有悬挑，(××B)为两端有悬挑，悬挑不计入跨数。

2. 梁集中标注

梁集中标注的内容，有五项必注值及一项选注值(集中标注可以从梁的任意一跨引出)，规定如下：

(1)梁编号，见表 9-9，该项为必注值。

(2)梁截面尺寸,该项为必注值。

当为等截面梁时,用 $b \times h$ 表示;当为竖向加腋梁时,用 $b \times h\, Y_{c_1 \times c_2}$ 表示,其中 c_1 为腋长,c_2 为腋高,如图9-6所示。

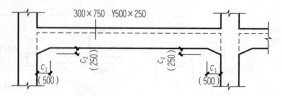

图 9-6　竖向加腋截面注写示意

当为水平加腋梁时,一侧加腋时用 $b \times h\, PY_{c_1 \times c_2}$ 表示,其中 c_1 为腋长,c_2 为腋高,加腋部位应在平面图中绘制,如图9-7所示。

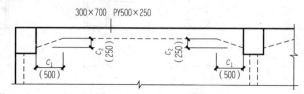

图 9-7　水平加腋截面注写示意

当有悬挑梁且根部和端部的高度不同时,用斜线分割根部与端部的高度值,即 $b \times h_1 / h_2$,如图9-8所示。

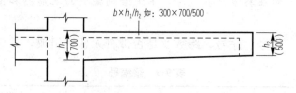

图 9-8　悬挑梁不等高截面注写示意图

(3)梁箍筋,包括钢筋级别、直径、加密区与非加密区间距及肢数,该项为必注值。箍筋加密区与非加密区的不同间距及肢数需用斜线"/"分隔;当梁箍筋为同一种间距及肢数时,则不需用斜线;当加密区与非加密区的箍筋肢数相同时,则将肢数注写一次;箍筋肢数应写在括号内。加密区范围见相应抗震等级的标准构造详图。

【例】　Φ10@100/200(4),表示箍筋为HPB300钢筋,直径为10,加密区间距为100,非加密区间距为200,均为四肢箍。

Φ8@100(4)/150(2),表示箍筋为HPB300钢筋,直径为8,加密区间距为100,四肢箍;非加密区间距为150,两肢箍。

非框架梁、悬挑梁、井字梁采用不同的箍筋间距及肢数时,也用斜线"/"将其分隔开来。注写时,先注写梁支座端部的箍筋(包括箍筋的箍数、钢筋级别、直径、间距与肢数),在斜线后注写梁跨中部分的箍筋间距及肢数。

【例】　13Φ10@150/200(4),表示箍筋为HPB300钢筋,直径为10;梁的两端各有13个四肢箍,间距为150;梁跨中部分间距为200,四肢箍。

18φ12@150(4)/200(2)，表示箍筋为 HPB300 钢筋，直径为 12；梁的两端各有 18 个四肢箍，间距为 150；梁跨中部分，间距为 200，双肢箍。

(4)梁上部通长筋或架立筋配置(通长筋可为相同或不同直径采用搭接连接、机械连接或焊接的钢筋)，该项为必注值。所注规格与根数应根据结构受力要求及箍筋肢数等构造要求而定。当同排纵筋中既有通长筋又有架立筋时，应用加号"＋"将通长筋和架立筋相联。注写时需将角部纵筋写在加号的前面，架立筋写在加号后面的括号内，以示不同直径及与通长筋的区别。当全部采用架立筋时，则将其写入括号内。

【例】 2⌀22 用于双肢箍；2⌀22＋(4φ12)用于六肢箍，其中 2⌀22 为通长筋，4φ12 为架立筋。

当梁的上部纵筋和下部纵筋为全跨相同，且多数跨配筋相同时，此项可加注下部纵筋的配筋值，用分号"；"将上部与下部纵筋的配筋值分隔开来。

【例】 3⌀22；3⌀20 表示梁的上部配置 3⌀22 的通长筋，梁的下部配置 3⌀20 的通长筋。

(5)梁侧面纵向构造钢筋或受扭钢筋配置，该项为必注值。

当梁腹板高度 $h_w \geqslant 450$ mm 时，需配置纵向构造钢筋，所注规格与根数应符合规范规定。此项注写值以大写字母 G 打头，接续注写配置在梁两个侧面的总配筋值，且对称配置。

【例】 G4φ12，表示梁的两个侧面共配置 4φ12 的纵向构造钢筋，每侧各配置 2φ12。

当梁侧面需配置受扭纵向钢筋时，此项注写值以大写字母 N 打头，接续注写配置在梁两个侧面的总配筋值，且对称配置。受扭纵向钢筋应满足梁侧面纵向构造钢筋的间距要求，且不再重复配置纵向构造钢筋。

【例】 N6φ22，表示梁的两个侧面共配置 6φ22 的受扭纵向钢筋，每侧各配置 3φ22。

【注意】 当为梁侧面构造钢筋时，其搭接与锚固长度可取为 $15d$。

当为梁侧面受扭纵向钢筋时，其搭接长度为 l_l 或 l_{lE}，锚固长度为 l_a 或 l_{aE}；其锚固方式同框架梁下部纵筋。

(6)梁顶面标高高差，该项为选注值。

梁顶面标高高差，是指相对于结构层楼面标高的高差值，对于位于结构夹层的梁，则指相对于结构夹层楼面标高的高差。有高差时，需将其写入括号内，无高差时不注。

【注意】 当某梁的顶面高于所在结构层的楼面标高时，其标高高差为正值，反之为负值。

【例】 某结构标准层的楼面标高分别为 44.950 m 和 48.250 m，当这两个标准层中某梁的梁顶面标高高差注写为(－0.050)时，即表明该梁顶面标高分别为 44.950 m 和 48.250 m 低 0.05 m。

3. 梁原位标注

(1)梁支座上部纵筋。该部位含通长筋在内的所有纵筋。

1)当上部纵筋多于一排时，用斜线"/"将各排纵筋自上而下分开。

【例】 梁支座上部纵筋注写为 6⌀25 4/2，则表示上一排纵筋为 4⌀25，下一排纵筋为 2⌀25。

2)当同排纵筋有两种直径时，用加号"＋"将两种直径的纵筋相联，注写时将角部纵筋写在前面。

【例】 梁支座上部有四根纵筋，2Φ25放在角部，2Φ22放在中部，在梁支座上部应注写为2Φ25+2Φ22。

3) 当梁中间支座两边的上部纵筋不同时，需在支座两边分别标注；当梁中间支座两边的上部纵筋相同时，可仅在支座的一边标注配筋值，另一边省去不注（图9-9）。

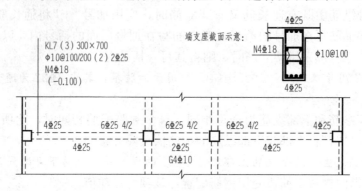

图 9-9　大小跨梁的注写示意

设计时应注意：

①对于支座两边不同配筋值的上部纵筋，宜尽可能选用相同直径（不同根数），使其贯穿支座，避免支座两边不同直径的上部纵筋均在支座内锚固。

②对于以边柱、角柱为端支座的屋面框架梁，当能够满足配筋截面面积要求时，其梁的上部钢筋应尽可能只配置一层，以避免梁柱纵筋在柱顶处因层数过多、密度过大导致不方便施工和影响混凝土浇筑质量。

（2）梁下部纵筋。

1) 当下部纵筋多于一排时，用斜线"/"将各排纵筋自上而下分开。

【例】 梁下部纵筋注写为6Φ25 2/4，则表示上一排纵筋为2Φ25，下一排纵筋为4Φ25，全部伸入支座。

2) 当同排纵筋有两种直径时，用加号"+"将两种直径的纵筋相连，注写时角筋写在前面。

3) 当梁下部纵筋不全部伸入支座时，将梁支座下部纵筋减少的数量写在括号内。

【例】 梁下部纵筋注写为6Φ12 2(-2)/4，则表示上排纵筋为2Φ25，且不伸入支座，下一排纵筋为4Φ25，全部伸入支座。

梁下部纵筋注写为2Φ25+3Φ22(-3)/5Φ25，表示上排纵筋为2Φ25和3Φ22，其中3Φ22不伸入支座；下一排纵筋为5Φ25，全部伸入支座。

4) 当梁的集中标注中已按规定分别注写了梁上部和下部均为通长的纵筋值时，则不需在梁下部重复作原位标注。

5) 当梁设置竖向加腋时，加腋部位下部斜纵筋应在支座下部以Y打头注写在括号内（图9-10），16G101-1图集中框架梁竖向加腋构造适用于加腋部位参与框架梁计算，其他情况设计者应另行给出构造。当梁设置水平加腋时，水平加腋内上、下部斜纵筋应在加腋支座上部以Y打头注写在括号内，上下部斜纵筋之间用"/"分隔（图9-11）。

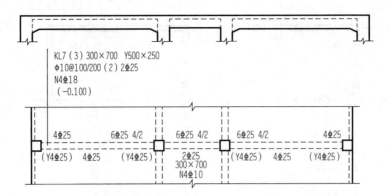

图 9-10 梁竖向加腋平面注写方式表达示例

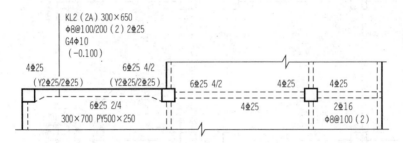

图 9-11 梁水平加腋平面注写方式表达示例

(3)附加箍筋或吊筋。将其直接画在平面图中的主梁上,用线引注总配筋值(附加箍筋的肢数注在括号内)(图9-12)。当多数附加箍筋或吊筋相同时,可在梁平法施工图上统一注明,少数与统一注明值不同时,再原位引注。

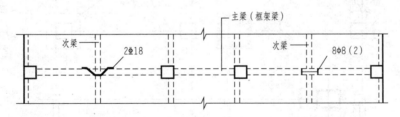

图 9-12 附加箍筋和吊筋的画法示例

【注意】 施工时应注意:附加箍筋或吊筋的几何尺寸应按照标准构造详图,结合其所在位置的主梁和次梁的截面尺寸而定。

4. 框架扁梁标注

(1)框架扁梁注写规则同框架梁,对于上部纵筋和下部纵筋,还需注明未穿过柱截面的纵向受力钢筋根数,如图9-13所示。

【例】 10⌀25(4)表示框架梁有4根纵向受力钢筋为穿过柱截面,柱两侧各2根,施工时,应注意采用相应的构造做法。

图 9-13 平面注写方式示例

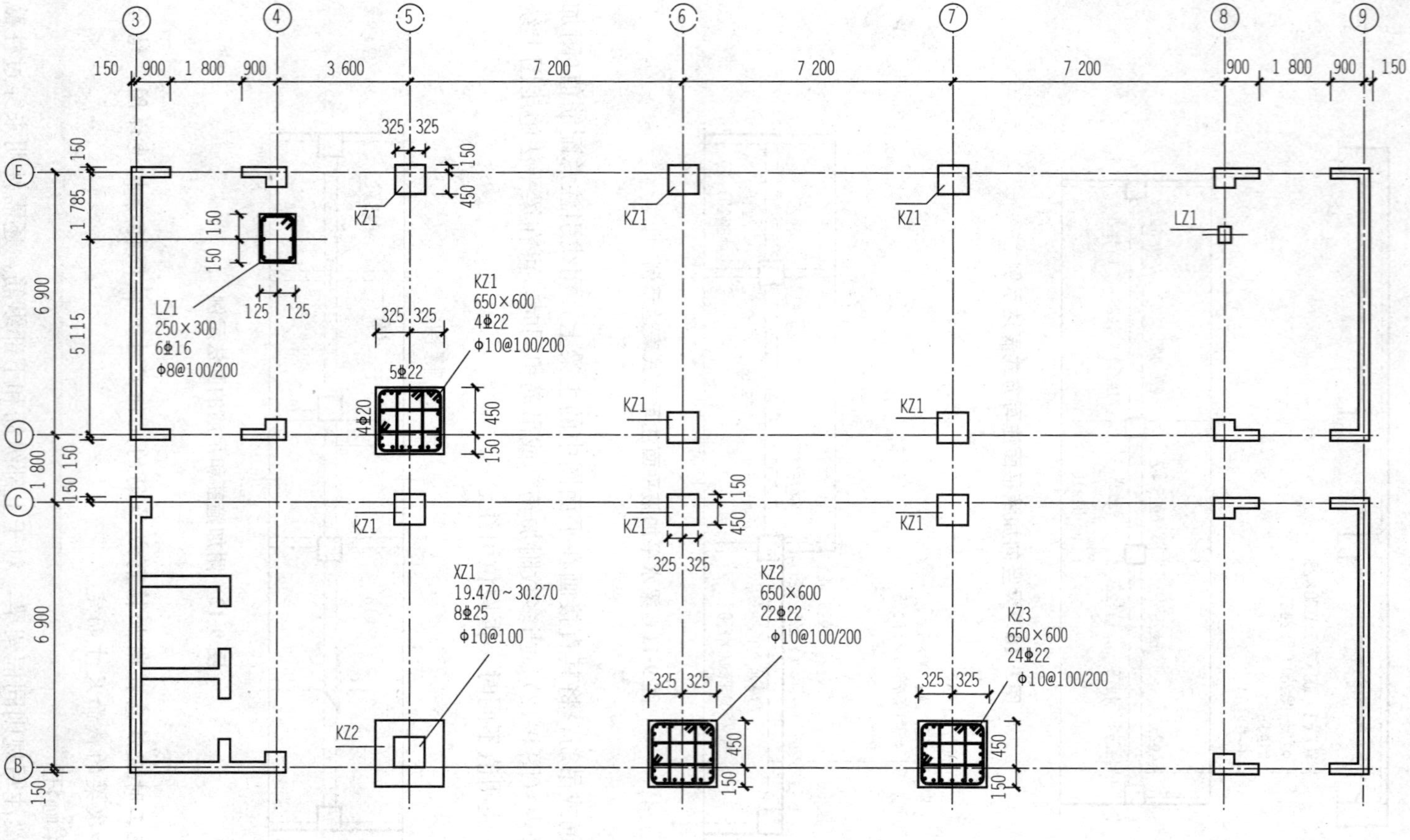

(2)框架扁梁节点核心区代号为 KBH，包括柱内核心区和柱外核心区两部分。框架扁梁节点核心区钢筋注写包括柱外核心区竖向拉筋及节点核心区附加纵向钢筋，端支座节点核心区还需注写附加 U 形箍筋。

柱内核心区箍筋见框架柱箍筋。

柱外核心区竖向拉筋，注写其钢筋级别与直径；端支座柱外核心区尚需注写附加 U 形箍筋的钢筋级别、直径及根数。

框架扁梁节点核心区附加纵向钢筋以大写字母"F"打头，注写其设置方向（X 向或 Y 向）、层数、每层的钢筋根数、钢筋级别、直径及未穿过柱截面的纵向受力钢筋根数。

【例】 KBH1 Φ10，F X&Y 2×7Φ14(4)，表示框架扁梁中间支座节点核心区：柱外核心区竖向拉筋 Φ10；沿梁 X 向（Y 向）配置两层 7Φ14 附加纵向钢筋，每层有 4 根纵向受力钢筋未穿过柱截面，柱两侧各 2 根；附加纵向钢筋沿梁高度范围均布布置，如图 9-14(a) 所示。

【例】 KBH2 Φ10，4Φ10，F X 2×7Φ14(4)，表示框架扁梁端支座节点核心区：柱外核心区竖向拉筋 Φ10；附加 U 形箍筋共 4 道，柱两侧各 2 道；沿框架扁梁 X 向配置两层 7Φ14 附加纵向钢筋，有 4 根纵向受力钢筋未穿过柱截面，柱两侧各 2 根；附加纵向钢筋沿梁高度范围均匀布置，如图 9-14(b) 所示。

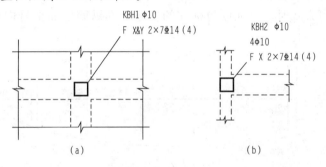

图 9-14 框架扁梁节点核心区附加钢筋注写示意图

设计、施工时应注意：

(1)柱外核心区竖向拉筋在梁纵向钢筋两向交叉位置均布置，当布置方式与 16G101－1 图集要求不一致时，设计应另行绘制详图。

(2)框架扁梁端支座节点，柱外核心区设置 U 形箍筋及竖向拉筋时，在 U 形箍筋与位于柱外的梁纵向钢筋交叉位置均布置竖向拉筋。当布置方式与图集要求不一致时，设计应另行绘制详图。

(3)附加纵向钢筋应与竖向拉筋相互绑扎。

5. 井字梁标注

(1)井字梁通常由非框架梁构成，并以框架梁为支座（特殊情况下以专门设置的非框架大梁为支座）。在此情况下，为明确区分井字梁与作为井字梁支座的梁，井字梁用单粗虚线表示（当井字梁顶面高出板面时可用单粗实线表示），作为井字梁支座的梁用双细虚线表示（当梁顶面高出板面时可用双细实线表示）。

16G101－1 图集所规定的井字梁是指在同一矩形平面内相互正交所组成的结构构件，井字梁所分布范围称为"矩形平面网格区域"(简称"网格区域")。当在结构平面布置中仅有由四根框架梁框起的一片网格区域时,所有在该区域相互正交的井字梁均为单跨;当有多片网格区域相连时,贯通多片网格区域的井字梁为多跨,且相邻两片网格区域分界处即该井字梁的中间支座。对某根井字梁编号时,其跨数为其总支座数减1;在该梁的任意两个支座之间,无论有几根同类梁与其相交,均不作为支座(图9-15)。

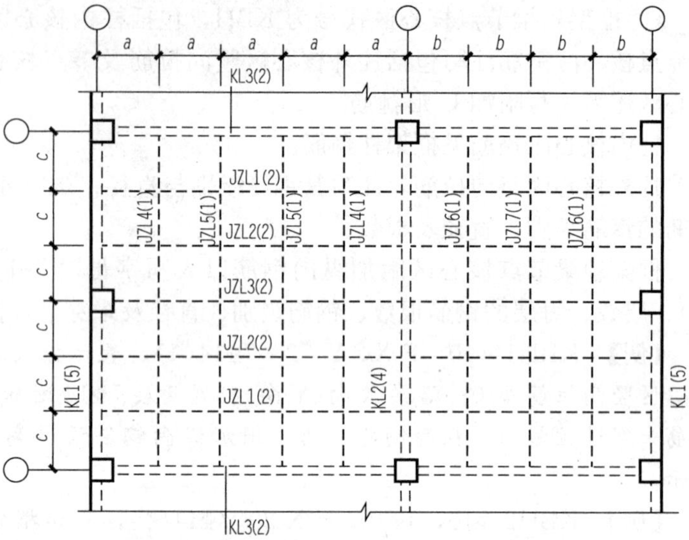

图 9-15 井字梁矩形平面网格区域示意图

(2)井字梁的端部支座和中间支座上部纵筋的伸出长度 a_0 值,应由设计者在原位加注具体数值予以注明。

当采用平面注写方式时,则在原位标注的支座上部纵筋后面括号内加注具体伸出长度值,如图9-16所示。

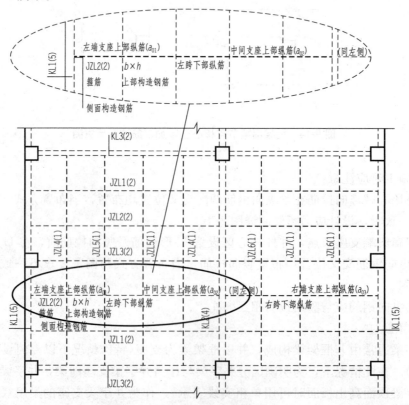

图 9-16 井字梁平面注写方式示例

【注意】 本图仅示意井字梁的注写方法,未注明截面几何尺寸 $b×h$,支座上部纵筋伸出长度 $a_{01}\sim a_{03}$,以及纵筋与箍筋的具体数值。

【例】 贯通两片网格区域采用平面注写方式的某井字梁,其中间支座上部纵筋注写为 6⊈25 4/2(3 200/2 400),表示该位置上部纵筋设置两排,上一排纵筋为 4⊈25,自支座边缘向跨内伸出长度 3 200;下一排纵筋为 2⊈25,自支座边缘向跨内伸出长度为 2 400。

当为截面注写方式时,则在梁端截面配筋图上注写的上部纵筋后面括号内加注具体伸出长度值,如图 9-17 所示。

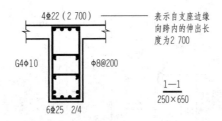

图 9-17 井字梁截面注写方式示例

设计时应注意:
(1)当井字梁连续设置在两片或多排网各区域时,才具有上面提及的井字梁中间支座;
(2)当某根井字梁端支座与其所在的网格区域之外的非框架梁相连时,该位置上部钢筋的连续布置方式需由设计者注明。

(二)截面注写方式

截面注写方式是在分标准层绘制的梁平面布置图上,分别在不同编号的梁中各选择一根梁用剖面号引出配筋图,并在其上注写截面尺寸和配筋具体数值的方式来表达梁平法施工图(图 9-18)。

(1)对所有梁按表 9-9 的规定进行编号,从相同编号的梁中选择一根梁,先将"单边截面号"画在该梁上,再将截面配筋详图画在本图或其他图上。当某梁的顶面标高与结构层的楼面标高不同时,还应继其梁编号后注写梁顶面标高高差(注写规定与平面注写方式相同)。

(2)在截面配筋详图上注写截面尺寸 $b×h$、上部筋、下部筋、侧面构造筋或受扭筋以及箍筋的具体数值时,其表达形式与平面注写方式相同。

(3)对于框架扁梁还需在截面详图上注写未穿过柱截面的纵向受力筋根数。对于框架扁梁节点核心区附加钢筋,需采用平、剖面图表达节点核心区附加纵向钢筋、柱外核心区全部竖向拉筋以及端支座附加 U 型箍筋,注写其具体数值。

(4)截面注写方式既可以单独使用,也可与平面注写方式结合使用。

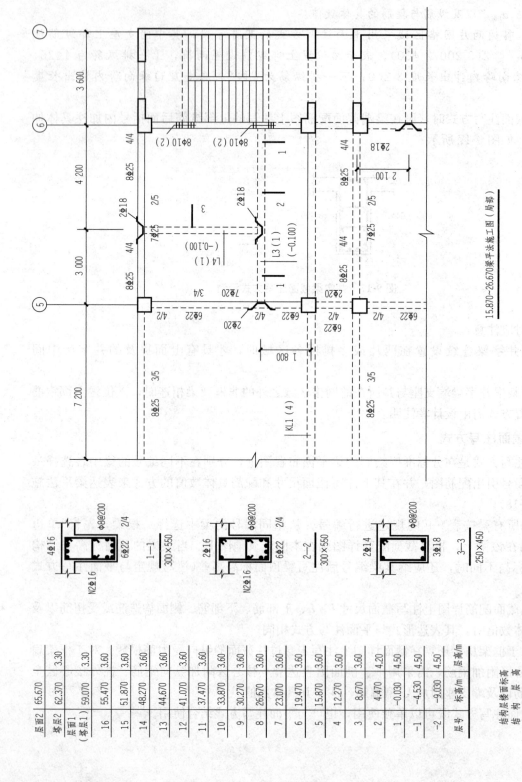

图 9-18 梁平法施工图截面注写方式示例

第三节 钢结构图

钢结构是由各种型钢和钢板等通过用铆钉、螺栓连接或焊接的方法加工组装起来的承重构件,主要用于大跨度结构、重型厂房结构、高耸结构和高层建筑等。一些公用建筑(如体育馆、剧场等)由于室内空间要求大,有时也要求采用钢屋架作为屋顶支承结构。

一、型钢及其标注方法

钢结构的钢材是由轧钢厂按标准规格(型号)轧制而成的,通称型钢。常用型钢的标注方法应符合表 9-10 中的规定。

表 9-10 常用型钢的标注方法

序号	名称	截面	标注	说明
1	等边角钢		$L\ b \times t$	b 为肢宽; t 为肢厚
2	不等边角钢		$L\ B \times b \times t$	B 为长肢宽; b 为短肢宽; t 为肢厚
3	工字钢		$I\ N$ $Q I\ N$	轻型工字钢加注 Q 字
4	槽钢		$[\ N$ $Q[\ N$	轻型槽钢加注 Q 字
5	方钢		$\square b$	
6	扁钢		$-b \times t$	
7	钢板		$\dfrac{-b \times t}{L}$	宽×厚 板长
8	圆钢		ϕd	—
9	钢管		$\phi d \times t$	d 为外径; t 为壁厚
10	薄壁方钢管		$B \square b \times t$	
11	薄壁等肢角钢		$B L\ b \times t$	
12	薄壁等肢卷边角钢		$B\ b \times a \times t$	薄壁型钢加注 B 字,t 为壁厚
13	薄壁槽钢		$B[\ h \times b \times t$	
14	薄壁卷边槽钢		$B[\ h \times b \times a \times t$	
15	薄壁卷边 Z 型钢		$h \times b \times a \times t$	

续表

序号	名称	截面	标注	说明
16	T 型钢	T	TW×× TM×× TN××	TW 为宽翼缘 T 型钢； TM 为中翼缘 T 型钢； TN 为窄翼缘 T 型钢
17	H 型钢	H	HW×× HM×× HN××	HW 为宽翼缘 H 型钢； HM 为中翼缘 H 型钢； HN 为窄翼缘 H 型钢
18	起重机钢轨		⊥OU××	详细说明产品规格、型号
19	轻轨及钢轨		⊥××kg/m 钢轨	

二、钢结构的连接

钢结构的连接方法主要有焊接、铆接、普通螺栓连接和高强度螺栓连接等。

1. 焊接和焊缝代号

焊接是目前钢结构最主要的连接方式。在钢结构施工图中用焊缝代号标明焊缝的位置、形式、尺寸和辅助要求。建筑钢结构常用焊缝符号及符号尺寸应符合表 9-11 的规定。

表 9-11 建筑钢结构常用焊缝符号及符号尺寸

序号	焊缝名称	形式	标注法	尺寸/mm
1	V 形焊缝	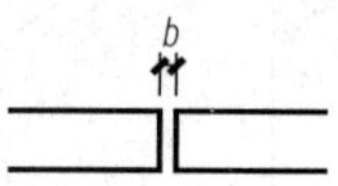	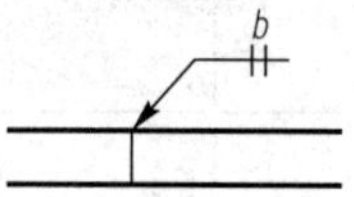	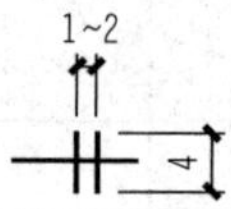 1~2 / 4
2	单边 V 形焊缝	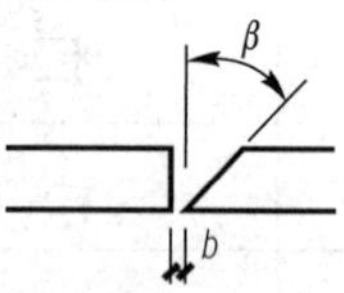	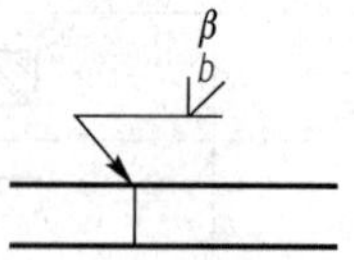 注：箭头指向剖口	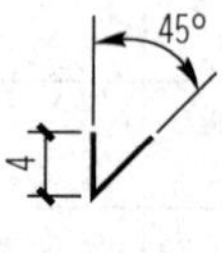 45° / 4
3	带钝边单边 V 形焊缝	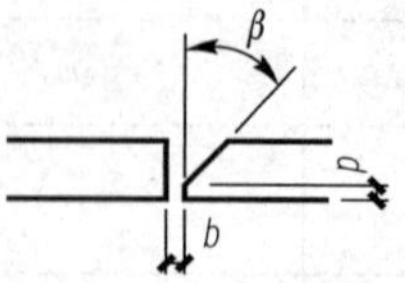	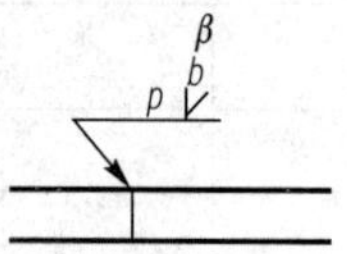	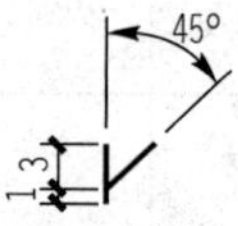 45° / 1.3
4	带垫板带钝边单边 V 形焊缝	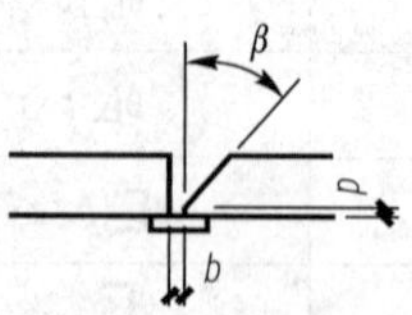	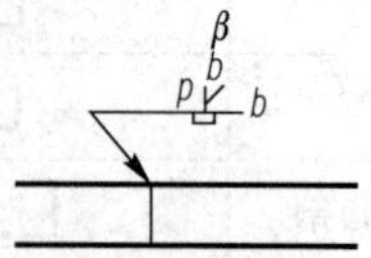 注：箭头指向剖口	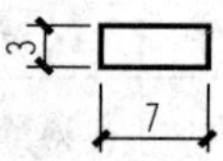 3 / 7
5	带垫板 V 形焊缝	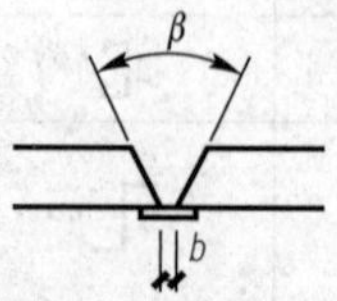	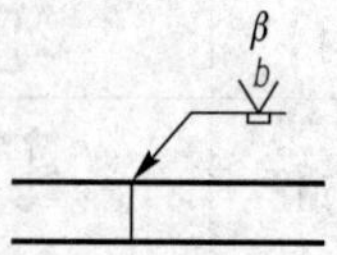	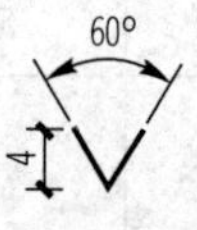 60° / 4

续表

序号	焊缝名称	形式	标注法	尺寸/mm
6	Y 形焊缝			
7	带垫板 Y 形焊缝			—
8	双单边 V 形焊缝			—
9	双 V 形焊缝			—
10	带钝边 U 形焊缝			
11	带钝边双 U 形焊缝			—
12	带钝边 J 形焊缝			
13	带钝边双 J 形焊缝			—
14	角焊缝			
15	双面角焊缝			—

续表

序号	焊缝名称	形式	标注法	尺寸/mm
16	剖口角焊缝	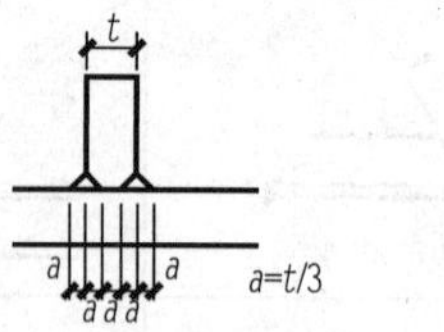	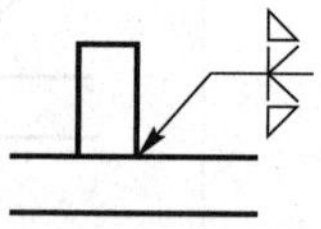	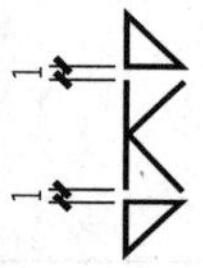
17	喇叭形焊缝	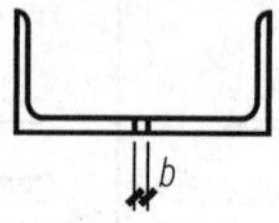	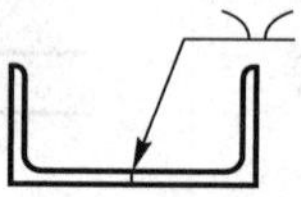	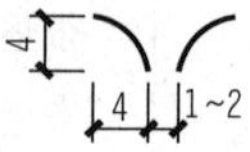
18	双面半喇叭形焊缝	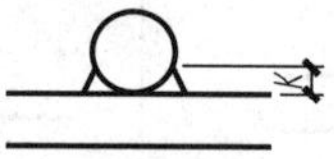		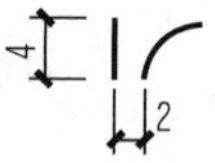
19	塞焊	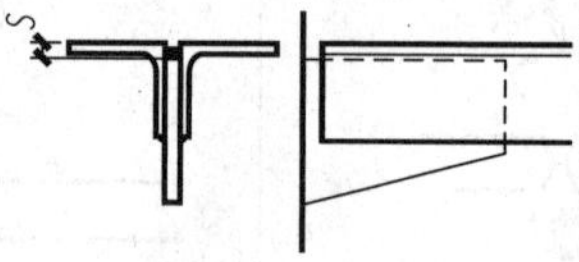 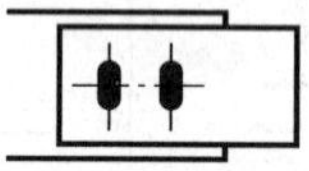	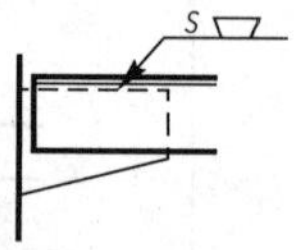 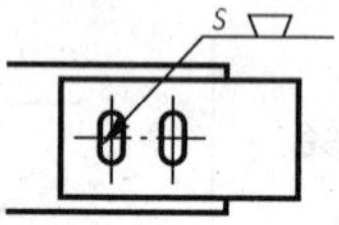	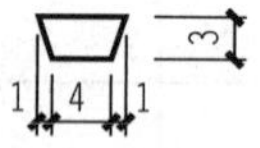

2. 焊缝的标注

焊缝的标注方法见表 9-12。

表 9-12 焊缝的标注方法

序号	项目	标注方法	说明
1	单面焊缝的标注	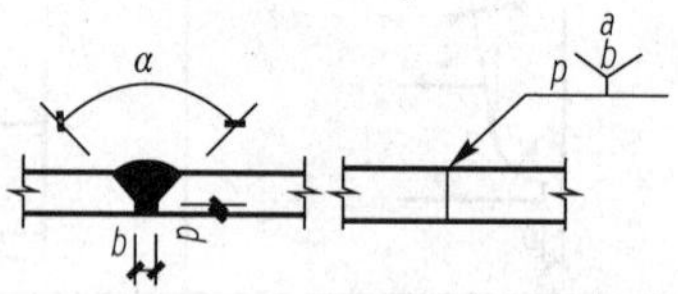	当箭头指向焊缝所在的一面时,应将图形符号和尺寸标注在横线的上方
		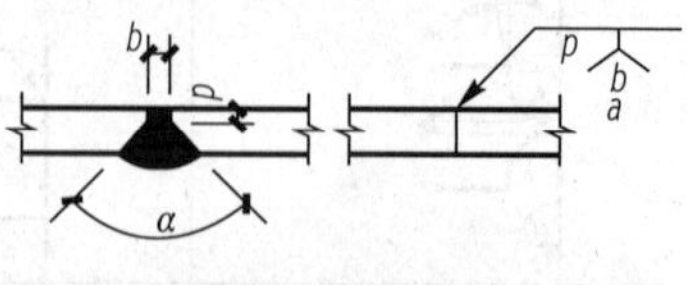	当箭头指向焊缝所在另一面(相对应的那面)时,应按左图的规定执行,将图形符号和尺寸标注在横线的下方
		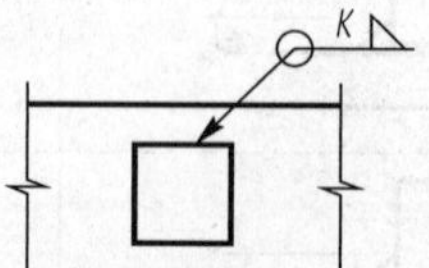	表示环绕工作件周围的焊缝时,应按左图的规定执行,其围焊焊缝符号为圆圈,绘制在引出线的转折处,并标注焊角尺寸 K

续表

序号	项目	标注方法	说明
2	双面焊缝的标注	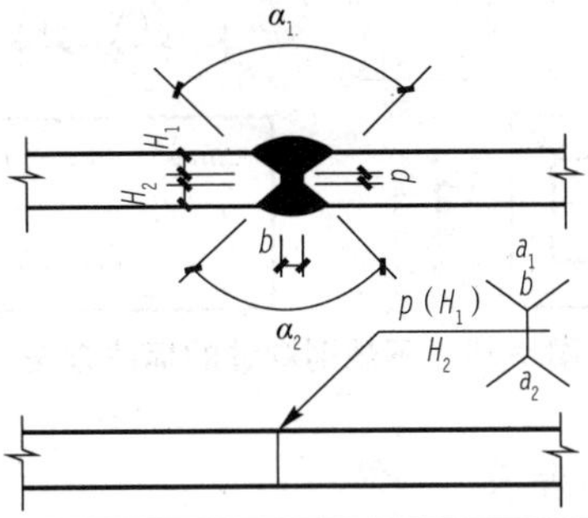	双面焊缝的标注，应在横线的上、下都标注符号和尺寸。上方表示箭头一面的符号和尺寸，下方表示另一面的符号和尺寸
		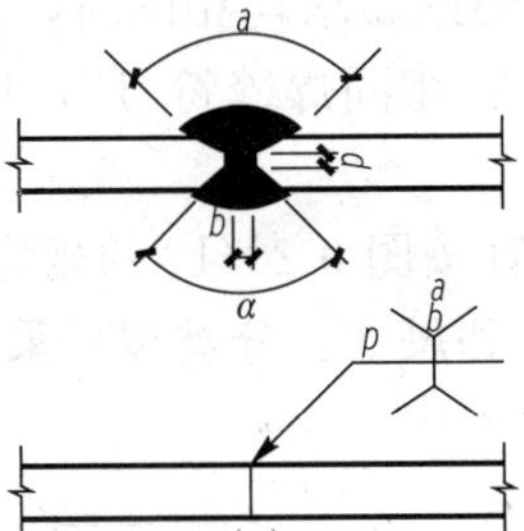 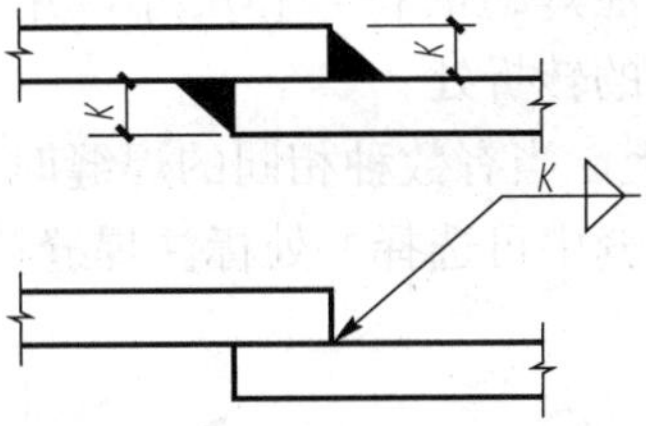 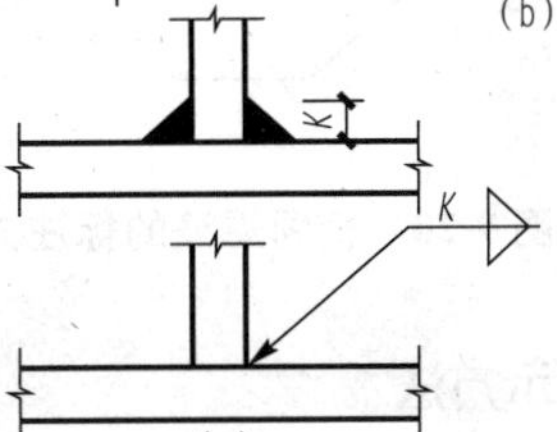	当两面的焊缝尺寸相同时，只需在横线上方标注焊缝的符号和尺寸
3	3个及3个以上的焊件相互焊接的焊缝的标注	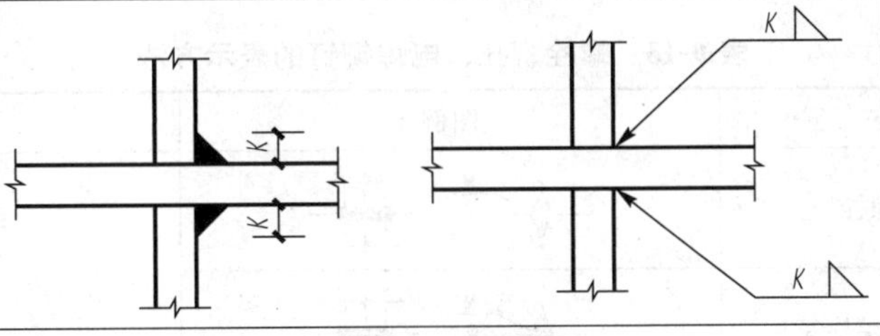	3个及3个以上的焊件相互焊接的焊缝，不得作为双面焊缝标注
4	相互焊接的两个焊件的焊缝标注	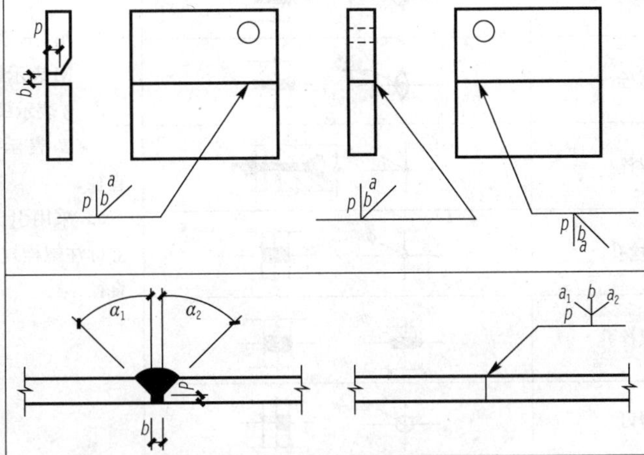	当只有一个焊件带坡口时（如单面V形），引出线箭头必须指向带坡口的焊件
		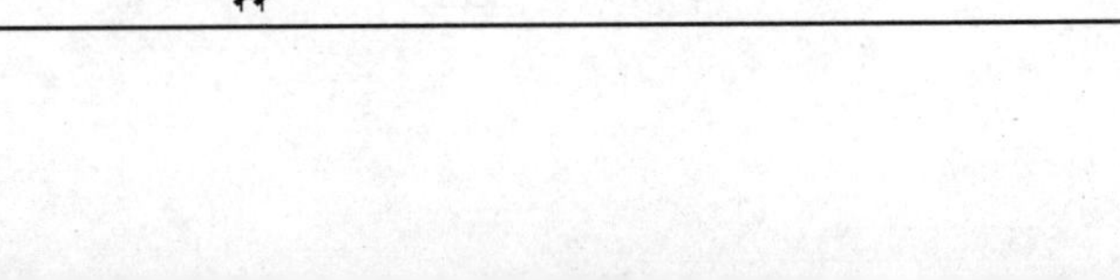	当为单面带双边不对称坡口焊缝时，应按左图的规定，引出线箭头应指向较大坡口的焊件

当焊缝分布不规则时，在标注焊缝符号的同时，可按图 9-19 的规定，宜在焊缝处加中实线（表示可见焊缝）或加细栅线（表示不可见焊缝）。

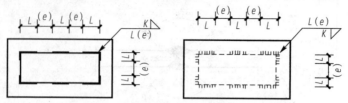

图 9-19　不规则焊缝的标注方法

相同焊缝符号应按下列方法表示：

(1)在同一图形上，当焊缝形式、断面尺寸和辅助要求均相同时，应按图 9-20(a)的规定，可只选择一处标注焊缝的符号和尺寸，并加注"相同焊缝符号"，相同焊缝符号为 3/4 圆弧，绘制在引出线的转折处。

(2)在同一图形上，当有数种相同的焊缝时，宜按图 9-20(b)的规定，可将焊缝分类编号标注。在同一类焊缝中可选择一处标注焊缝符号和尺寸。分类编号采用大写的拉丁字母，如 A、B、C。

图 9-20　相同焊缝的标注方法

3. 螺栓、孔、电焊铆钉的表示方法

螺栓、孔、电焊铆钉的表示方法应符合表 9-13 中的规定。

表 9-13　螺栓、孔、电焊铆钉的表示方法

序号	名称	图例	说明
1	永久螺栓		
2	高强度螺栓		1. 细"＋"线表示定位线； 2. M 表示螺栓型号； 3. ϕ 表示螺栓孔直径； 4. d 表示膨胀螺栓、电焊铆钉直径 5. 采用引出线标注螺栓时，横线上标注螺栓规格，横线下标注螺栓孔直径
3	安装螺栓		
4	膨胀螺栓		
5	圆形螺栓孔		
6	长圆形螺栓孔		
7	电焊铆钉		

三、钢结构尺寸标注

钢结构构件的加工和连接安装要求较高,因此标注尺寸时应准确、清楚、完整。表9-14所示为钢结构图中尺寸标注的注意事项。

表9-14 钢结构图中尺寸标注

图示	说明
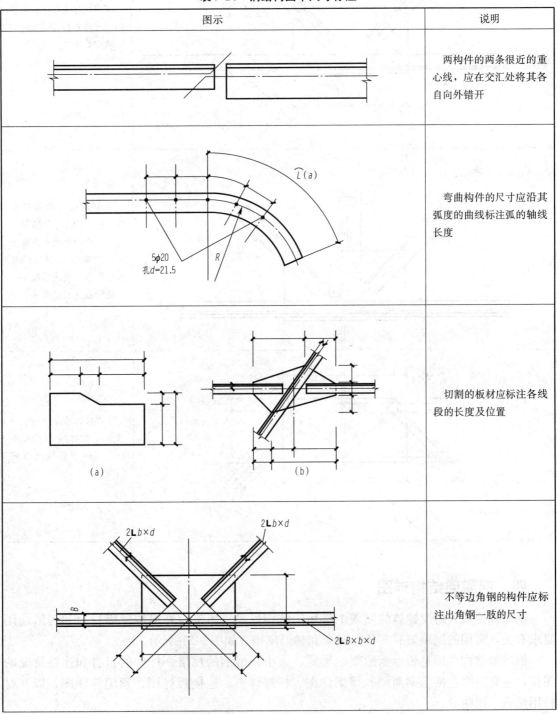	两构件的两条很近的重心线,应在交汇处将其各自向外错开
	弯曲构件的尺寸应沿其弧度的曲线标注弧的轴线长度
	切割的板材应标注各线段的长度及位置
	不等边角钢的构件应标注出角钢一肢的尺寸

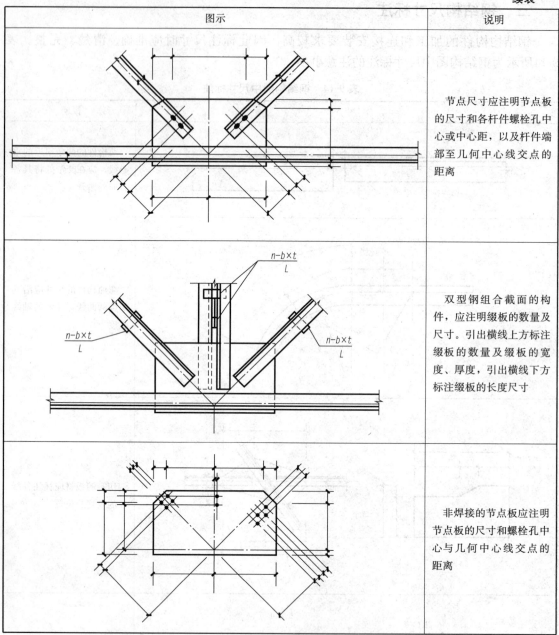

四、钢屋架结构详图

钢屋架是较大跨度建筑的屋盖中常用的结构形式。屋架的外形与屋面材料和房屋使用要求有关,常用的钢屋架有三角形屋架和梯形屋架,如图 9-21 所示。

钢屋架结构详图是表示钢屋架的形式、大小、型钢的规格、杆件的组合和连接情况的图样,主要内容包括屋架简图、屋架详图、杆件详图、连接板详图、预埋件详图,以及材料用量表、说明等。

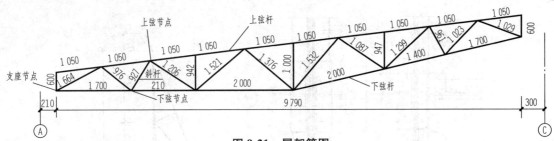

图 9-21 屋架简图

1. 屋架简图

屋架简图是用来表示屋架的结构形式、跨度、高度和各杆件的几何轴线长度,是屋架设计时杆件内几何制作时放样的依据。一般用较小比例画出杆件轴线的单线图,绘制在图纸的左上角或右上角。

【提示】 钢结构布置图可采用单线表示法、复线表示法及单线加短构件表示法,并符合下列规定:

(1)单线表示时,应使用构件重心线(细点画线)定位,构件采用中实线表示;非对称截面应在图中注明截面摆放方式。

(2)复线表示时,应使用构件重心线(细点画线)定位,构件使用细实线表示构件外轮廓,细虚线表示腹板或肢板。

(3)单线加短构件表示时,应使用构件重心线(细点画线)定位,构件采用中实线表示;短构件使用细实线表示构件外轮廓,细虚线表示腹板或肢板;短构件长度一般为构件实际长度的 1/3~1/2。

(4)为方便表示,非对称截面可采用外轮廓线定位。

2. 屋架详图

屋架详图部分应绘制屋架立面图及上、下弦杆的平面图,但主要以立面图为主,围绕立面图分别画出屋架端部侧面的局部视图、屋架跨中侧面的局部视图、屋架上弦的斜视图、假想拆卸后的下弦平面图以及必要的剖面图等。此外,还应画出节点板、支撑连接板、加劲肋板、垫板等的形状和大小,如图 9-22 所示。

3. 材料用量表

为更清楚地表达,应列出材料用量表,把所有杆件和零件的编号、规格尺寸、数量、质量都依次填入表中,并算出整榀屋架的总质量。

4. 说明

把所选用的钢材型号、焊条型号以及图中未注明的焊缝和螺孔尺寸等用文字说明。

五、钢结构图识图示例

图 9-23 为双盖板等截面钢柱拼接节点图。从图 9-23 可以看出,柱截面为热轧宽翼缘 H 型钢,HW452×417,截面高为 452 mm,宽为 417 mm,采用摩擦型高强度螺栓连接。腹板由 2 块钢板—260×540×6 作盖板,用 18 个直径为 20 mm 的(18M20)螺栓相连;翼缘外侧为 2 块钢板,宽为 417 mm,长为 540 mm,厚为 10 mm(2—417×540×10),内侧由 2 块宽为 180 mm、长为 540 mm、厚为 10 mm(4—180×540×10),用 24 个直径为 20 mm 的(24M20)螺栓相连,为刚性连接。

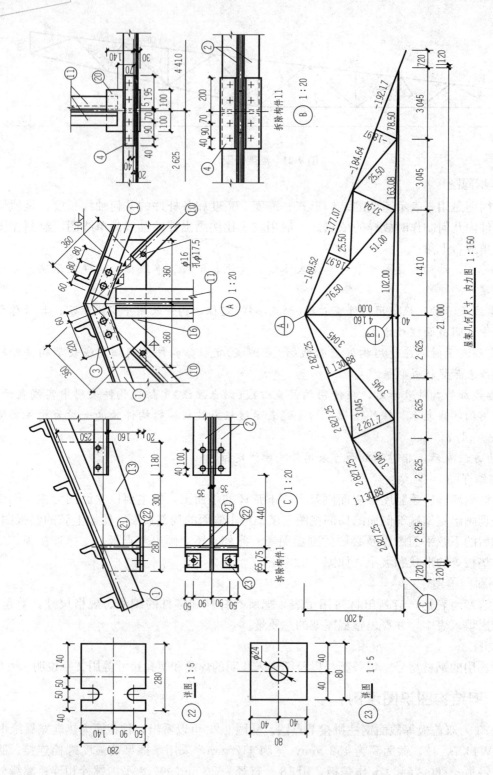

图 9-22 屋架简图及节点详图

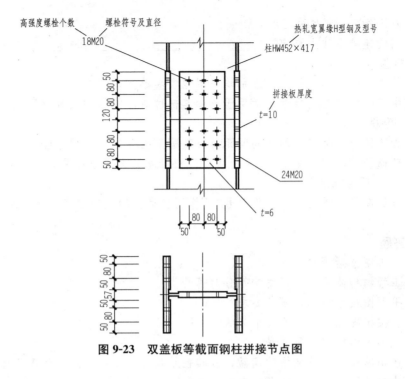

图 9-23 双盖板等截面钢柱拼接节点图

本章小结

结构施工图主要表达结构设计的内容，是表达建筑物各承重构件（如基础、墙、梁、板、柱、屋架等）的布置、形状、大小、材料、构造及其相互关系的图样，还反映出其他专业（如建筑、给水排水、暖通、电气等）对结构的要求。结构施工图与建筑施工图相同，是施工的依据，结构施工图必须与建筑施工图密切配合，不能有矛盾。本章主要介绍钢筋混凝土施工图识读及钢结构图识读等，重点介绍梁平法施工图绘制规则。

思考与练习

一、填空题

1. _____是反映房屋结构受力系统的图纸。
2. 用钢筋混凝土制成的梁、板、柱、基础等构件，称为_____。
3. 为了防止钢筋锈蚀，增强钢筋与混凝土之间的粘结力及钢筋的防火能力，在钢筋混凝土构件中钢筋的外边缘至构件表面应留有一定厚度的混凝土，称为_____。
4. 梁平法施工图是在梁平面布置图上采用_____或_____表达。
5. 梁编号有梁类型、_____、_____、_____及是否带有悬挑组成。
6. 当有悬挑梁且根部和端部的高度不同时，用_____分割根部与端部的高度值。
7. 当梁侧面需配置受扭纵向钢筋时，此项注写值以_____打头，接续注写配置在梁两个侧面的总配筋值，且对称配置。

8. 钢结构的连接方法主要有_____、_____、_____和_____等。

二、判断题

1. 在构件中，钢筋不论粗细、级别均采用粗实线绘制。（　　）
2. 当集中标注中的某项数值不适用于梁的某部位时，则将该项数值原位标注，施工时，原位标注取值优先。（　　）
3. 箍筋加密区与非加密区的不同间距及肢数需用括号"（　）"分隔。（　　）
4. 梁上部通长筋或架立筋配置(通长筋可为相同或不同直径采用搭接连接、机械连接或焊接的钢筋)，该项为选注值。（　　）
5. 当同排纵筋有两种直径时，用分号"；"将两种直径的纵筋相连，注写时将角部纵筋写在前面。（　　）

三、简答题

1. 结构施工图包括哪些内容？
2. 根据工程结构体系，工程结构可分为哪几类？
3. 结构平面图尺寸标注有哪些要求？
4. 混凝土按抗压强度分为哪几个等级？
5. 钢筋混凝土结构图有哪两种？
6. 配置在钢筋混凝土结构中的钢筋，按其在结构中的作用，可分为哪几种？
7. 柱平法施工图一般采用哪两种表达方式？

四、练习题

1. 柱箍筋 Φ10@100/200（Φ12@100）表示是什么意思？
2. 图 9-24 所示柱构件列表注写表示什么意思？

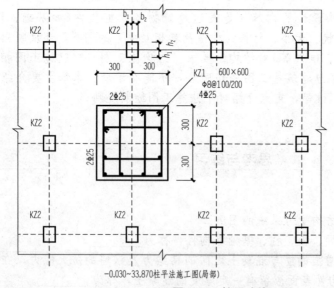

图 9-24　柱平法施工图

3. 某梁截面注写 6⊈25 4/2，2⊈25＋2⊈22 分别表示什么意思？
4. 梁箍筋 8@100/200(2) 表示什么意思？
5. 梁下部纵筋 6⊈25　2(-2)/4 表示什么意思？

第十章 设备施工图

 知识目标

1. 了解设备施工图的基本特点及内容。
2. 熟悉给水排水设备施工图绘图的一般要求及常用图例;掌握给水排水施工图的识读方法。
3. 熟悉室内采暖、通风空调设备施工图的组成及常用图例;熟悉通风空调设备施工图的系统原理图、系统平面图、系统轴测图、系统剖面图及详图的内容;掌握暖通空调设备施工图的识读方法。
4. 熟悉电气设备施工图的内容及识图的一般要求;掌握电气设备施工图的类型和内容。

 能力目标

能够进行基本设备施工图的绘制与识读。

第一节 设备施工图概述

设备施工图是表达房屋设备的工程图样,一般包括给水排水设备施工图、暖通空调施工图、电气设备施工图等。

一、设备施工图的基本特点

(1)设备施工图和建筑施工图、结构施工图有着密切的联系,共同组成一套完整的房屋施工图。因此,在设计过程中,必须注意与其他工程的紧密配合和协调一致,只有这样,才能使建筑物的各种功能得到充分发挥。

(2)设备施工图一般采用规定的图形符号表示各种设备、器件、管网、线路等。而这些图例符号一般不反映实物的原形,因此,在识图前应首先了解各种图形符号表示的实物。

(3)设备施工图中用系统图等图样表示设备系统的全貌和工作原理。

(4)设备施工图往往直接采用通用的标准图集上的内容,表达某些构件的构造和作用。

(5)设备施工图中有许多安装、使用、维修等方面的技术要求不在图样中表达,因为有关的标准和规范中都有详细的规定,在图样中只需说明参照某一标准执行即可。

(6)各种设备系统都有自己的走向。在识图时,按顺序去读,使设备系统一目了然,更加易于掌握。

二、设备施工图的内容

设备施工图包括设计总说明、设备平面图、设备系统图和设备详图。

(1)设计总说明。设计总说明是用文字的形式表述设备施工图中不易用图样表达的有关内容,如设计数据、引用的标准图集、使用的材料器件列表、施工要求以及其他技术参数等。

(2)设备平面图。设备平面图表示设备系统的平面布置方式,各种设备与建筑、结构的平面关系,平面上的连接形式等。设备平面图一般是在建筑平面图的基础上绘制的。

(3)设备系统图。设备系统图表示设备系统的空间关系或者器件的连接关系。系统图与平面图相结合,能很好地反映系统的全貌和工作原理。

(4)设备详图。设备详图表示设备系统中某一部位具体安装细节或安装要求的图样,通常采用已有的标准图集。

第二节　给水排水设备施工图

一、给水排水设备施工图的构成

室内给水排水施工图是表示房屋内部的卫生设备、用水器具的种类、规格、安装位置、安装方法及其管道的配置情况和相互关系的图样。它主要包括室外管道及附属设备图、室内管道及卫生设备图、水处理工艺设备图等。

(1)室外管道及附属设备图。它是指城镇居住区和工矿企业厂区的给水排水管道施工图。属于这类图样的有区域管道平面图、街道管道平面图、工矿企业厂区管道平面图、管道纵剖面图、管道附属设备图、泵站及水池和水塔管道施工图、污水及雨水出口施工图。

(2)室内管道及卫生设备图。它是指一幢建筑物内用水房间(如厕所、浴室、厨房、试验室、锅炉房)以及工厂车间用水设备的管道平面布置图、管道系统平面图、卫生设备、用水设备、加热设备和水箱、水泵等的施工图。

(3)水处理工艺设备图。它是指给水厂、污水处理厂的平面布置图、水处理设备图(如沉淀池、过滤池、曝气池、消化池等全套施工图)、水流或污流流程图。

给水排水工程施工图按图纸的表现形式,可分为基本图和详图两大类。基本图包括图纸目录、施工图说明、材料设备明细表、工艺流程图、平面图、轴测图和立(剖)面图;详图包括节点图、大样图和标准图。

二、给水排水设备施工图的有关规定

1. 图线

(1)图线的宽度 b，应根据图纸的类型、比例和复杂程度，按《房屋建筑制图统一标准》(GB/T 50001—2017)所规定的选用。线宽 b 宜为 0.7 mm 或 1.0 mm。

(2)给水排水专业制图，常用的各种线型应符合表 10-1 的规定。

表 10-1 线型

名称	线型	线宽	用途
粗实线	——————	b	新设计的各种排水和其他重力流管线
粗虚线	- - - - - -	b	新设计的各种排水和其他重力流管线的不可见轮廓线
中粗实线	——————	$0.7b$	新设计的各种给水和其他压力流管线；原有的各种排水和其他重力流管线
中粗虚线	- - - - - -	$0.7b$	新设计的各种给水和其他压力流管线及原有的各种排水和其他重力流管线的不可见轮廓线
中实线	——————	$0.5b$	给水排水设备、零(附)件的可见轮廓线；总图中新建的建筑物和构筑物的可见轮廓线；原有的各种给水和其他压力流管线
中虚线	- - - - - -	$0.5b$	给水排水设备、零(附)件的不可见轮廓线；总图中新建的建筑物和构筑物的不可见轮廓线；原有的各种给水和其他压力流管线的不可见轮廓线
细实线	——————	$0.25b$	建筑的可见轮廓线；总图中原有的建筑物和构筑物的可见轮廓线；制图中的各种标注线
细虚线	- - - - - -	$0.25b$	建筑的不可见轮廓线；总图中原有的建筑物和构筑物的不可见轮廓线
单点长画线	—·—·—	$0.25b$	中心线、定位轴线
折断线	—/\—	$0.25b$	断开界线
波浪线	～～～	$0.25b$	平面图中水面线；局部构造层次范围线；保温范围示意线

2. 比例

(1)给水排水专业制图常用比例，应符合表 10-2 的规定。

表 10-2 给水排水专业制图常用比例

名称	比例	备注
区域规划图、区域位置图	1∶50 000、1∶25 000、1∶10 000、1∶5 000、1∶2 000	宜与总图专业一致
总平面图	1∶1 000、1∶500、1∶300	宜与总图专业一致
管道纵断面图	竖向：1∶200、1∶100、1∶50 纵向：1∶1 000、1∶500、1∶300	—
水处理厂(站)平面图	1∶500、1∶200、1∶100	—

续表

名称	比例	备注
水处理构筑物、设备间、卫生间,泵房平、剖面图	1:100、1:50、1:40、1:30	—
建筑给水排水平面图	1:200、1:150、1:100	宜与建筑专业一致
建筑给水排水轴测图	1:150、1:100、1:50	宜与相应图纸一致
详图	1:50、1:30、1:20、1:10、1:5、1:2、1:1、2:1	—

(2)在管道纵断面图中,可根据需要对竖向与纵向采用不同的组合比例。

(3)在建筑给水排水轴测图中,如局部表达有困难,该处可不按比例绘制。

(4)水处理流程图、水处理高程图和建筑给水排水系统原理图均不按比例绘制。

3. 标高

(1)标高符号及一般标注方法应符合《房屋建筑制图统一标准》(GB/T 50001—2017)中的规定。

(2)室内工程应标注相对标高;室外工程宜标注绝对标高,当无绝对标高资料时,可标注相对标高,但应与总图专业一致。

(3)压力管道应标注管中心标高;沟渠和重力流管道宜标注沟(管)内底标高。

(4)在下列部位应标注标高:

1)沟渠和重力流管道。

①建筑物内应标注起点、变径(尺寸)点、变坡点、穿外墙及剪力墙处;

②需控制标高处。

2)压力流管道中的标高控制点。

3)管道穿外墙、剪力墙和构筑物的壁及底板等处。

4)不同水位线处。

5)建(构)筑物中土建部分的相关标高。

(5)平面图、剖面图、轴测图中,标高的标注方法见表10-3。

表 10-3 标高的标注方法

项目	标注方法
平面图中管道标高	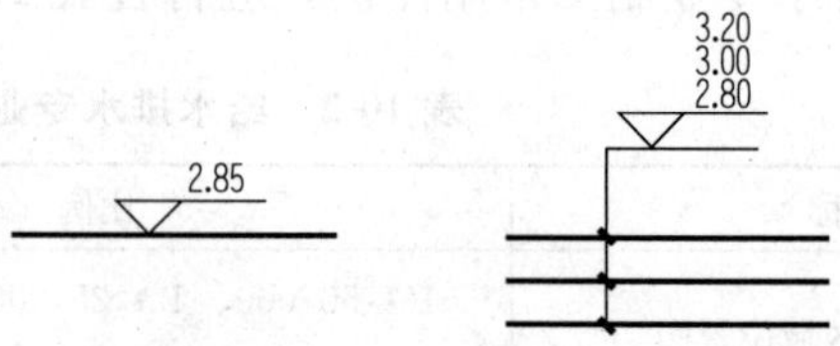
平面图中沟渠标高	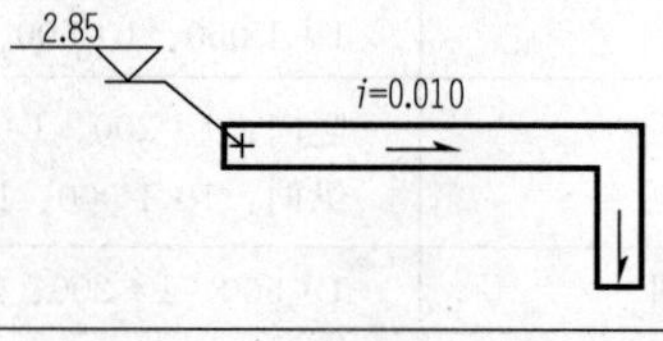

续表

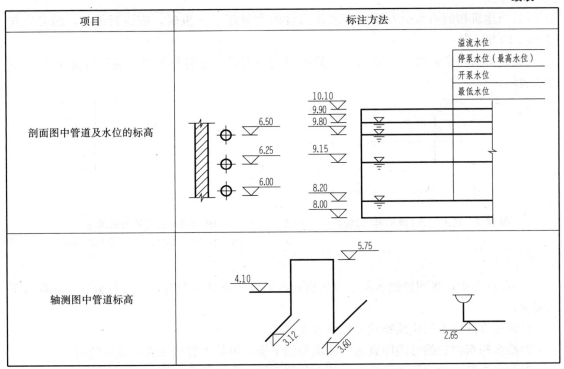

（6）建筑物内的管道也可按本层建筑地面的标高加管道安装高度的方式标注管道标高，标注方法应为 $H+\times.\times\times$，H 表示本层建筑地面标高。

4. 管径

（1）管径应以毫米为单位，其表达方式应符合下列规定：

1）水煤气输送钢管（镀锌或非镀锌）、铸铁管等管材，管径以公称直径 DN 表示（如 $DN15$、$DN50$ 等）。

2）无缝钢管、焊接钢管（直缝或螺旋缝）等管材，管径宜以外径 $D\times$壁厚表示（如 $D108\times4$、$D159\times4.5$ 等）。

3）钢筋混凝土（或混凝土）管，管径宜以内径 d 表示（如 $d230$、$d380$ 等）。

4）复合管、结构壁塑料管材，管径宜按产品标准的方法表示。

5）当设计等管均用公称直径 DN 表示管径时，应有公称直径 DN 与相应产品规格对照表。

（2）管径的标注方法应符合图 10-1 的规定。

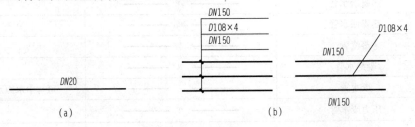

图 10-1 管径的标注方法

(a)单管管径表示法；(b)多管管径表示法

5. 编号

(1)当建筑物的给水引入管或排水排出管的数量超过一根时,应进行编号,编号宜按图 10-2 的方法表示。

(2)建筑物内穿越楼层的立管,其数量超过一根时,应进行编号,编号宜按图 10-3 的方法表示。

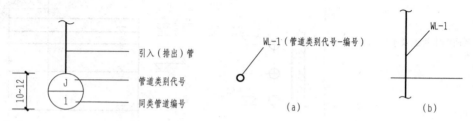

图 10-2 给水引入(排水排出)管编号表示法

图 10-3 立管编号表示法
(a)平面图;(b)剖面图、系统图、轴测图

(3)在总图中,当同种给水排水附属构筑物的数量超过一个时,应进行编号,并符合下列要求:

1)编号方法应采用构筑物代号加编号表示。

2)给水构筑物的编号顺序宜为:从水源到干管,再从干管到支管,最后到用户。

3)排水构筑物的编号顺序宜为:从上游到下游,先干管后支管。

(4)当给水排水机电设备的数量超过一台时,宜进行编号,并应有设备编号与设备名称对照表。

6. 绘图图例

给水排水绘图常用图例见表 10-4～表 10-10。

表 10-4 管道图例

序号	名称	图例	备注
1	生活给水管	——— J ———	—
2	热水给水管	——— RJ ———	—
3	热水回水管	——— RH ———	—
4	中水给水管	——— ZJ ———	—
5	循环冷却给水管	——— XJ ———	—
6	循环冷却回水管	——— XH ———	—
7	热媒给水管	——— RM ———	—
8	热媒回水管	——— RMH ———	—
9	蒸汽管	——— Z ———	—
10	凝结水管	——— N ———	—
11	废水管	——— F ———	可与中水原水管合用
12	压力废水管	——— YF ———	—
13	通气管	——— T ———	—
14	污水管	——— W ———	—

续表

序号	名称	图例	备注
15	压力污水管	—— YW ——	—
16	雨水管	—— Y ——	—
17	压力雨水管	—— YY ——	—
18	虹吸雨水管	—— HY ——	—
19	膨胀管	—— PZ ——	—
20	保温管	～～～～	也可用文字说明保温范围
21	伴热管	======	也可用文字说明保温范围
22	多孔管	—木—木—木—	—
23	地沟管	======	—
24	防护套管	——[ ]——	—
25	管道立管	XL-1 XL-1 ○ | 平面 系统	X 为管道类别 L 为立管 1 为编号
26	空调凝结水管	—— KN ——	—
27	排水明沟	——坡向→——	—
28	排水暗沟	==坡向→==	—

注：1. 分区管道用加注角标方式表示。
2. 原有管线可用比同类型的新设管线细一级的线型表示，并加斜线，拆除管线则加叉线。

表 10-5　管道附件图例

序号	名称	图例	备注
1	管道伸缩器	——[==]——	—
2	方形伸缩器	—┘└—	—
3	刚性防水套管		—
4	柔性防水套管		—

续表

序号	名称	图例	备注
5	波纹管		—
6	可曲挠橡胶接头	单球　　双球	—
7	管道固定支架		—
8	立管检查口		—
9	清扫口	平面　　系统	—
10	通气帽	成品　　蘑菇形	—
11	雨水斗	YD-　　YD- 平面　　系统	—
12	排水漏斗	平面　　系统	—
13	圆形地漏	平面　　系统	通用。如无水封，地漏应加存水弯
14	方形地漏	平面　　系统	—
15	自动冲洗水箱		—
16	挡墩		—
17	减压孔板		—
18	Y形除污器		—
19	毛发聚集器	平面　　系统	—
20	倒流防止器		—
21	吸气阀		—
22	真空破坏器		—

续表

序号	名称	图例	备注
23	防虫网罩		—
24	金属软管		—

表 10-6　管道连接图例

序号	名称	图例	备注
1	法兰连接	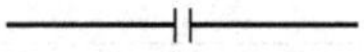	—
2	承插连接	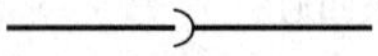	—
3	活接头	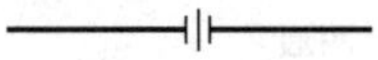	—
4	管堵		—
5	法兰堵盖		—
6	盲板		—
7	弯折管	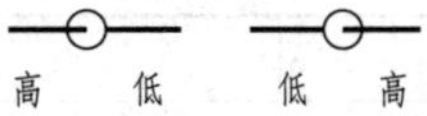 高　低　　低　高	—
8	管道丁字上接	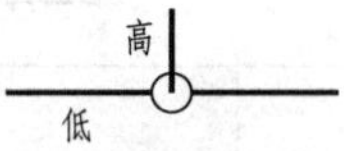 高/低	—
9	管道丁字下接	 高/低	—
10	管道交叉	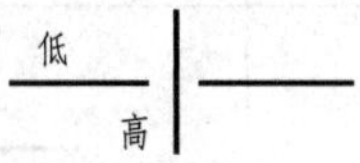 低/高	在下面和后面的管道应断开

表 10-7　管件图例

序号	名称	图例
1	偏心异径管	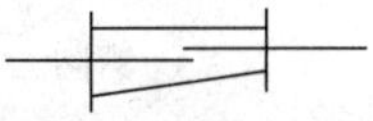
2	同心异径管	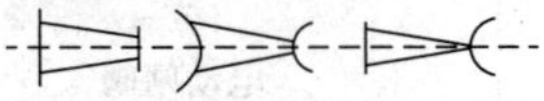
3	乙字管	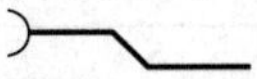
4	喇叭口	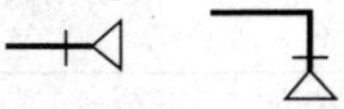
5	转动接头	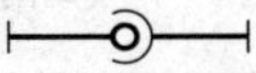
6	S形存水弯	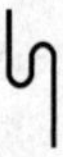

续表

序号	名称	图例
7	P形存水弯	
8	90°弯头	
9	正三通	
10	TY三通	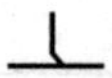
11	斜三通	
12	正四通	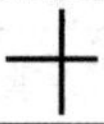
13	斜四通	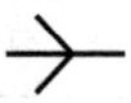
14	浴盆排水管	

表 10-8　阀门图例

序号	名称	图例	备注
1	闸阀		—
2	角阀		—
3	三通阀	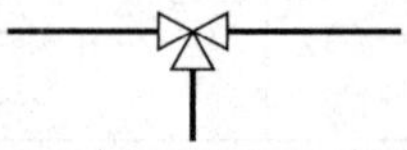	—
4	四通阀	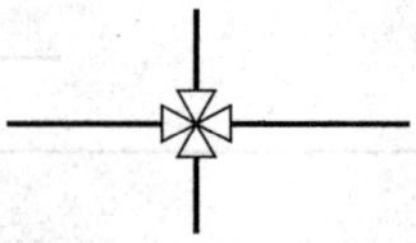	—
5	截止阀		—
6	蝶阀	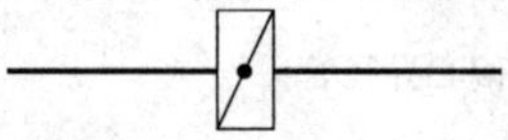	—
7	电动闸阀		—
8	液动闸阀	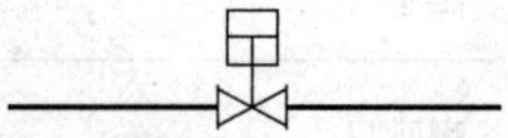	—
9	气动闸阀		—
10	电动蝶阀	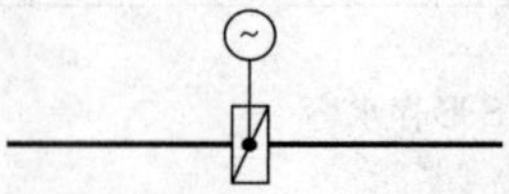	—

续表

序号	名称	图例	备注
11	液动蝶阀		—
12	气动蝶阀		—
13	减压阀		左侧为高压端
14	旋塞阀	平面　系统	—
15	底阀	平面　系统	—
16	球阀		—
17	隔膜阀		—
18	气开隔膜阀		—
19	气闭隔膜阀		—
20	电动隔膜阀		—
21	温度调节阀		—
22	压力调节阀		—
23	电磁阀		—
24	止回阀		—
25	消声止回阀		—
26	持压阀		—
27	泄压阀		—
28	弹簧安全阀		左侧为通用
29	平衡锤安全阀		—
30	自动排气阀	平面　系统	—

续表

序号	名称	图例	备注
31	浮球阀	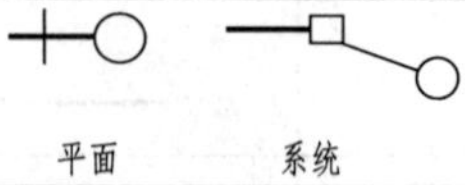 平面　　系统	—
32	水力液位控制阀	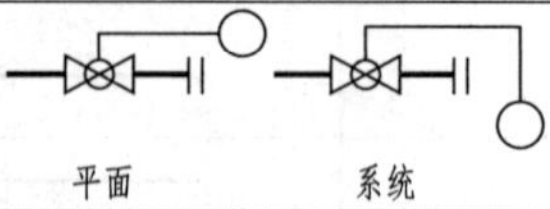 平面　　系统	—
33	延时自闭冲洗阀		—
34	感应式冲洗阀	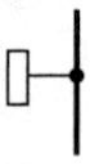	—
35	吸水喇叭口	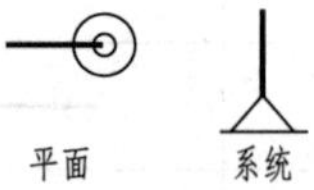 平面　　系统	—
36	疏水器		—

表 10-9　卫生设备及水池图例

序号	名称	图例	备注
1	立式洗脸盆		—
2	台式洗脸盆	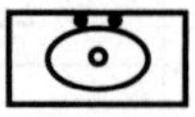	—
3	挂式洗脸盆		—
4	浴盆	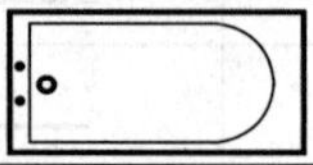	—
5	化验盆、洗涤盆		—
6	厨房洗涤盆	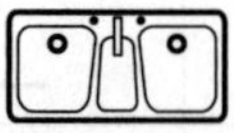	不锈钢制品
7	带沥水板洗涤盆		—
8	盥洗槽	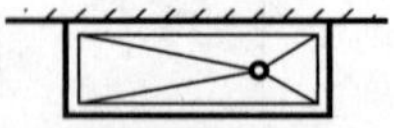	—
9	污水池		—
10	妇女净身盆		—

续表

序号	名称	图例	备注
11	立式小便器		—
12	壁挂式小便器		—
13	蹲式大便器	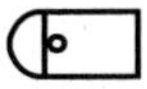	—
14	坐式大便器	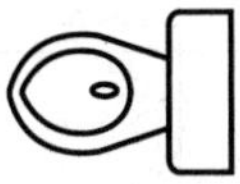	—
15	小便槽		—
16	淋浴喷头		—

注：卫生设备图例也可以建筑专业资料图为准。

表 10-10　给水排水设备图例

序号	名称	图例	备注
1	卧式水泵	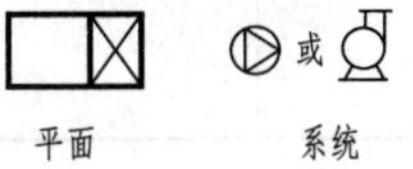 平面　　系统	—
2	立式水泵	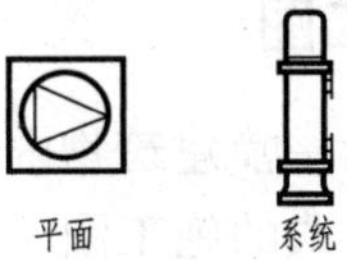 平面　　系统	—
3	潜水泵		—
4	定量泵		—
5	管道泵		—
6	卧式容积热交换器	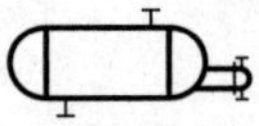	—
7	立式容积热交换器	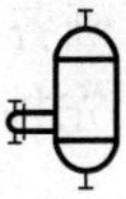	—

续表

序号	名称	图例	备注
8	快速管式热交换器	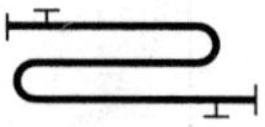	—
9	板式热交换器	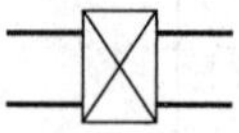	—
10	开水器	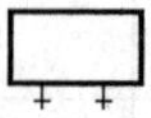	—
11	喷射器	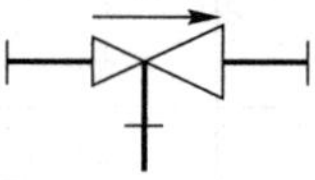	小三角为进水端
12	除垢器		—
13	水锤消除器	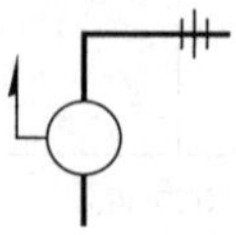	—
14	搅拌器	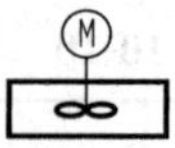	—
15	紫外线消毒器	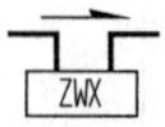	—

三、室内给水排水施工图

室内给水排水施工图是表示一幢建筑物内的卫生器具、给水排水管道及其附件的类型、大小与房屋的相对位置和安装方式的施工图。

(一)给水排水平面布置图

1. 房屋平面图

给水排水平面图中所画的房屋平面图不用于房屋的土建施工，仅作为管道系统各组成部分的水平布局和定位基准。因此，仅需抄绘房屋的墙身、柱、门窗洞、楼梯、台阶等主要构配件，至于房屋的细部和门窗代号等均可略去。房屋平面图的轮廓图线都由细线($0.25b$)绘制。底层平面图要画全轴线，楼层平面图可仅画边界轴线。

【提示】 平面布置图中的房屋只是一个辅助内容，重点应突出管道布置和卫生设备。

2. 管道平面图

(1)管道平面图的绘制步骤。

1)先画底层给水排水平面图，再画各楼层的给水排水平面图。

2)绘制每层给水排水平面图时，先抄绘房屋平面图和卫生器具的平面图，再画管道的平面图。

3)画管道的平面图时，先画立管，再画引入管和排水管，最后按水流方向画出横支管和附件。给水管一般画至各设备的放水龙头或冲洗水箱的支管接口；排水管一般画至各设备的废水、污水排泄口。

4)标注有关尺寸、标高、编号，注写有关的图例及文字说明等。

(2)管道平面图的内容。管道是平面布置图的主要内容，通常用各种线型来表示不同性质的系统管道。例如，给水管用粗实线(b)表示，污水、废水管用粗虚线(b)表示；管道的立管用黑圆点(其直径约为$3b$)表示。

各种管道无论在楼面(地面)之上或之下，均不考虑其可见性，仍按管道类别用规定的线型画出。当在同一平面布置有几根上下不同高度的管道时，若严格按投影来画平面图，会重叠在一起，此时可以画成平行排列，即使明装的管道也可画入墙线内，但要在施工说明中注明该管道系统是明装的。

给水系统的引入管和污水、废水管系统的室外排出管仅需在底层管道平面图中画出，楼层管道平面图中一概不画。

3. 卫生器具平面图

室内的卫生设备一般已在房屋设计的建筑平面图上布置好，可以直接抄绘于卫生设备的平面布置图上。常用的配水器具和卫生设备，如洗脸盆、污水池、淋浴器等均为有一定规格的工业定型产品，不必详细画出其形体，可按表10-9所列的图例画出；对于非标准设计的盥洗槽、大便槽等土建设施，则应由建筑设计人员绘制施工详图，在管道平面图中仅需画其主要轮廓。所有表示卫生器具的图线都用细线($0.25b$)绘制。

【提示】 各种标准和卫生器具，不必标注其外形尺寸，如施工或安装上需要，可注出其定位尺寸。

4. 室内给水排水平面图尺寸和标高的标注

(1)房屋的水平方向尺寸，一般在底层管道平面图中只需注出其轴线间尺寸。至于标高，只需标注室外地面的整平标高和各层楼面标高。

(2)卫生器具和管道一般都是沿墙靠柱设置的，不必标注定位尺寸。必要时，以墙面或柱面为基准标出。卫生器具的规格可用文字标注在引出线上，或在施工说明中写明。

(3)管道的长度在备料时只需用比例尺从图中近似量出，在安装时则以实测尺寸为依据，所以图中均不标注管道长度。至于管道的管径、坡度和标高，因管道平面图不能充分反映管道在空间的具体布置、管路连接情况，故均在管道系统图中予以标注，管道平面图中一概不标。

5. 平面图识读

(1)查明给水排水的干管、立管、支管的平面位置、走向、管径及立管编号。平面图上的管线虽然是示意性的，但它还是按一定比例绘制的，因此，计算平面图上的工程量可以结合详图、图注尺寸或用比例尺计算。

如果系统内立管较少，可只在引入管处进行系统编号，只有当立管较多时，才在每个立管旁边进行编号。立管编号标注方法与系统编号基本相同。

(2)对于室内排水管道，还要查明清通设备的布置情况，明露敷设弯头和三通。有时为了便于通扫，在适当位置设置有门弯头和有门三通(即设有清扫口的弯头和三通)，在识读时也要注意；对于大型厂房，要注意是否设置检查井和检查井进口管的连接方向；对于雨水管道，要查明雨水斗的型号、数量及布置情况，并结合详图了解清楚雨水斗与天沟的连接方式。

(3)查明卫生器具、用水设备(开水炉、水加热器等)和升压设备(水泵、水箱)的类型、数量、安装位置、定位尺寸。卫生器具及各种设备通常是用图例来表示的,它只能说明器具和设备的类型,而没有具体表现各部分的尺寸及构造。因此,必须结合有关详图或技术资料,了解清楚这些器具和设备的构造、接管方式和尺寸。对常用的卫生器具和设备的构造及安装尺寸应心中有数,以便于准确无误地计算工程量。

(4)在给水管道上设置水表时,要查明水表的型号、安装位置以及水表前后的阀门设置。

(5)了解清楚给水引入管和污水排出管的平面位置、走向、定位尺寸、与室外给水排水管网的连接形式、管径、坡度等。给水引入管通常是从用水量最大或不允许间断供水的位置引入的,这样可使大口径管道最短,供水可靠。给水引入管上一般都装设阀门。阀门如果装在室外阀门井内,在平面图上就能够表示出来,这时要查明阀门的型号、规格及距建筑物的距离。

1)污水排出管与室外排水总管的连接,是通过检查井来实现的。要了解检查井距外墙的距离,即排出管的长度。排出管在检查井内通常取管顶平连接(排出管与检查井内排水管的管顶标高相同),以免排出管埋设过深或产生倒流。

2)给水引入管和污水排出管通常都注上系统编号,编号和管道种类分别写在直径为8~10 mm的圆圈内,圆圈内过圆心画一水平线,线上面标注管道种类,如给水系统写"给"或写字母"J",污水系统写"污"或写字母"W",线下面标注编号,并用阿拉伯数字书写。

(二)给水排水系统图

1. 图示内容与方法

室内给水排水系统图是一种斜等测轴测图,它同平面图一样,也是室内给水排水工程的主要技术文件之一。平面图与系统图相配合,一般均可清楚表达设备的布置情况。

管道系统轴测图一般采用正面斜等轴测图绘制,其比例一般采用与管道平面图相同的比例,当管道系统比较复杂时也可以放大比例。系统图的数量按给水引入管和污水排出管的数量而定,每一管道系统图的编号都应与管道平面图中的系统编号相一致。

2. 管道轴测系统图绘制

(1)轴测系统图应以45°正面斜轴测的投影规则绘制。

(2)轴测系统图应采用与相对应的平面图相同的比例绘制。当局部管道密集或重叠处不容易表达清楚时,应采用断开绘制画法,也可采用细虚线连接画法。

(3)轴测系统图应绘出楼层地面线,并应标注出楼层地面标高。

(4)轴测系统图应绘出横管水平转弯方向、标高变化、接入管或接出管以及末端装置等。

(5)轴测系统图应将平面图中对应的管道上的各类阀门、附件、仪表等给水排水要素按数量、位置、比例一一绘出。

(6)轴测系统图应标注管径、控制点标高或距楼层面垂直尺寸、立管和系统编号,并应与平面图一致。

(7)引入管和排出管均应标出所穿建筑外墙的轴线号、引入管和排出管编号、建筑室内地面线与室外地面线,并应标出相应标高。

(8)卫生间放大图应绘制管道轴测图,多层建筑宜绘制管道轴测系统图。

3. 系统轴测图识读

(1)查明给水管道系统的具体走向、干管的敷设形式、管径及其变径情况、阀门的设置，引入管、干管及各支管的标高。识读给水管道系统图时，一般按引入管、干管、立管、支管及用水设备的顺序进行。

(2)查明排水管道系统的具体走向、管路分支情况、管径、横管坡度、管道各部标高、存水弯形式、清通设备设置情况、弯头及三通的选用(如选用90°弯头还是135°弯头，正三通还是斜三通等)。

识读排水管道系统图时，一般是按卫生器具或排水设备的存水弯、器具排水管、排水横管、立管、排出管的顺序进行。

在识读时结合平面图及说明，了解和确定管材和管件。排水管道为了保证水流通畅，根据管道敷设的位置往往选用135°弯头和斜三通，在分支处变径可不用大小头而用变径三通。存水弯有铸铁、黑铁和"P"式、"S"式以及清扫口和不带清扫口之分。在识读图纸时也要弄清楚卫生器具的种类、型号和安装位置等。

(3)在给水排水施工图上一般都不标示管道支架，而由施工人员按规程和习惯做法自己确定。给水管支架一般分为管卡、钩钉、吊环和角钢托架，支架需要的数量及规格应在识读图纸时确定下来。民用建筑的明装给水管通常用管卡，工业厂房给水管则多用角钢托架或吊环。铸铁排水立管通常用铸铁立管卡子，装设在铸铁排水管的承口上面，每根管子上设一个；铸铁排水横管则采用吊卡，间距不超过2 m，吊在承口上。

(三)给水排水系统详图

1. 图示内容与方法

给水排水详图即安装图。各种卫生器具和管道节点的安装一般都有标准图或通用图，如卫生器具尺寸及其在用水房间的安装位置与标准图不一致，则需专门绘制详图。详图通常用平面图、立面图、剖面图表示，用放大比例绘制，一般为1∶25、1∶5、1∶1等。

【注意】 详图要求详尽、具体、明确、视图完整、尺寸齐全、材料规格注写清楚，并附必要说明。

2. 安装图和详图绘制

(1)无定型产品可供设计选用的设备、附件、管件等应绘制制造详图。无标准图可供选用的用水器具安装图、构筑物节点图等，也应绘制施工安装图。

(2)设备、附件、管件等制造详图，应以实际形状绘制总装图，并对各零部件进行编号，再对零部件绘制制造图。该零部件下面或左侧应绘制包括编号、名称、规格、材质、数量、重量等内容的材料明细表；其图线、符号、绘制方法等应按现行国家标准《机械制图 图样画法 图线》(GB/T 4457.4—2002)、《机械制图 剖面区域的表示法》(GB/T 4457.5—2013)、《机械制图 装配图中零、部件序号及其编排方法》(GB/T 4458.2—2003)的有关规定绘制。

(3)设备及用水器具安装图应按实际外形绘制，对安装图各部件进行编号，标注安装尺寸代号，并在该安装图右侧或下面绘制包括相应尺寸代号的安装尺寸表和安装所需的主要材料表。

(4)构筑物节点详图应与平面图或剖面图中的索引号一致，使用材质、构造做法、实际尺寸等应按现行国家标准《房屋建筑制图统一标准》(GB/T 50001—2017)的规定绘制多层共用引出线，并应在各层引出线上方用文字进行说明。

四、室外给水排水总平面图

室外给水排水总平面图主要标明新建房屋周围的给水排水管网的平面布置图。一般包括建筑总平面图的主要内容,标明地形及建筑物、道路等平面布置及标高情况,以及该区域内给水排水管道及设施的平面布置、规格、数量、标高、坡度、流向等。

1. 室外给水排水总平面图的内容

室外给水排水总平面图的内容,见表10-11。

表10-11　室外给水排水总平面图的内容

项目	内容
比例	室外给水排水总平面图主要以能表达清楚的室外管道为基准,比例不宜小于1∶500,一般采用与建筑总平面图相同的比例
尺寸	(1)各种管道的管径按管道系统图图示方法标注,一般注在管道旁边,当空位有限时,可用引出线标出。 (2)室外管道一般应标注绝对标高,当无绝对标高资料时,也可用相对标高标出。这些标高都标在引出线的上方,在引出线的下方标出各检查井的编号,如,Y—4表示4号雨水井,W—1表示1号污水井。检查井的编号顺序应从上游向下游,先干管后支管。 (3)管道及附属构筑物的定位尺寸可以以附近房屋的外墙面为基准注出,对于复杂工程可以用标注建筑坐标来定位
图例	在管道总平面图上,应列出该图所用的图例,以便于识读
指北针(或风玫瑰图)	为了表示房间的朝向,在管道总平面图上应画出指北针(或风玫瑰图)
建筑物及各种附属设施	各种建筑物、道路、围墙等均按建筑总平面图的图例绘制,用中粗线画出建筑物的外轮廓,其余地貌、道路、围墙等用细线画出,绿化可不画
管道	一般把各种管道合画在一张总平面图上。各种管道可用不同线型表示。给水管道用粗实线(b),污水、废水管道用粗虚线(b),雨水管道用粗双点画线(b),附属构筑物都用细线(0.25b)画出
施工说明	施工说明一般包括以下几项内容:标高、尺寸、管径的单位;与室内地面标高±0.000相当的绝对标高值;管道的设置方式(明装、暗装);各种管道的材料及防腐、防冻措施;卫生器具的规格,冲洗水箱的容积;检查井的尺寸;所套用的标准图的图号;安装质量的验收标准;其他施工要求等

2. 室外给水排水总平面图的绘制

(1)绘出建筑总平面图。
(2)画出给水系统的引入管和排水系统的排出管,并布置道路进水井(雨水井)。
(3)根据市政部门提供的原有室外给水系统和排水系统的情况,确定给水管线和排水管线。
(4)画出给水系统的水表、闸阀、排水系统的检查井和化粪池等。
(5)标出管径和管底的标高以及管道和附属构筑物的定位尺寸。
(6)画图例及注写说明。

五、给水排水设备施工图识图示例

1. 室内给水系统图识读

以图10-4所示的室内给水系统图为例,介绍室内给水系统图的识读方法。

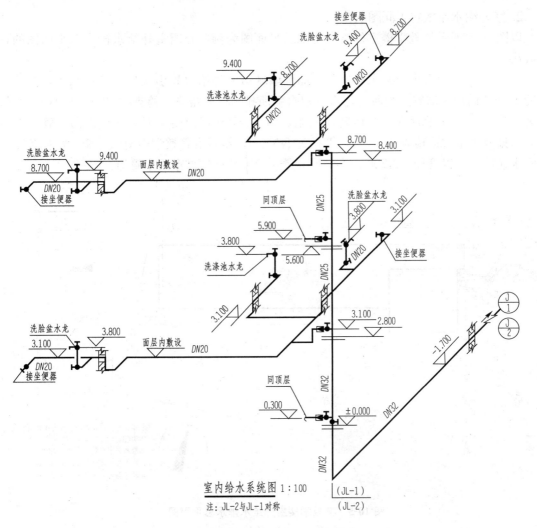

图 10-4　室内给水系统图

从图 10-4 可以看出：

(1)一至四层的给水系统配置是完全相同的，因此本例仅绘制出了二、四层完整的给水配置，而一、三层采用的是省略画法，即在管道截断处注明"同顶层"。

(2)给水系统 J/1 是将生活用水通过引入管从室外水表井引入室内，然后由水平干管送至西侧住户墙角处立管 JL-1，其中干管的埋设高度为－1.700 m。

(3)图中的给水立管 JL-1 除了为一层供水外，还要继续由一层上升至二层，穿过二层楼面后在 3.100 m 高处设置水平给水支管，然后通过水平支管，向西依次将水送至南卧室卫生间内的洗脸盆水龙头和坐便器。

(4)通往北向一侧的管道，在楼梯间墙角处又分成西、北两路，北向在靠近卫生间墙角处水平干管由二层楼面上升至 3.100 m 高度，再由水平干管和支管由南向北，依次为卫生间内的洗脸盆水龙头和坐便器提供用水。

(5)立管 JL-1 从底层到顶层管径由 32～25 mm 逐渐减小。

219

2. 室外给水排水总平面图识读

以图 10-5 所示的教学楼室外给水排水总平面图为例，介绍室外给水排水总平面图的识读方法。

从图 10-5 可以看出，给水管道自南面围墙城市室外给水管引入后，经过水表，向北的支管 DN50 供应淋浴室及厕所。污水管道自厕所排出，直接排入检查井 W—1 及 W—2，管径为 DN150，流向北面 W—3 后转角向东，由 DN200 管径接至围墙外城市污水管。淋浴室废水排入雨水管道检查井 Y—1，管径为 DN150，然后沿着教学楼南面外墙，承接各个屋面雨水连接管，以管径 DN200 向东，自检查井 Y—7 通向城市雨水管道。

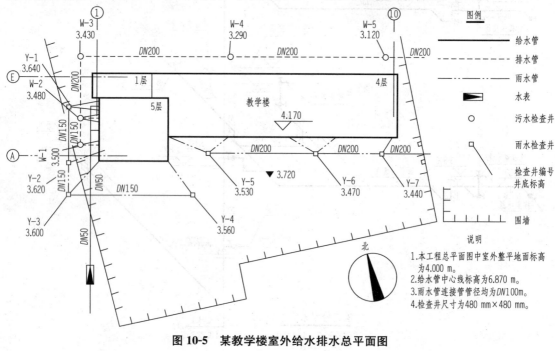

图 10-5 某教学楼室外给水排水总平面图

第三节 暖通空调施工图

一、室内采暖设备施工图

(一) 采暖施工图的组成

采暖施工图由设计总说明、采暖平面图、系统图、详图和设备材料表组成，简单工程可不编制设备材料表。

1. 设计总说明

设计图纸上用图或符号表达不清楚的问题，但又必须要施工人员知道的内容，或者用文字能更简单明了表达清楚的问题，需用文字加以说明。设计总说明的主要内容有建筑物的采暖面积；采暖系统的热源种类、热媒参数、系统总热负荷；系统形式，进出口压力差（即室内采暖所需使用压力）；各房间设计温度；散热器形式及安装方式；管材种类及连接方式；所采用标准图号及名称；管道敷设方式以及防腐、保温的做法及要求；系统的试压要求以及有关图例等。

2. 采暖平面图

采暖平面图是用正投影原理，采用水平全剖的方法，连同房屋平面图一起画出，主要表示建筑物各层供暖管道和采暖设备在平面上的分布以及管道的走向、排列和各部分的尺寸。采暖平面图是施工图绘制的重要依据，又是绘制系统图的依据。

（1）标准层平面图。标准层平面图是指中间（相同）各层的平面布置图，标注散热设备的安装位置、规格、片数（或尺寸）及安装形式，立管的位置及数量等。

（2）顶层平面图。除表达与标准层相同的内容外，对于上供式系统要标注总立管、水平干管的位置、管径、坡度，干管上的阀门、管道的固定支架、伸缩器的位置，热水系统膨胀水箱、集气罐等设备的平面位置、规格及型号，以及选用的标准图号等。

（3）首层平面图。除与标准层平面图相同的内容外，还应注明系统引入口的位置、编号、管径、坡度及套用标准图号等。下供式系统标明供水干管的位置、管径、坡度；上供式系统要注明回水干管（蒸汽系统为凝结水干管）的位置、管径和坡度。有地沟时，还应注明地沟及活动盖板的位置和尺寸。

3. 系统图

系统图是表示采暖系统空间布置情况和散热器连接形式的立体透视图，反映出采暖系统的组成及管线的空间走向和实际位置。系统图用单线绘制，与平面图比例相同。

系统图标注各管段的管径大小，水平管的标高、坡度，散热器及支管的连接情况，散热器的型号与数量，膨胀水箱、集气罐和阀件的型号、规格、安装位置及形式，节点详图的编号等，对照平面图可反映采暖系统的全貌。

4. 详图

某些设备的构造或管道间的连接情况在平面图和系统图上表达不清楚，也无法用文字说明时，可以将这些部位按比例放大，画出详图。

采暖详图包括标准图和非标准图。标准图主要有散热器的连接、膨胀水箱制作与安装、补偿器和疏水器的安装详图、集气罐的制作和安装等；非标准图的节点和做法要画出另外的详图。

5. 设备材料表

为了使施工准备的材料和设备符合图纸要求，并且便于备料，设计人员用表格的形式反映采暖工程所需的主要设备，包括各类管道、管件、阀门以及其他材料的名称、规格、型号和数量。

(二)室内采暖设备施工图识读

1. 平面图识读

室内采暖平面图主要表示管道、附件及散热器在建筑物平面上的位置以及它们之间的相互关系。平面图是采暖施工的主要图纸，识读时要掌握的主要内容和注意事项如下：

（1）了解建筑物内散热器（热风机、辐射板等）的平面位置、种类、片数以及安装方式（明装、暗装或半暗装）。

（2）了解水平干管的布置方式、干管上的阀门、固定支架、补偿器等的平面位置和型号以及干管的管径。

（3）通过立管编号查清系统立管数量和布置位置。

（4）在热水采暖系统平面图上还标有膨胀水箱、集气罐等设备的位置、型号以及设备上连接管道的平面布置和管道直径。

（5）在蒸汽采暖系统平面图上还有疏水装置的平面位置及其规格尺寸。水平管的末端常积存有凝结水，为了排除这些凝结水，在系统末端设有疏水装置。另外，当水平干管抬头登高时，在转弯处也要设疏水器。识读时要了解疏水器的规格及疏水装置的组成。

（6）查明热媒入口及入口地沟情况。当热媒入口无节点图时，平面图上一般将入口装置组成的各配件、阀件（如减压阀、混水器、疏水器、分水器、分汽缸、除污器、控制阀门等）管径、规格以及热媒来源、流向、参数等表示清楚。如果入口装置是按标准图设计的，则在平面图上注有规格及标准图号，识读时可按标准图号查阅标准图。当施工图中画有入口装置节点图时，可按平面图标注的节点图编号查找热媒入口放大图进行识读。

2. 系统轴测图识读

采暖系统轴测图表示从热媒入口至出口的管道、散热器、主要设备、附件的空间位置和相互关系。系统轴测图是以平面图为主视图，进行斜投影绘制的斜等测图。识读系统轴测图要掌握的主要内容和注意事项如下：

（1）采暖系统轴测图可以清楚地表达出干管与立管之间以及立管、支管与散热器之间的连接方式、阀门安装位置及数量，整个系统的管道空间布置等一目了然。散热器支管都有一定的坡度，其中供水支管坡向散热器，回水支管则坡向回水立管。此外，还要了解各管段管径、坡度坡向、水平管的标高、管道的连接方法以及立管编号等。

（2）了解散热器类型及片数。光滑管散热要查明散热器的型号（A型或B型）、管径、排数及长度；翼型或柱型散热器，要查明其规格及片数以及带脚散热器的片数；其他采暖方式，则要查明采暖器具的形式、构造以及标高等。

（3）要查清各种阀件、附件与设备在系统中的位置，凡注有规格型号者，要与平面图和材料明细表进行核对。

（4）查明热媒入口装置中各种设备、附件、阀门、仪表之间的关系及热媒的来源、流向、坡向、标高、管径等。如有节点详图时，要查明详图编号。

3. 详图识读

（1）详图是表明某些供暖设备的制作、安装和连接的详细情况的图样。

（2）室内采暖详图，包括标准图和非标准图两种。标准图包括散热器的连接和安装、膨胀水箱的制作和安装、集气罐和补偿器的制作和连接等，可直接查阅标准图集或有关施工图；非标准图是指在平面图、系统图中表示不清而又无标准详图的节点和做法，则需另绘制详图。

二、通风空调设备施工图

通风空调设备施工图由基本图、详图及设计说明等组成。基本图包括系统原理图、平面图、立面图、剖面图及轴测图。详图包括部件的加工制作和安装的节点图、大样图及标准图，如采用国家标准图、省（市）或设计部门标准图及参照其他工程的标准图时，应在图纸目录中附有说明，以便查阅。设计说明包括有关的设计参数和施工方法及施工的质量要求。

在编制施工图预算时，不但要熟悉施工图样，而且要阅读施工技术说明和设备材料表。因为许多工程内容在图上不易表示，而是在说明中加以交代的。

1. 设计说明

设计说明中应包括以下内容：

(1) 工程性质、规模、服务对象及系统工作原理。

(2) 通风空调系统的工作方式、系列划分和组成，以及系统总送风、排风量和各风口的送、排风量。

(3) 通风空调系统的设计参数，如室外气象参数、室内的温度和湿度、室内含尘浓度、换气次数以及空气状态参数等。

(4) 施工质量要求和特殊的施工方法。

(5) 保温、油漆等的施工要求。

2. 系统原理图

系统原理图是综合性的示意图，是将空气处理设备、通风管路、冷热源管路、自动调节及检测系统联结成一个整体，构成一个整体的通风空调系统。它表达了系统的工作原理及各环节的有机联系。这种图样在一般通风空调系统中不绘制，只是在比较复杂的通风空调工程中才绘制，如图10-6所示。

3. 系统平面图

在通风空调系统平面图上应标明风管、部件及设备在建筑物内的平面坐标位置（图10-7）。其中包括：

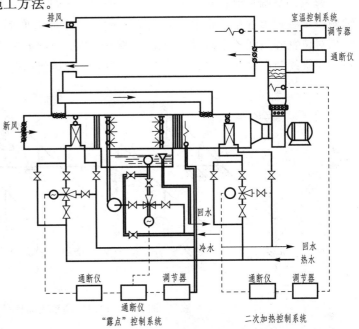

图10-6 通风空调系统原理图

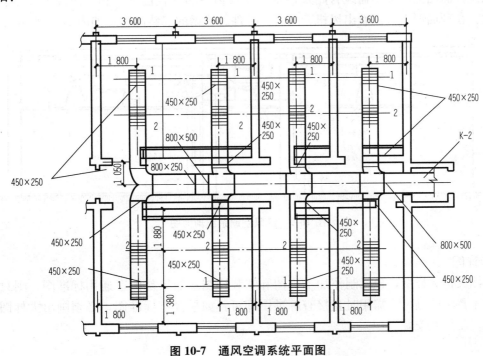

图10-7 通风空调系统平面图

(1) 风管，送、回(排)风口，风量调节阀，测孔等部件和设备的平面位置，与建筑物墙面的距离及各部位尺寸。

(2) 送、回(排)风口的空气流动方向。

(3) 通风空调设备的外形轮廓、规格型号及平面坐标位置。

4. 系统轴测图

通风、空调系统管路纵横交错，在平面图和剖面图上难以表达管线的空间走向，采用轴测投影绘制出管路系统单线条的立体图，可以完整而形象地将风管、部件及附属设备之间相对位置的空间关系表示出来。系统轴测图上还应注明风管、部件及附属设备的标高，各段风管的断面尺寸，送、回(排)风口的形式和风量值等，如图10-8所示。

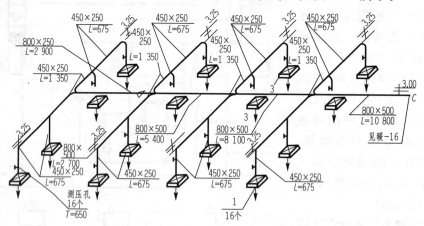

图 10-8　通风空调系统轴测图

5. 系统剖面图

系统剖面图上应标明通风管路及设备在建筑物中的垂直位置、相互之间的关系、标高及尺寸。在剖面图上可以看出风机、风管及部件、风帽的安装高度，如图10-9所示。

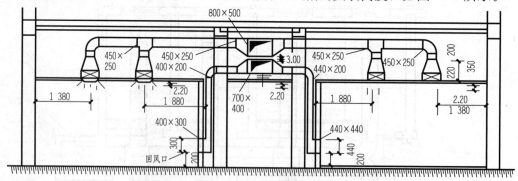

图 10-9　通风空调系统剖面图

6. 详图

详图又称大样图，包括制作加工详图和安装详图。如果是国家通用标准图，则只标明图号，不再将图画出，需用时直接查标准图即可。如果没有标准图，必须画出大样图，以便加工、制作和安装。

通风空调详图需标明风管、部件及设备制作和安装的具体形式、方法和详细构造及加工尺寸。对于一般性的通风空调工程，通常都使用国家标准图册，只是对于一些有特殊要求的工程，则由设计部门根据工程的特殊情况设计施工详图。

三、暖通空调设备施工图识图示例

1. 采暖系统图识读

以图 10-10 所示的采暖系统图为例，介绍采暖系统图的识读方法。

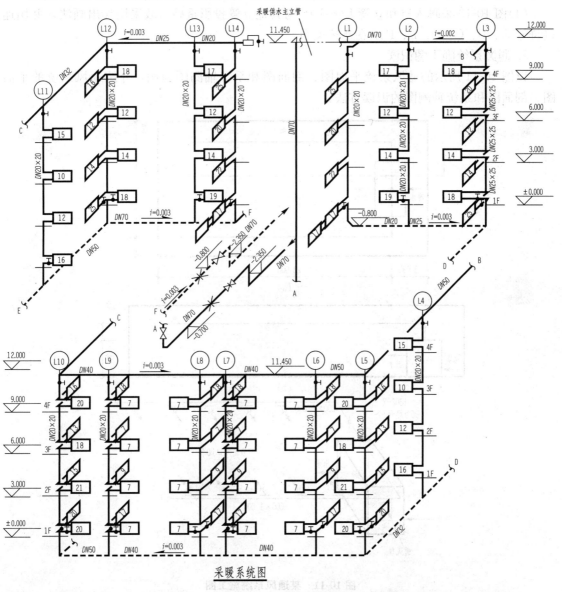

图 10-10 采暖系统图

从图 10-10 可以看出：

(1) 室外供水引入管从供暖入口（标高为 -2.350 m），由住宅北面⑦号定位轴线左侧穿墙进入室内，竖直向上升至四层顶部标高 11.450 m 处，管径为 DN70。然后沿东水平干管迂回到集气罐，以排出系统中的空气，管径分别为 DN70、DN50、DN40、DN32、DN20。

（2）热水依次经顶层、三层、二层、底层散热器进入回水管。依次接收 L1～L14 各立管的回水，并以 0.003 的坡度汇入水平回水干管（标高为 -0.008 m），向下（标高为 -2.350 m）穿墙至供暖入口。

（3）图 10-10 还注明了散热器的安装方位及各组散热器的片数、各阀门的安装位置、集气罐的位置、各楼层的标高等。

（4）图 10-10 采暖入口和立管 L4～L10 与其他立管投影重叠，故采用移出画法，并用连接符号 A、B、C、D、E、F 示意连接关系。

2. 通风系统施工图识读

以图 10-11 所示的通风系统平面图、剖面图和系统轴测图为例，介绍通风系统的平面图、剖面图和系统轴测图的识读方法。

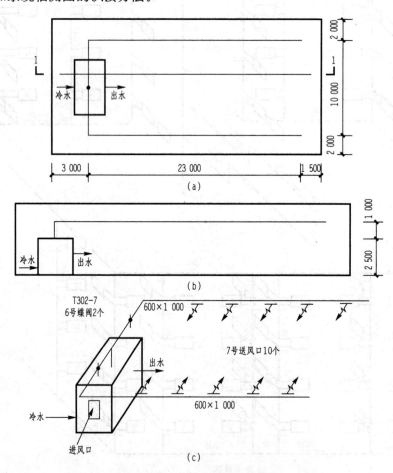

图 10-11 某通风系统施工图
(a)系统平面图；(b)1—1 剖面图；(c)通风系统轴测图

阅读通风空调安装工程图，要从平面图开始，将平面图、剖面图、系统轴测图结合起来对照阅读，一般情况下可以顺着气流的流动方向逐段识读。对于排风系统，可以从吸风口开始,沿着管路直到室外排风口识读。

(1)平面图的识读。通过对图10-11的识读可以了解到,该通风系统有一台空调器,空调器是用冷(热)水冷却(加热)空气的。空气从回风口进入空调机,经冷却或加热后,由空调器内风机从顶部送出,空气出机后分为两路送往各用风点。

(2)剖面图、轴测图的识读。从图10-11(b)、(c)可知,风管是600 mm×1 000 mm的矩形风管。

风管上装6号蝶阀2个,图号为T302—7。风管系统中共有7号送风口10个,从剖面图上可以知道,风管安装高度为3.5 m。

实际工作中,在细读通风空调施工图时,往往是平面图、剖面图、系统轴测图等图样结合起来一起识读,可以随时对照,一种图未表达清楚的地方可以立即看另一种图。这样既可以节省看图时间,又能看得深透,还能发现图纸中存在的问题。

第四节 电气设备施工图

一、电气设备施工图的内容

电气设备施工图按图纸的表现内容分类,可分为基本图和详图两大类。

1. 基本图

基本图包括设计说明、主要设备材料表、电气系统图和主接线二次接线图、电气平面图、控制原理图等内容。

(1)设计说明。在电气施工图中,设计说明一般包括供电方式、电压等级、主要线路敷设形式及在图中未能表达的各种电气设备安装高度、工程主要技术数据、施工和验收要求以及有关事项等。

设计说明根据工程规模及需要说明的内容的多少,有的可单独编制说明书,有的因内容简短,可写在图面的空余处。

(2)主要设备材料表。主要设备材料表用于列出该工程所需的各种主要设备、管材、导线管器材的名称、型号、规格、材质、数量。设备材料表上所列主要材料的数量,是设计人员对该项工程提供的一个大概参数,由于受工程量计算规则的限制,所以不能作为工程量来编制预算。

(3)电气系统图和主接线二次接线图。

1)电气系统图主要表明电力系统设备安装、配电顺序、原理和设备型号、数量及导线规格等的关系。它不表示空间位置关系,只是示意性地把整个工程的供电线路用单线连接形式来表示。通过识读系统图可以了解以下内容:

①整个变、配电系统的连接方式,从主干线至各分支回路分几级控制,有多少个分支回路。

②主要变电设备、配电设备的名称、型号、规格及数量。

③主干线路的敷设方式、型号、规格。

2)主接线二次接线图(也称控制原理图)主要表明配电盘、开关柜和其他控制设备内的操作、保护、测量、信号及自动装置等线路。它是根据控制电器的工作原理,按规格绘制成的电路展开图,并不是每套施工图都有。

(4)电气平面图。电气平面图一般分为变配电平面图、动力平面图、照明平面图、弱电平面图、室外工程平面图。在高层建筑中有标准层平面图、干线布置图等。

电气平面图的特点是将同一层内不同安装高度的电气设备及线路都放在同一平面上来表示。

通过电气平面图的识读,可以了解以下内容:
1)建筑物的平面布置、轴线分布、尺寸以及图纸比例。
2)各种变、配电设备的编号、名称,各种用电设备的名称、型号以及它们在平面图上的位置。
3)各种配电线路的起点和终点、敷设方式、型号、规格、根数以及在建筑物中的走向、平面和垂直位置。

(5)控制原理图。
1)控制电器是指对用电设备进行控制和保护的电气设备。控制原理图是根据控制电器的工作原理,按规定的线段和图形符号绘制成的电路展开图,一般不表示各电气元件的空间位置。
2)控制原理图具有线路简单、层次分明、易于掌握、便于识读和分析研究的特点,是二次配线的依据。控制原理图不是每套图纸都有,只有当工程需要时才绘制。
3)识读控制原理图应掌握控制盘上的那些控制元件和控制线路的连接方式。识读控制原理图时应与平面图核对,以免漏算。

2. 详图

(1)构件大样图。凡是在做法上有特殊要求,没有批量生产的标准构件,图纸中都有专门的构件大样图,注有详细尺寸,以便按图制作。

(2)标准图。标准图是一种具有通用性质的详图,表示一组设备或部件的具体图形和详细尺寸,它不能作为独立进行施工的图纸,而只能视为某项施工图的一个组成部分。

二、电气设备施工图识读一般要求

电气设备施工图除了少量的投影图外,主要是一些系统图、原理图和接线图。对于投影图的识读,其关键是要解决好平面与立体的关系,即明确电气设备的装配、连接关系。对于系统图、原理图和接线图,因为它们都是用各种图例符号绘制的示意性图样,不表示平面与立体的实际情况,只表示各种电气设备、部件之间的连接关系,因此,识读电气设备施工图必须按以下要求进行:

(1)要熟悉各种电气设备的图例符号。在此基础上,才能按施工图主要设备材料表中所列各项设备及主要材料分别研究其在施工图中的安装位置,以便对总体情况有一个概括的了解。

(2)对于控制原理图,要清楚主电路(一次回路系统)和辅助电路(二次回路系统)的相互关系和控制原理及其作用。

控制回路和保护回路是为主电路服务的,它起着对主电路的启动、停止、制动、保护等作用。

（3）对于每一回路的识读应从电源端开始，顺电源线依次通过每一电气元件时，都要弄清楚它们的动作及变化，以及由于这些变化可能造成的连锁反应。

（4）仅仅掌握电气制图规则及各种电气图例符号，对于理解电气图是远远不够的，必须具备有关电气的一般原理知识和电气施工技术，才能真正达到看懂电气设备施工图的目的。

三、各种电气设备施工图识读

电气设备施工图按工程性质分类，可分为变配电工程施工图、动力工程施工图、电气照明工程施工图等。下面依次介绍上述三种电气设备施工图的识读。

(一)变配电工程施工图识读

变配电工程常用的施工图有一次回路系统图、二次回路原理接线图、二次回路展开接线图、安装接线图及设备布置图。

1. 一次回路系统图

一次回路是通过强电流的回路，又称主回路。由于单线图具有简洁、清晰的特点，所以一次回路一般都采用单线图的形式。图10-12是以单线图表示的变电所一次回路系统图。从系统图上可以清晰地看出该变电所的一次回路是由三极高压隔离开关GK、油断路器YOD、两只电流互感器LH_a和LH_c、电力变压器B、自动开关ZK以及避雷器BL等组成的。图中标明了各种电气设备的连接方式，而未表示出各种电气设备的安装位置。

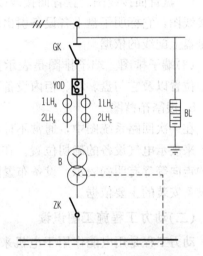

图10-12 变电所一次回路系统图

2. 二次回路原理接线图

二次回路原理接线图是用来表达二次回路工作原理和相互作用的图样。在原理接线图上，不仅表示出了二次回路中各元件的连接方式，而且还表示了与二次回路有关的一次设备和一次回路。这种接线图的特点是能够使读图者对整个二次回路的结构有一个整体概念。二次回路原理接线图也是绘制二次回路展开图接线图和安装接线图的基础。

3. 二次回路展开接线图

二次回路展开接线图是按供电给二次回路的每一个独立电源来划分单元和进行编制的，如交流电流回路、交流电压回路、直流操作回路、信号回路等。根据这个原则，必须将属于同一个仪表或继电器的电流线圈、电压线圈和各种不同功能的触点，分别画在几个不同的回路中。为了避免混淆，属于同一个仪表或继电器的各个元件（如线圈、触点等）采用相同的文字标号。

图10-13为二次电流回路展开图。在图上，每个设备的线圈和接点并不画在一起，而是按

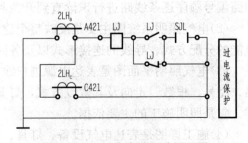

图10-13 二次电流回路展开图

照它们所完成的动作一一排列在各自的回路中。

4. 安装接线图

为了施工和维护的方便,在展开图的基础上,还应绘制安装接线图,用来表达电源引入线的位置、电缆线的型号、规格、穿管直径;配电盘、柜的安装位置、型号及分支回路标号;各种电器、仪表的安装位置和接线方式。安装接线图是现场安装和配线的主要依据。安装接线图一般包括盘面布置图、盘背面接线图和端子排图等图样。

(1)盘面布置图。盘面布置图是加工制造盘、箱、柜和安装盘、箱、柜上电器设备的依据。盘、箱、柜上各个设备的排列、布置是根据运行操作的合理性并适当考虑到维修和施工的方便而安排的。

(2)盘背面接线图。盘背面接线图是以盘面布置图为基础,以原理接线图为依据而绘制的接线图,它标明了盘上各设备引出端子之间的连接情况以及设备与端子排间的连接情况。它是盘上配线的依据。

(3)端子排图。端子排图是表示盘、箱、柜内需要装设端子排的数目、型号、排列次序、位置以及它与盘、箱、柜内设备和盘、箱、柜外设备连接情况的图样。

5. 设备布置图

在一次回路系统图中,通常不标明电气设备的安装位置,因此,需要另外绘制设备布置图来表示电气设备的确切位置。在设备布置图上,每台设备的安装位置、具体尺寸及线路的走向等都有明确表示。设备布置图一般可分为设备平面布置图和立(剖)面图两种图样,是设备安装的主要依据。

(二)动力工程施工图识读

动力工程是用电能作用于电机来拖动各种设备和以电能为能源用于生产的电气装置,如高/低压、交/直流电机,起重电气装置,自动化拖动装置等。动力工程由成套定型的电气设备、小型的或单个分散安装的控制设备(如动力开关柜、箱、盘及闸刀开关等)、保护设备、测量仪表、母线架设、配管、配线、接地装置等组成。

动力工程的范围包括从电源引入开始,经各种控制设备、配管配线(包括二次配线)到电机或用电设备接线和接地及对设备和系统的调试等。

动力工程施工图和变配电工程施工图基本相同,主要图样有一次回路系统图、二次回路原理接线图、二次回路展开接线图、安装接线图、平面布置图及盘面布置图等。

(三)电气照明工程施工图识读

(1)电气照明工程施工图的识读步骤,一般是从进户装置开始到配电箱,再按配电箱的回路编号顺序逐条线路进行识读直到开关和灯具为止。

(2)电气照明系统图主要是反映整个建筑物内照明全貌的图样,表明导线进入建筑物后电能的分配方式、导线的连接形式以及各回路的用电负荷等。

(3)电气照明平面图是表达电源进户线、照明配电箱、照明器具的安装位置,导线的规格、型号、根数、走向及其敷设方式,灯具的型号、规格以及安装方式和安装高度等的图样。它是照明施工的主要依据。

(4)施工详图是表达电气设备、灯具、接线等具体做法的图样。只有对具体做法有特殊要求时才绘制施工详图。一般情况下可按通用或标准图册的规定进行施工。

四、电气设备施工图识图示例

以图 10-14 所示的接线图为例，介绍阅读变压器过电流保护二次回路原理接线图的方法。

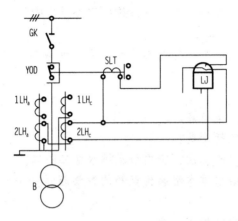

图 10-14　过电流保护二次回路原理接线图

从图 10-14 可看出：LJ 是过电流继电器，它的线圈分别串接在 A 相和 C 相电流互感二次回路 $2LH_a$ 和 $2LH_c$ 中，组成了电流速断保护，即当电流超过继电器的整定值时，继电器的常开触点闭合，接通跳闸线圈而使油断路器 YOD 跳闸，切断电流保护变压器。

本章小结

设备施工图是表达房屋设备的工程图样，一般包括给水排水施工图、暖通空调施工图、电气设备施工图等。本章主要介绍给水排水设备施工图、暖通空调设备施工图、电气设备施工图的组成内容、绘制方法与识读要点。

思考与练习

一、填空题

1. 给水排水工程施工图按图纸的表现形式，可分为_____和_____两大类。
2. 通风空调工程的设备施工图由_____、_____及_____等组成。
3. 电气设备基本图包括_____、_____、_____和_____、_____、_____等内容。
4. 电气设备中，_____用于列出该工程所需的各种主要设备、管材、导线管器材的名称、型号、规格、材质、数量。
5. _____是指对用电设备进行控制和保护的电气设备。

二、判断题

1. 在建筑给水排水轴测图中，如局部表达有困难，该处可用不同的比例绘制。（   ）
2. 当给水排水机电设备的数量超过一台时，宜进行编号，并应有设备编号与设备名称对照表。（   ）
3. 给水系统的引入管和污水、废水管系统的室外排出管仅需在底层管道平面图中画出，楼层管道平面图中一概详细绘制。（   ）
4. 各种标准和卫生器具，不必标注其外形尺寸，如施工或安装上需要，可注出其定位尺寸。（   ）

三、简单题

1. 简述设备施工图的基本特点。
2. 设备施工图的内容包括哪些？
3. 什么是室内给水排水施工图？室内给水排水施工图包括哪些？
4. 在总图中，当同种给水排水附属构筑物的数量超过一个时，应进行编号，并应符合哪些要求？
5. 简述管道平面图的绘制步骤。
6. 室外给水排水总平面图绘制有哪些要求？
7. 采暖施工图由什么组成？

四、练习题

1. 指出图 10-15 所示给水排水进出口编号中每个符号的含义。

图 10-15 给水排水进出口编号示意图

2. 识读图 10-16 室外给水排水平面图。

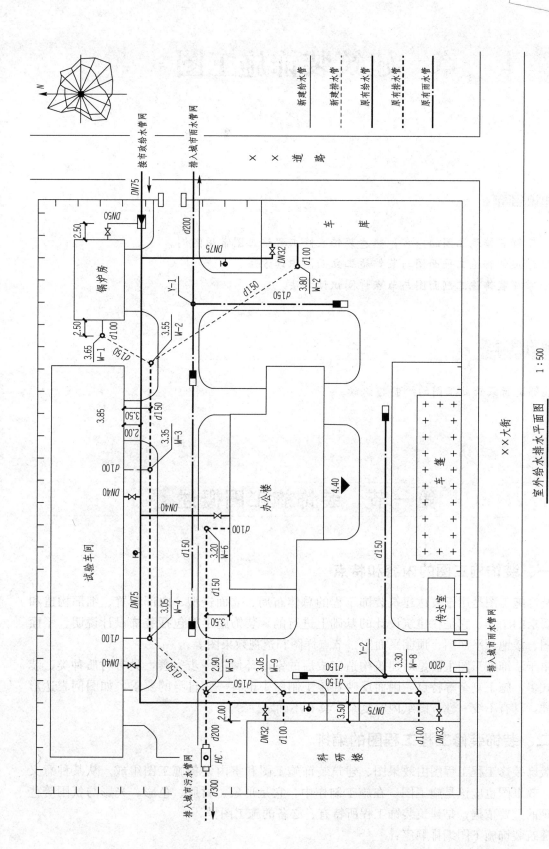

图 10-16 室外给水排水平面图

第十一章 建筑装饰施工图

知识目标

1. 了解装饰施工图的内容；熟悉装饰装修工程施工图常用图例。
2. 掌握装饰施工平面图与装饰施工立面图识读方法。
3. 掌握装饰施工剖面图与节点详图识读方法。

能力目标

能够进行装饰施工图的绘制与识读。

第一节 装饰施工图概述

一、装饰施工图的内容和特点

装饰施工图是用于表达建筑装饰工程的总体布局、立面造型、内部布置、细部构造和施工要求的图样，它是在建筑设计的基础上进行的。装饰施工图包括装饰设计说明、平面布置图、楼地面平面图、顶棚平面图、节点详图和透视效果图等。

由于装饰施工图主要是对建筑构造完成后的室内环境进一步完善，具有材质种类、装修形式多，施工复杂等特点，因而反映在施工制图中也有一些自身的要求，如图例表达形式多样，具有不统一性；图纸内容复杂，具有不确定性等。

二、装饰装修工程工程图的编排

装饰装修工程工程图由效果图、建筑装饰施工图和室内设备施工图组成。从某种意义上讲，效果图也应该是施工图。在施工制作中，它是形象、材质、色彩、光影与氛围等艺术处理的重要依据，是建筑装饰工程所特有、必备的施工图样。

建筑装饰施工图编排顺序：

(1)图纸目录。

(2)设计总说明,门窗表格,固定家具表格等。

(3)效果图。

(4)平面图:原始资料平面图、地面装饰平面图、平面布置图、顶棚图等。

(5)立面图。

(6)剖面图。

(7)大样图:玄关(隔断)大样图、垭口大样图、背景墙大样图、餐厅(背景)大样图、窗套大样图等。

(8)节点详图。

(9)水、电平面图:原始资料平面图,改造后的水、电平面布置图。

(10)设备图等。

三、装饰装修常用图例

(1)装饰装修常用家具图例见表11-1。

表11-1 常用家具图例

序号	名称		图例	备注
1	沙发	单人沙发		
		双人沙发		
		三人沙发		
2	办公桌			1. 立面样式根据设计自定; 2. 其他家具图例根据设计自定
3	椅	办公椅		
		休闲椅		
		躺椅		

续表

序号	名称		图例	备注
4	床	单人床	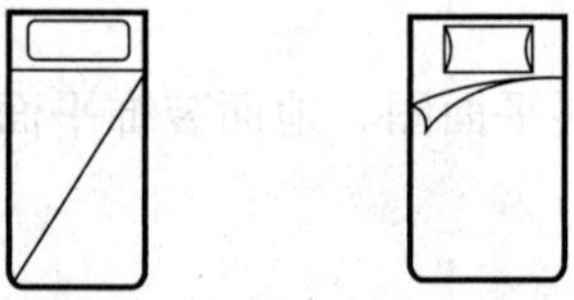	1. 立面样式根据设计自定； 2. 其他家具图例根据设计自定
		双人床	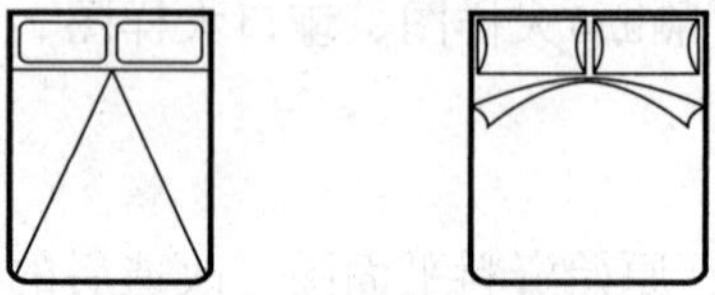	
5	橱柜	衣柜	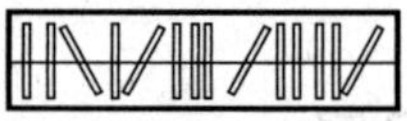	
		低柜	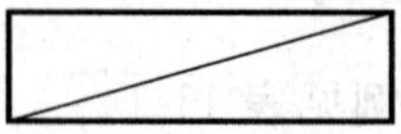	
		高柜	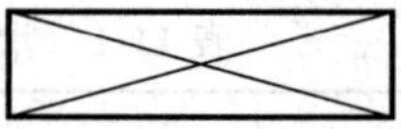	

（2）常用电器图例应按表11-2所示图例绘制。

表11-2 常用电器图例

序号	名称	图例	备注
1	电视	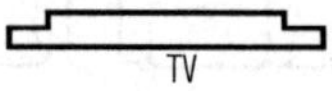 TV	
2	冰箱	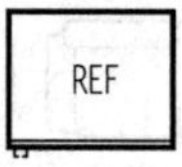 REF	
3	空调	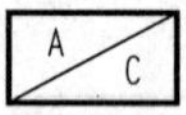 A/C	1. 立面样式根据设计自定； 2. 其他电器图例根据设计自定
4	洗衣机	 W/M	
5	饮水机	 WD	
6	电脑	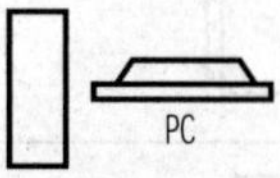 PC	
7	电话	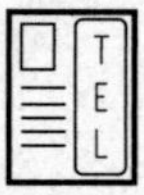 TEL	

(3)常用厨具图例应按表 11-3 所示图例绘制。

表 11-3　常用厨具图例

序号	名称	名称	图例	备注
1	灶具	单头灶		1. 立面样式根据设计自定； 2. 其他厨具图例根据设计自定
1	灶具	双头灶		1. 立面样式根据设计自定； 2. 其他厨具图例根据设计自定
1	灶具	三头灶		1. 立面样式根据设计自定； 2. 其他厨具图例根据设计自定
1	灶具	四头灶		1. 立面样式根据设计自定； 2. 其他厨具图例根据设计自定
1	灶具	六头灶		1. 立面样式根据设计自定； 2. 其他厨具图例根据设计自定
2	水槽	单盆		1. 立面样式根据设计自定； 2. 其他厨具图例根据设计自定
2	水槽	双盆		1. 立面样式根据设计自定； 2. 其他厨具图例根据设计自定

(4)常用洁具图例应按表 11-4 所示图例绘制。

表 11-4　常用洁具图例

序号	名称	名称	图例	备注
1	大便器	坐式		1. 立面样式根据设计自定； 2. 其他洁具图例根据设计自定
1	大便器	蹲式		1. 立面样式根据设计自定； 2. 其他洁具图例根据设计自定
2	小便器			1. 立面样式根据设计自定； 2. 其他洁具图例根据设计自定
3	台盆	立式		1. 立面样式根据设计自定； 2. 其他洁具图例根据设计自定

续表

序号	名称		图例	备注
3	台盆	台式	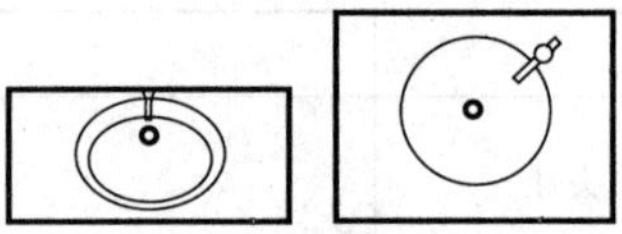	1. 立面样式根据设计自定； 2. 其他洁具图例根据设计自定
		挂式		
4	污水池		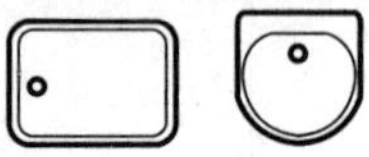	
5	浴缸	长方形	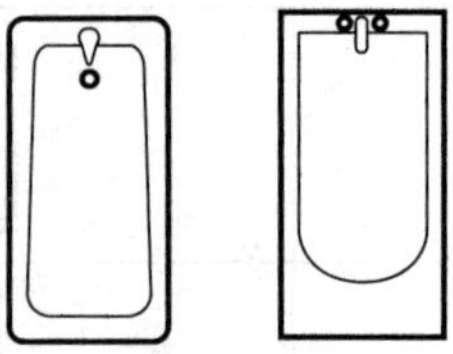	
		三角形	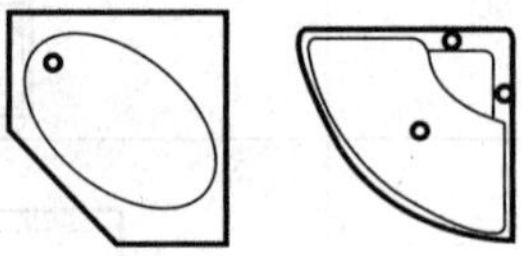	
		圆形	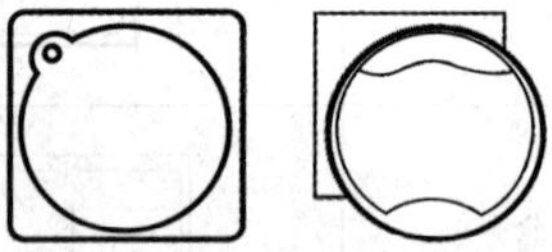	
6	淋浴房		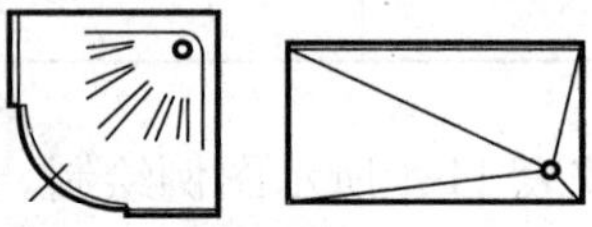	

第二节　装饰施工平面图

一、图示内容与方法

1. 图示内容

在装饰施工平面图中，如果平面图所包含的内容不太复杂，可在平面布置图中一并表示。装饰施工平面图表达的内容比较多，概括起来主要有以下几点：

（1）装饰装修结构在建筑物内的平面位置及其与建筑结构的相互关系尺寸，装饰结构的具体形状和尺寸，以及装饰面的材料和工艺要求等。

(2)各剖面图的剖切位置、详图和通用配件等的位置及编号。

(3)各立面图的视图投影关系和视图位置编号。

(4)建筑物的平面形状与尺寸。建筑物在装饰平面图中的平面尺寸常分为三个层次：最外一层是外包尺寸，表明建筑物的总长度；第二层是房间的净空尺寸；第三层是门窗、墙垛、柱、楼梯等的结构尺寸。

(5)图名和比例标注。除标注图名和比例外，整张图纸还有图标和会签栏，以作为图纸的文件标志。

(6)台阶、水池、组景、踏步、雨篷、阳台及绿化设施的位置及关系尺寸。

(7)用文字说明的图例和其他符号表达不足的内容。

(8)室内设备、家具安放的位置以及与装饰布局的关系尺寸，设备及家具的数量、规格和要求。

(9)门、窗的开启方向与位置尺寸。

(10)各种房间的位置及功能。走道、楼梯、防火通道、安全门、防火门等人员流动空间的位置与尺寸。

2. 图示方法

装饰施工平面图是在原建筑平面图的基础上，根据使用功能、艺术、技术要求等，对室内空间进行布置的图样，主要表明建筑的平面形状、构造状况、室内家具摆放、景观设计、平面关系和室内的交通关系等。被剖切的轮廓线用粗实线表示，未被剖切的轮廓线用细实线表示。

二、装饰施工平面图识读

(1)首先看图名、比例、标题栏，弄清是什么平面图；再看建筑平面基本结构及尺寸，把各个房间的名称、面积及门窗、走道等主要尺寸记住。

(2)通过装饰面的文字说明，弄清施工图对材料规格、品种、色彩的要求和对工艺的要求。结合装饰面的面积组织施工和安排用料，明确各装饰面的结构材料与饰面材料的衔接关系与固定方式。

(3)确定尺寸。先要区分建筑尺寸与装饰装修尺寸；再在装饰装修尺寸中分清定位尺寸、外形尺寸和结构尺寸(平面上的尺寸标注一般分布在图形的内外)。

(4)通过平面布置图上的符号来识图。通过投影符号，明确投影面编号和投影方向，并进一步查出各投影方向的立面图；通过剖切符号，明确剖切位置及其剖切方向，进一步查阅相应的剖面图；通过索引符号，明确被索引部位和详图所在的位置。

三、装饰施工平面图识图示例

以图11-1所示的装修平面布置图为例，介绍阅读装修平面布置图的方法。

从图11-1可以看出：

(1)室内房间的布局主要有客厅、餐厅、厨房、卧室、卫生间等。

(2)客厅平面布置的功能分区主要有影视柜、沙发、茶几；餐厅布置有餐桌；厨房布置有操作台、煤气灶、洗菜池、冰箱；卧室布置有床、衣柜；卫生间布置有盥洗台、大便器等。

(3)平面布置图中绘出了四面墙的内视符号。内视符号一般画在平面布置图的房间地面上,有时也画在平面布置图外的图名附近。

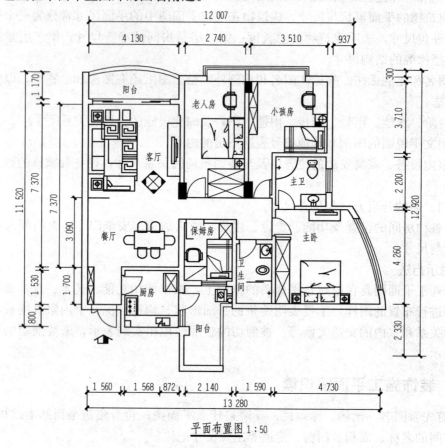

平面布置图 1:50

图 11-1 装修平面布置图

第三节 装饰施工立面图

一、图示内容与方法

装饰装修工程立面图一般为室内墙柱面装饰装修图,主要表示建筑主体结构中铅垂立面的装修做法,反映空间高度、墙面材料、造型、色彩、凹凸主体变化及家具尺寸等。

1. 图示内容

(1)装饰吊顶顶棚的高度尺寸、建筑楼层底面高度尺寸、装饰吊顶顶面的迭级造型及相互关系尺寸。

(2)在立面图中,以室内地面为零点标高,以此为基准点来标明其他建筑结构、装饰结构及配件的标高。

(3)墙面装饰造型和式样,所需装饰材料及工艺要求的文字说明。
(4)墙面所用设备的位置尺寸、规格尺寸。
(5)墙面与吊顶的衔接收口方式。
(6)建筑结构与装饰结构的连接方式、衔接方式、相关尺寸。
(7)门、窗、隔墙、装饰隔断物等设施的高度尺寸和安装尺寸。
(8)楼梯踏步的高度和扶手高度以及所用装饰材料及工艺要求。
(9)绿化、组景设置的高低错落位置尺寸。

2. 图示方法

室内立面装修图的图示方法就是将房屋的室内墙面按内视符号的指向,向平行于墙面的投影面所作的正投影图,其比例一般为 1∶30、1∶40、1∶50、1∶100。在室内立面装修图中,墙柱面边界轮廓线用粗实线表示,墙面选型、图案分格、家具轮廓线以及尺寸线用细实线表示。

二、装饰施工立面图识读

(1)明确建筑装饰装修立面图上与该工程有关的各部分尺寸和标高。
(2)弄清地面标高,装饰立面图一般都以首层室内地坪为零,高出地面者以正号表示,反之则以负号表示。
(3)弄清每个立面上有几种不同的装饰面,以及这些装饰面所用的材料和施工工艺要求。
(4)立面上各不同材料饰面之间的衔接、收口较多,要注意收口的方式、工艺和所用材料。
(5)要注意电源开关、插座等设施的安装位置和方式。
(6)弄清建筑结构与装饰结构之间的衔接,以及装饰结构之间的连接方法和固定方式,以便提前准备预埋件和紧固件。

三、装饰施工立面图识图示例

以图 11-2 所示的客厅装饰立面布置图为例,介绍阅读装饰立面布置图的方法。

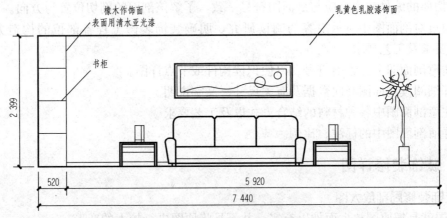

图 11-2 客厅装饰立面布置图

从图 11-2 可以看出:
(1)此图为客厅空间的正立面布置图。

(2)客厅空间的装修形式。客厅立面图是沙发背景墙，使用乳胶漆饰面，墙面挂风景画；左侧是书柜，使用橡木作饰面，表面用清水亚光漆；右侧为盆栽植物。

第四节　装饰施工剖面图与节点详图

一、装饰施工剖面图

(一)图示内容与方法

1. 图示内容

(1)装饰面或装饰形体本身的结构形式、材料情况与主要支承构件的相互关系。
(2)内外墙、门窗洞、屋顶的形式，檐口做法，楼地面的设置，楼梯构造及室内外处理等。
(3)装饰结构与建筑结构之间的衔接尺寸与连接方式。
(4)剖切空间内可见实物的形状、大小与位置。
(5)装饰面上的设备安装方式或固定方法，装饰面与设备间的收口、收边方式。
(6)建筑物、建筑空间及装饰结构的竖向尺寸及关系。
(7)图名、比例和被剖切墙体的定位轴线及其编号。

2. 图示方法

剖面图一般采用(1∶30)～(1∶50)的比例。剖面图主要表现被剖面的构造和尺寸，剖切到的构件轮廓线用粗实线或中实线绘制，没被剖切到的构件轮廓线则用细实线绘制。

(二)剖面图识读

(1)看剖面图首先要弄清该图从何处剖切而来，分清是从平面图剖切还是从立面图上剖切的。剖切面的编号或字母应与剖面图符号一致，了解该剖面的剖切位置与方向。
(2)通过对剖面图中所示内容的阅读研究，明确装饰装修工程各部位的构造方法、尺寸、材料要求及工艺要求。
(3)注意剖面图上的索引符号，以便识读构件或节点详图。
(4)仔细阅读剖面图竖向数据及有关尺寸、文字说明。
(5)注意剖面图中各种材料的结合方式以及工艺要求。
(6)弄清剖面图中的标注、比例。

二、装饰装修详图

1. 装饰装修局部放大图

放大图就是把原图放大而加以充实，并不是将原图进行较大的变形。
(1)室内装饰平面局部放大图以建筑平面图为依据，按放大的比例图示出厅室的平面结构形式和形状大小、门窗设置等，对家具、卫生设备、电器、织物、摆设、绿化等平面布置表达清楚，同时还要标注有关尺寸和文字说明等。

(2)室内装饰立面局部放大图重点表现墙面的设计。先图示出厅室围护结构的构造形式，再将墙面上的附加物以及靠墙的家具都详细地表现出来，同时标注有关详细尺寸、图示符号和文字说明等。

2. 装饰装修详图

装饰装修件项目很多，如暖气罩、吊灯、吸顶灯、壁灯、空调箱孔、送风口、回风口等，都要依据设计意图画出详图。其内容主要是标明它在建筑物上的准确位置，与建筑物其他构配件的衔接关系，装饰件自身构造及所用材料等内容。

装饰装修件的图示法要视其细部构造的繁简程度和表达的范围而定。有的只要一个剖面详图即可，有的需要另加平面详图或立面详图来表现，有的还需要同时用平面详图、立面详图、剖面详图来表现。对于复杂的装饰件，除本身的平面详图、立面详图、剖面详图外，还需增加节点详图才能表达清楚。

3. 装饰装修节点详图

装饰装修节点详图是将两个或多个装饰面的交汇点，按垂直或水平方向切开，并加以放大绘出的视图。

节点详图主要是标明某些构件、配件局部的详细尺寸、做法及施工要求；标明装饰结构与建筑结构之间详细的衔接尺寸与连接形式；标明装饰面之间的对接方式及装饰面上的设备安装方式和固定方法。

节点详图是详图中的详图。识读节点详图一定要弄清该图从何处剖切而来，同时注意剖切方向和视图的投影方向，对节点详图中各种材料结合方式以及工艺要求要弄清楚。

三、装饰施工立面图识读示例

以图 11-3 所示的室内装饰剖面布置图为例，介绍阅读装饰剖面布置图的方法。

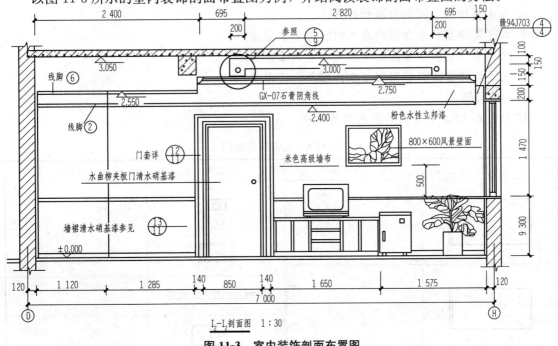

图 11-3 室内装饰剖面布置图

从图 11-3 可以看出：

(1)室内靠墙有矮柜、冰柜、电视，右房角有盆栽植物等。

(2)该室内顶棚有三个选级，标高分别是＋3.000 m、＋2.750 m、＋2.550 m。最高一级顶棚与二级顶棚之间设有内藏灯槽，宽 0.20 m、高 0.25 m，做法参照饰施详图⊕。看混凝土楼板底面结构标高，可知最高一级顶棚的构造厚度只有 0.05 m，从而明确该处顶棚的构造方法。

(3)墙裙高 0.93 m，做法参照饰施详图⊕。

(4)门套做法详见饰施详图⊕。门面使用水曲柳夹板，采用清水硝基漆。墙面裱米色高级墙布，白线脚②以上为粉色水性立邦漆；墙面上有一幅 800 mm×600 mm 风景壁画，安装高度距墙裙上口 0.50 m，横向居中。

本章小结

建筑装饰施工图的绘制是装饰装修工程中的一个重要环节，是建筑装饰工程不可缺少的重要技术资料，所以正确识读和绘制建筑装饰施工图是必须掌握的重要技能。本章主要介绍装饰施工图的绘制方法，掌握施工图设计所提供的基本图样和图表绘制方法，以增强识读和绘制能力。

思考与练习

一、简答题

1. 简述装饰施工图的内容和特点。
2. 简述装饰装修平面图的基本内容与识读方法。
3. 简述装饰装修立面图的基本内容与识读方法。
4. 简述装饰装修剖面图的基本内容与识读方法。

二、练习题

1. 标出表 11-5 中装饰常用图例的名称。

表 11-5 装饰常用图例

图例	名称	图例	名称
		ACU	

续表

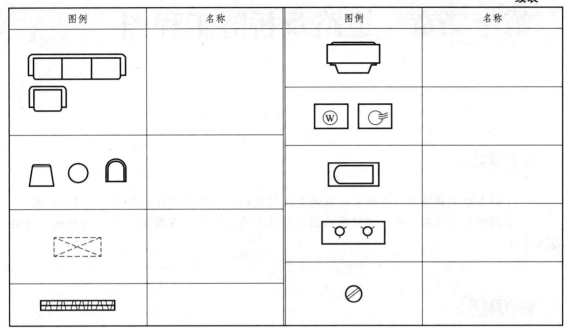

2. 识读图 11-4 所示装饰立面图。

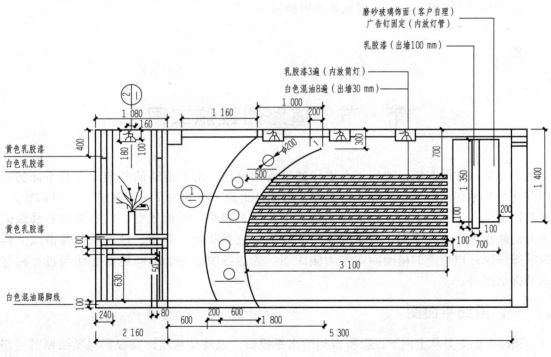

图 11-4　装饰立面图

第十二章 道路及桥隧工程图

知识目标

1. 了解道路工程施工图中国家标准的有关规定；掌握道路工程施工图的阅读与绘制。
2. 了解桥梁、涵洞、隧道工程图的图示特点和图示内容；掌握其阅读和绘制施工图的基本方法。

能力目标

1. 能够阅读和绘制道路施工图。
2. 能够进行桥梁、涵洞、隧道施工图绘制与识读。

第一节 道路路线施工图

道路是一种供车辆行驶和行人步行的带状构筑物。由于道路的竖向高差和平面的弯曲变化均与地面的地形、地貌紧密相关，因此，道路工程图的图示方法有其自身的特点，通常以地形图作为平面图，表达线路的平面走向和线路的平面线型；以道路中心线纵向展开的断面图作为立面图，表达线路中心线纵向线型和地面起伏、地质状况及沿线所构筑物等情况；以道路的横断面图作为侧面图，表达各中心桩处横向地面起伏与设计路基横断面情况等。

一、道路平面图

道路平面图是从上向下投影所得到的水平投影，也就是利用标高投影法所绘制的道路沿线周围区域的地形图。道路平面图通过在地形图上画出同样比例的路线水平投影图来表示道路的走向和弯曲度。道路平面图主要表示道路的平面位置、线形、沿线的地形地物等。以图12-1所示的公路地形及平面图为例，介绍阅读公路平面图的方法。

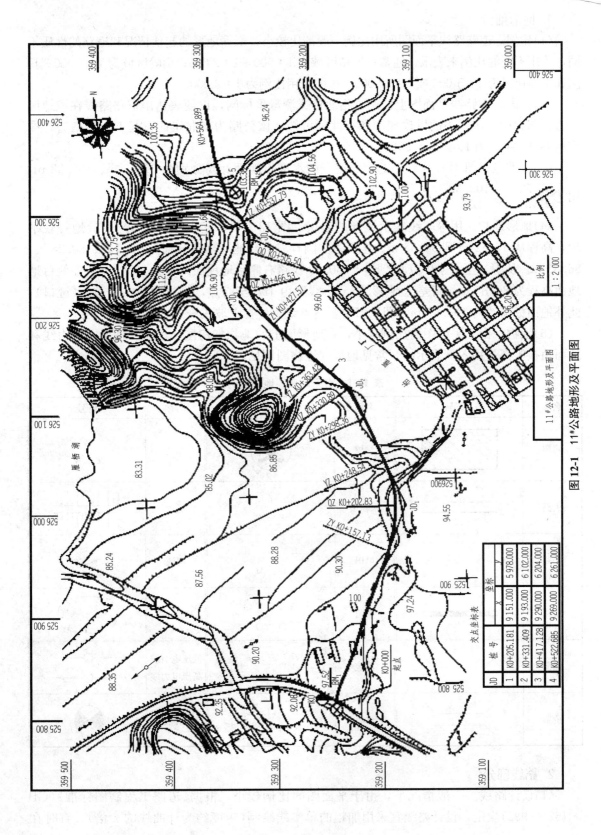

图 12-1　11#公路地形及平面图

1. 地形部分

(1)比例。道路路线平面图所用比例一般都比较小,根据地形的起伏情况和道路的性质不同,采用不同的比例来表示。通常在城镇区域为1∶500～1∶2 000;山岭区域为1∶2 000;丘陵和平面地区为1∶5 000或1∶10 000。该图采用比例为1∶2 000。

(2)方向。在路线平面图上应画出指北针或测量坐标网,以便表达出道路路线在该地区的方位与走向。由图中的风玫瑰图和指北针可知,该公路为南北走向,起点位于南边,即K0+000,终点为K0+564.899。

(3)水准点。图12-1中线路起点、终点的水准点地面标高分别为97.52 m、103.38 m,用$\otimes \frac{97.52}{BM_1}$、$\otimes \frac{103.38}{BM_2}$表示。

(4)地形地貌。用等高线表示地形的起伏。图12-1中,起点至JD_1(转折点)地势较平坦,高程从97.52 m到94.55 m。这段路左侧有三个台地,高程分别为90.3 m、88.28 m、86.85 m。从JD_1至JD_2中点QZ K0+330.89线路右侧台地地面高程为99.60 m,左侧台地地面高程为86.85 m,高差达到12.75 m。线路由JD_2至终点,经过两个山头鞍部(垭口),此外地面标高约为104.56 m,即从JD_1至终点线路处在上坡式。

(5)地物。由于平面图的比例较小,在地形面上的地物如房屋、道路、桥梁、电力线和地面植被等都是用图例表示的。常见地形、地物图例见表12-1。

表12-1 常见地形、地物图例

名称	符号	名称	符号	名称	符号
房屋	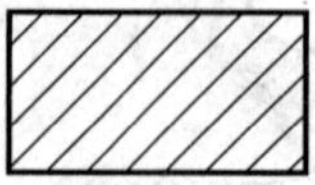	学校	 文	菜地	
大路	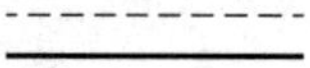	水稻田	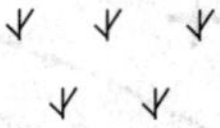	堤坝	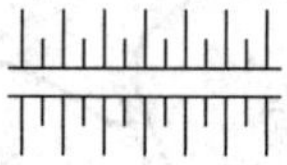
小路	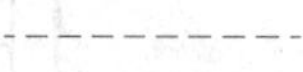	旱田	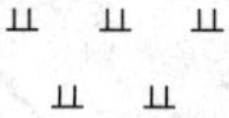	河流	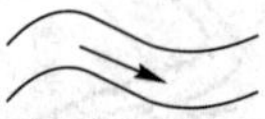
铁路		果园	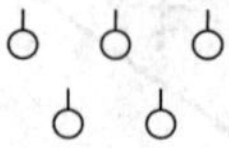	人工开挖	
涵洞	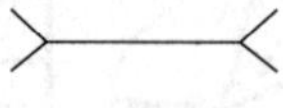	草地	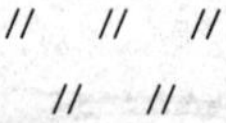	低压电力线 高压电力线	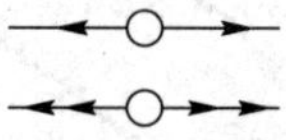
桥梁	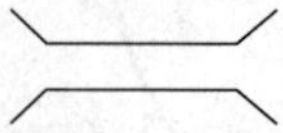	林地		水准点	

2. 路线部分

(1)设计路线。一般情况下,由于平面图的比例较小,根据《道路工程制图标准》(GB 50162—1992)规定,设计路线宜采用加粗的单实线绘制(粗度约为计曲线的2倍)。有时在平面图上可能还有一条粗虚线，是作为设计路线的方案比较线。

(2)里程桩。在平面图中，道路路线的前进方向总是从左向右的，其总长度和各段之间的长度是用里程桩号表示的。里程桩分公里桩和百米桩两种，应从路线的起点至终点依次顺序编号。公里桩宜注写在路线前进方向的左侧，用符号"⬤"表示桩位，直径延伸至路线且与路线垂直，公里数注写在符号上方，如"K4"表示离起点4 km。百米桩宜注写在路线前进方向的右侧，用垂直于路线的细短线表示，数字注写在细短线的端部，如在K4公路桩的前方注写的4，表示其桩号为K4+400，说明白沙河桥的中点距路线起点的距离为4 400 m。

(3)平曲线。道路路线的平面线型主要是由直线、圆曲线及缓和曲线组成，在路线的转折处应设平曲线。最常见、较简单的平曲线为圆弧，复杂一点的往往还设缓和段，其基本的几何要素如图12-2所示。

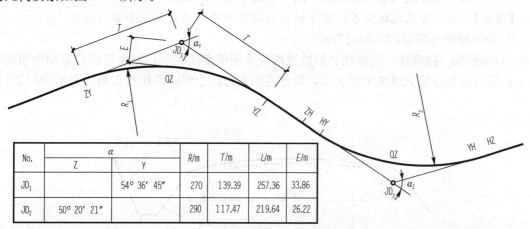

图 12-2 平曲线的几何要素和特征点

1)交角点 JD：是路线转弯处的转折符号，是曲线两端直线段的理论交点。

2)转折角 α：是沿路线前进时向左(α_Z)或向右(α_Y)偏转的角度，即延长前一根圆切线与下一根圆切线之间的夹角，表示弯度的大小。

3)圆曲线半径 R：是平曲线的设计半径，偏角 α 越小，R 越大，表示转弯比较平缓；反之，偏角 α 越大，R 越小，表示转弯比较急，当 $R<2\,500$ 需设计缓和曲线。

4)切线长 T：是切线的切点与交角点之间的距离。

5)曲线长 L：是曲线两切点之间的距离。

6)外矢距 E：是曲线中点至交角点的距离。

以上各要素均可在路线平面图的曲线表中查得（一般在图的右下角）。

另外，在平曲线上还要注出曲线段的起点 ZY(直圆)、中点 QZ(曲中)、终点 YZ(圆直)的位置(如左侧弯道)。如果设置缓和曲线，则将缓和曲线与前、后直线的切点分别标记为 ZH(直缓)和 HZ(缓直)；将圆曲线与前、后缓和曲线的切点分别标记为 HY(缓圆)和 YH(圆缓)，如右侧弯道。

(4)其他。

1)水准点：沿路线附近每隔一定距离，就在图中标有水准点的位置，用于施工时测量路线的高程。如 ⊕ BM8/7.563 ，表示路线的第8个水准点，其高程为7.563 m。

2)角标：一般路线都比较长，会用多张图纸分段表示。为便于图纸拼接，规定在图纸的右上角注写⊞或写上"共　张第　张"等，表明各张图纸的编号。

二、道路横断面图

1. 道路横断面图的图示内容与方法

道路横断面图是用假想的剖切平面，垂直于道路中心线剖切而得到的图形。它主要用于表达路线的横断面形状、填挖高度、边坡坡长以及路线中心桩处横向地面的情况。横断面图的水平方向和高度方向宜采用相同的比例，一般比例为1∶200、1∶100或1∶50。

在横断面图中，路面线、路肩线、边坡线、护坡线均用粗实线表示，路面厚度用中粗实线表示，原有地面线用细实线表示，路中心线用细点画线表示。

【提示】　如不考虑地物关系，很多桩号处所作的横断面图是完全相同的。

2. 道路横断面图制图的相关规定

(1)路面线、路肩线、边坡线、护坡线均应采用粗实线表示；路面厚度应采用中粗实线表示；原有地面线应采用细实线表示，设计或原有道路中线应采用细点画线表示(图12-3)。

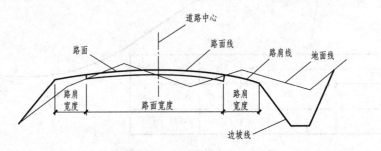

图12-3　道路横断面图

(2)当道路分期修建、改建时，应在同一张图纸中示出规划、设计、原有道路横断面，并注明各道路中线之间的位置关系。规划道路中线应采用细双点画线表示。规划红线应采用粗双点画线表示。在设计横断面图上，应注明路侧方向(图12-4)。

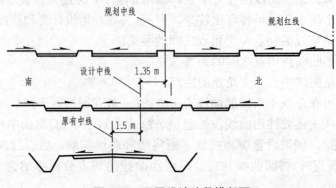

图12-4　不同设计阶段横断面

(3)横断面图中，管涵、管线的高程应根据设计要求标注。管涵、管线横断面应采用相应图例(图12-5)。

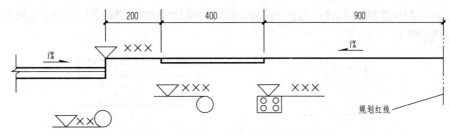

图 12-5　横断面图中管涵、管线的标注

(4)道路的超高、加宽应在横断面图中示出(图 12-6)。

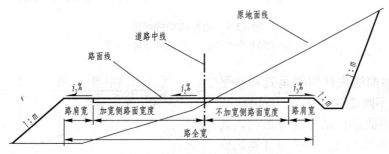

图 12-6　道路超高、加宽的标注

(5)用于施工放样及土方计算的横断面图应在图样下方标注桩号。图样右侧应标注填高、挖深、填方、挖方的面积,并采用中粗点画线示出征地界线(图 12-7)。

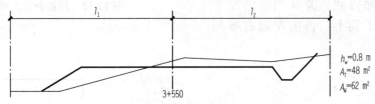

图 12-7　横断面图中填挖方的标注

(6)当防护工程设施标注材料名称时,可不画材料图例,其断面阴影线可省略(图 12-8)。

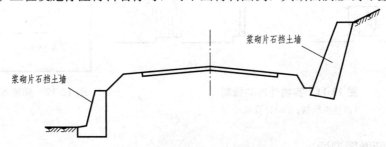

图 12-8　防护工程设施的标注

(7)路面结构图应符合下列规定:
1)当路面结构类型单一时,可在横断面图上,用竖直引出线标注材料层次及厚度[图 12-9(a)]。

2)当路面结构类型较多时,可按各路段不同的结构类型分别绘制,并标注材料图例(或名称)及厚度[图 12-9(b)]。

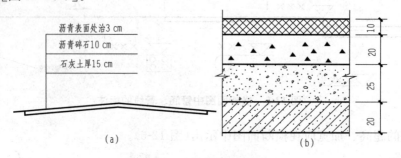

图 12-9　路面结构的标注
(a)路面结构类型单一;(b)路面结构类型较多

(8)在路拱曲线大样图的垂直和水平方向上,应按不同比例绘制(图 12-10)。

(9)当采用徒手绘制实物外形时,其轮廓应与实物外形相近。当采用计算机绘制此类实物时,可用数条间距相等的细实线组成与实物外形相近的图样(图 12-11)。

(10)在同一张图纸上的路基横断面,应按桩号的顺序排列,并从图纸的左下方开始,先由下到上,再由左到右排列(图 12-12)。

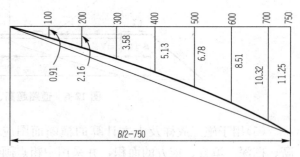

图 12-10　路拱曲线大样

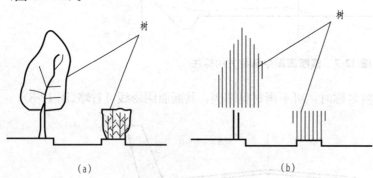

图 12-11　实物外形的绘制
(a)徒手绘制;(b)计算机绘制

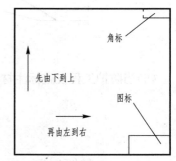

图 12-12　横断面的排列顺序

3. 道路横断面图识读

(1)路基横断面图。路基横断面图是按照路基设计表中的每一桩号和参数绘制出的。图中除表示出了该横断面的形状外,还标明了该横断面的里程桩号,中桩处的填(高)挖(深)值,填、挖面积,以中线为界的左、右路基宽度等数据。

(2)路基标准横断面图。通常设计图中的路基标准横断面图上标注有各细部尺寸,如行车道宽度、路肩宽度、分隔带宽度、填方路堤边坡坡度、挖方路堑边坡坡度、台阶宽度、路基横坡坡度、设计高程位置、路中线位置、超高旋转轴位置、截水沟位置、公路界、公路用地范围等。标准横断面图中的数据仅表示该道路路基在通常情况下的横断面设计情况,在特定情况下,如存在超高、加宽等时的路基横断面的有关数据应在路基横断面图中查找。

三、道路纵断面图

1. 道路纵断面图的图示内容与方法

道路纵断面图是假想用铅垂面沿道路中心线剖切,然后展开成平行于投影面的平面,向投影面作正投影所得到的图形。纵断面图包括高程标尺、图样和测设数据表三部分内容。

道路纵断面图主要表达道路的纵向设计线形及沿线地面的高低起伏状况。

2. 道路纵断面图制图的相关规定

(1)纵断面图的图样应布置在图幅上部。测设数据应采用表格形式布置在图幅下部。高程标尺应布置在测设数据表的上方左侧(图12-13)。

测设数据表宜按图12-13的顺序排列,表格可根据不同设计阶段和不同道路等级的要求而增减,纵断面图中的距离与高程宜按不同比例绘制。

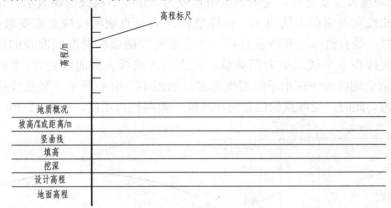

图 12-13　纵断面图的布置

(2)道路设计线应采用粗实线表示;原地面线应采用细实线表示;地下水水位线应采用细双点画线及水位符号表示;地下水水位测点可仅用水位符号表示(图12-14)。

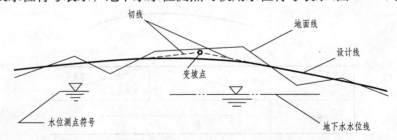

图 12-14　道路设计线、原地面线、地下水位线的标注

(3)当道路短链时,道路设计线应在相应桩号处断开,并按图12-15(a)标注。道路局部改线发生长链时,为利用已绘制的纵断面图,当高差较大时,宜按图12-15(b)标注;当高差较小时,宜按图12-15(c)标注。长链较长而不能利用原纵断面图时,应另绘制长链部分的纵断面图。

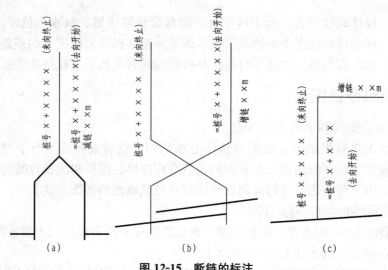

图 12-15 断链的标注

(4) 当道路坡度发生变化时，变坡点应用直径为 2 mm 中粗线圆圈表示；切线应采用细虚线表示；竖曲线应采用粗实线表示。标注竖曲线的竖直细实线应对准变坡点所在桩号，线左侧标注桩号；线右侧标注变坡点高程。水平细实线两端应对准竖曲线的始、终点。两端的短竖直细实线在水平线之上为凹曲线；反之为凸曲线。竖曲线要素（半径 R、切线长 T、外矩 E）的数值均应标注在水平细实线上方，如图 12-16(a)所示。竖曲线标注也可布置在测设数据表内，此时，变坡点的位置应在坡度、距离栏内示出，如图 12-16(b)所示。

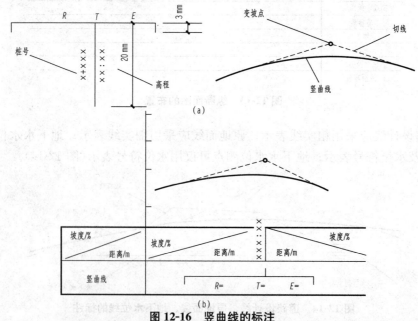

图 12-16 竖曲线的标注

(a)竖曲线标注在水平细实线上方；(b)竖曲线标注在测设数据表内

(5) 道路沿线的构造物、交叉口，可在道路设计线的上方，用竖直引出线标注。竖直引出线应对准构造物或交叉口中心位置。线左侧标注桩号，水平线上方标注构造物名称、规格、交叉口名称(图 12-17)。

(6)水准点宜按图 12-18 标注。竖直引出线应对准水准点桩号,线左侧标注桩号,水平线上方标注编号及高程;线下方标注水准点的位置。

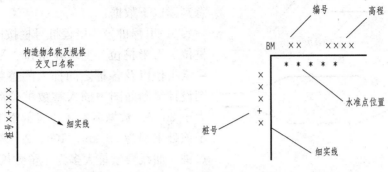

图 12-17 沿线构造及交叉口标注　　　　图 12-18 水准点的标注

(7)盲沟和边沟底线应分别采用中粗虚线和中粗长虚线表示。变坡点、距离、坡度宜按图 12-19 标注,变坡点用直径 1~2 mm 的圆圈表示。

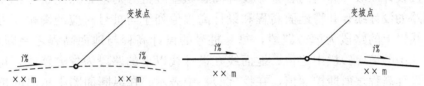

图 12-19 盲沟与边沟底线的标注

(8)在纵断面图中可根据需要绘制地质柱状图,并表示出岩土图例或代号。各地层高程应与高程标尺对应。

探坑应按宽为 0.5 cm、深为 1∶100 的比例绘制,在图样上标注高程及土壤类别图例。钻孔可按宽 0.2 cm 绘制,仅标注编号及深度,深度过长时可采用折断线示出。

(9)纵断面图中,给水排水管涵应标注规格及管内底的高程。地下管线横断面应采用相应图例。无图例时可自拟图例,并应在图纸中说明。

(10)在测设数据表中,设计高程、地面高程、填高、挖深的数值应对准其桩号,单位以米计。

(11)里程桩号应由左向右排列,应将所有固定桩及加桩桩号示出。桩号数值的字底应与所表示桩号位置对齐。整千米桩应标注"K",其余桩号的千米数可省略(图 12-20)。

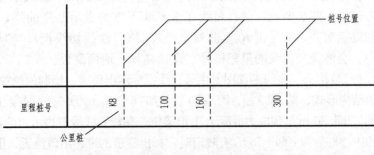

图 12-20 里程桩号的标注

(12)在测设数据表中的平曲线栏中,道路左、右转弯应分别用凹、凸折线表示。当不设缓和曲线段时,按图 12-21(a)标注;当设缓和曲线段时,按图 12-21(b)标注。在曲线的一侧标注交点编号、桩号、偏角、半径、曲线长。

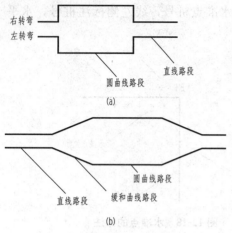

图 12-21　平曲线的标注

3. 道路纵断面图识读

在纵断面图中包含大量信息，在读图中，应注意判读以下数据：

(1) 里程桩号。里程桩号栏按图示比例标有里程桩位、百米桩位、变坡点桩位、平曲线和竖曲线各要素桩位以及各桩之间插入的整数桩位。一般施工图设计纵断面图中插入整数桩位后相邻桩的间距不大于 20 m；数据 K××，表示整千米数，如 K56 表示该处里程为 56 km；100、200 等为百米桩，变坡点桩、曲线要素桩大多为非整数桩。

(2) 地面高程、设计高程、填高挖深。纵坐标为高程，标出的范围以能表达出地面标高的起伏为度；将测量得到的各中线桩点原地面高程与里程桩号对应，点绘在坐标系中，连接各点即得出地面线；将按设计纵坡计算出的各桩号设计高程与里程桩号对应，点绘于坐标系中，连接各点得出道路的设计线；并将地面高程和设计高程值列于与桩号对应的图幅下方表中；设计线在地面线以上的路段为填方路段，每一桩号的设计高程与地面高程之差即填筑高度，即图幅下方表中的填(高)栏中之值；地面线在设计线以上的路段为挖方路段，每一桩号的地面高程减设计高程之值即挖深值，在挖(深)栏中表示。在纵断面图中示出的填挖高度仅表示该处中线位置的填挖高度，填挖工程量还要结合横断面图才能进行计算。

(3) 坡度、坡长。坡度、坡长栏中的值是纵坡设计(拉坡)的最终结果值。在纵坡设计中，通常将变坡点设置在直线段的整桩号上，故坡长一般为整数；在图幅下方表中的坡长、坡度栏中，沿道路前进方向向上倾斜的斜线段表示上坡、向下倾斜的斜线段表示下坡；在斜线段的上方示出的值是坡度值(百分数表示，下坡为负)，斜线段下方示出的值为坡长值(单位为米)。

(4) 平曲线。平曲线栏中示出的是平曲线设置情况，沿路线前进方向向左(表示左偏)或向右(表示右偏)的台阶垂直短线仅次于曲线起点和终点，并用文字标出了该曲线的交点编号(如 JD_{119})、平曲线半径(如 $R=1\,200$)、曲线长(如 $L=190$)。

(5) 土壤地质概况。图幅下方土壤地质概况栏中分段示出了道路沿线的土壤地质概况。

(6) 竖曲线。在纵断面图上用两端带竖直短线的水平线表示竖曲线，竖直短线在水平线上方的表示凹竖曲线，竖直短线在水平线下方的表示凸竖曲线；竖直短线分别与竖曲线起点和终点对齐，并标出 R(竖曲线半径)、T(竖曲线切线长)、E(竖曲线外距)；在工程量计算中，会涉及竖曲线的里程桩号、设计高程、地面高程。

(7) 结构物。在纵断面图上用竖直线段标示出桥梁、涵洞的位置；在竖直线段左边标出结构物的结构形式、跨(孔)径、跨(孔)数，如 "6~30 m 预应力混凝土 T 形梁桥"，表示设置有 6 跨，每跨 30 m 的预应力混凝土 T 形梁桥；在竖直线段右边示出的，如 K66+180，表示该结构物的中心桩号为 K66+180；有隧道时，标出隧道的进、出口位置、里程桩号、隧道名称。

(8) 长、短链。若路线存在长链或短链的情况，在纵断面图中的相应桩点也要标出长链、短链的数据。

4. 道路纵断面图识图示例

下面以图 12-22 所示的路面纵断面图为例，介绍阅读道路纵断面图的方法。

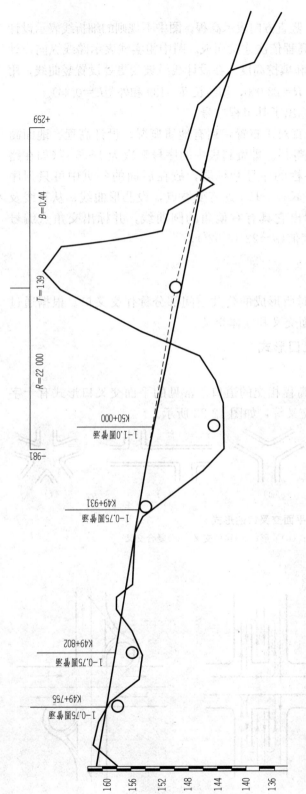

图 12-22 路面纵断面图

从图 12-22 可以看出：

(1) 图样部分。图中水平方向表示长度，竖直方向表示高程。图中不规则的细折线表示设计路中心线的地面线，由一系列中心桩的地面高程依次连接而成。图中粗实线表示路线纵向设计线。由地面线和设计线可以确定填挖方地段和填挖高度。在设计线纵坡变更处设置竖曲线，用"⌒"符号表示，并在其上标注竖曲线(半径 $R=22\,000$，切线长 $T=139$ 和外距 $E=0.44$)。

另外，图中沿线标有四个圆管涵，并标出了其里程桩号。

(2) 资料表部分。资料表与图样上下竖直对正布置，列有地质概况、设计高程、地面高程、坡度/距离、里程桩号、直线及平曲线等栏。即资料表中的序号顺次为 1~6 栏(如在路线纵断面图中第 1 页图纸中，同时列出各栏的序号和标题，故在后面的各页中可只列序号)。从图中的坡度和距离栏中可看出，在 K50+120 处有变坡点，设凸形曲线；从直线及平曲线栏中可看出该路段的平曲线，表示出它具有右偏角的圆曲线，并标出交角点编号(JD_{16})、圆曲线半径($R=2\,500$)和偏角角度值($\alpha=22°14'52''$)。

四、道路平交与立交图

人们把道路与道路、道路与铁路相交时所形成的公共空间部分称作交叉口。根据通过交叉口的道路所处的空间位置，可分为平面交叉和立体交叉。

(一) 道路平面交叉口形式与立体交叉口形式

1. 平面交叉口形式

平面交叉是指各相交道路中线在同一高程相交的道口。常见的平面交叉口形式有十字形、T形、X形、Y形、错位交叉和复合交叉等，如图 12-23 所示。

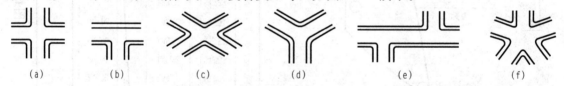

(a)　　　(b)　　　(c)　　　(d)　　　(e)　　　(f)

图 12-23　平面交叉口的形式

(a)十字形；(b)T形；(c)X形；(d)Y形；(e)错位交叉；(f)复合交叉

2. 立体交叉口形式

平面交叉口的通过能力有限，当无法满足交通要求时，需要采用立体交叉口，以提高交叉口的通过能力和车速。立体交叉是指交叉道路在不同高程相交的道口。各自保持其较高行车速度通过交叉口，因此，道路的立体交叉是一种保证安全和提高交叉口通行能力的最有效的办法。根据立体交叉结构物形式不同可分为隧道式和跨线桥式两种基本形式。其中跨线桥式有下穿式和上跨式两种，如图 12-24 所示。

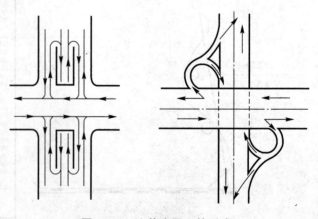

图 12-24　立体交叉口的形式

(二)道路平交与立交图制图相关规定

(1)交叉口竖向设计高程的标注应符合下列规定:

1)较简单的交叉口可仅标注控制点的高程、排水方向及其坡度;排水方向可采用单边箭头表示,如图12-25(a)所示。

2)用等高线表示的平交路口,等高线宜用细实线表示,并每隔四条细实线绘制一条中粗实线,如图12-25(b)所示。

3)用网格高程表示的平交路口,其高程数值宜标注在网格交点的右上方,并加括号。若高程整数值相同时,可省略。小数点前可不加"0"定位。高程整数值应在图中说明。网格应采用平行于设计道路中线的细实线绘制,如图12-25(c)所示。

(2)当交叉口改建(新旧道路衔接)及旧路面加铺新路面材料时,可采用图例表示不同贴补厚度及不同路面结构的范围(图12-26)。

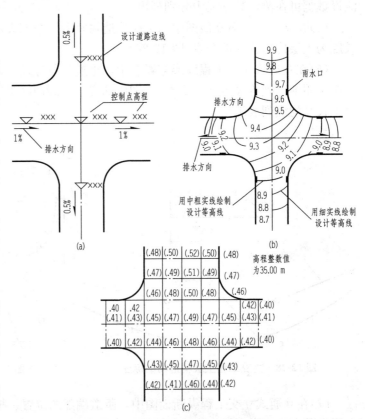

图12-25 竖向设计高程的标注

(3)水泥混凝土路面的设计高程数值应标注在板角处,并加注括号,在同一张图纸中,当设计高程的整数部分相同时,可省略整数部分,但应在图中说明(图12-27)。

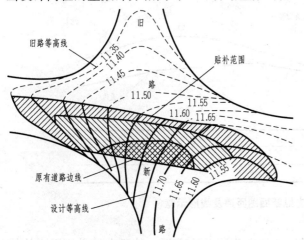

图12-26 新旧路面的衔接

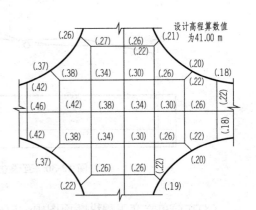

图12-27 水泥混凝土路面高程标注

(4)在立交工程纵断面图中,机动车与非机动车的道路设计线均应采用粗实线绘制,其测设数据可在测设数据表中分别列出。

(5)在立交工程纵断面图中,上层构造物宜采用图例表示,并示出其底部高程,图例的长度为上层构造物底部全宽(图12-28)。

(6)在互通式立交工程线形布置图中,匝道的设计线应采用粗实线表示,干道的道路中线应采用细点画线表示(图12-29)。图中的交点、圆曲线半径、控制点位置、平曲线要素及匝道长度均应列表示出。

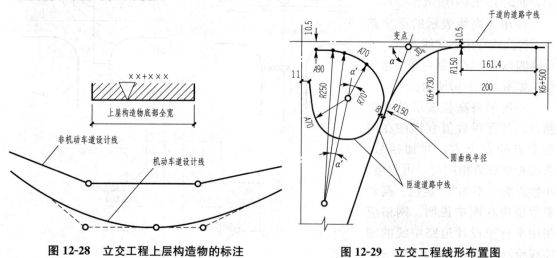

图12-28 立交工程上层构造物的标注　　图12-29 立交工程线形布置图

(7)在互通式立交工程纵断面图中,匝道端部的位置、桩号应采用竖直引出线标注,并在图中适当位置用中粗实线绘制线形示意图和标注各段的代号(图12-30)。

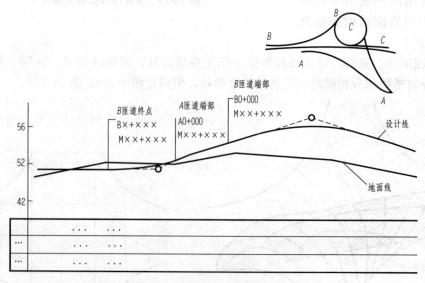

图12-30 互通立交纵断面图匝道及线形示意

(8)在简单立交工程纵断面图中,应标注低位道路的设计高程,其所在桩号用引出线标注。当构造物中心与道路变坡点在同一桩号时,构造物应采用引出线标注(图12-31)。

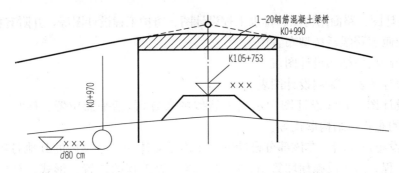

图 12-31　简单立交中低位道路及构造物标注

(9)在立交工程交通量示意图中,交通量的流向应采用涂黑的箭头表示(图 12-32)。

(三)道路平交与立交图识读

1. 互通式立体交叉设计图识读

(1)互通式立体交叉一览表及其阅读。在该表中表示出了全线互通式立体交叉的数量及其设计的基本情况,表中包含的内容有全线各互通式立体交叉的名称、中心桩号、起讫桩号、地名、互通形式、交叉方式、被交叉公路名称及等级;表中分别按主线、匝

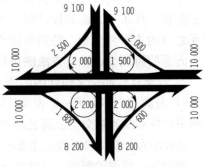

图 12-32　立交工程交通量示意图

道、被交叉公路列出了设计速度、最小平曲线半径、最大纵坡、全长、路面结构类型及厚度、跨线桥、匝道桥结构类型及数量(米/座)以及桥涵、通道等。

通过互通式立体交叉一览表的阅读,对全线互通式立体交叉的设置情况,各立交的基本设计参数、工程规模等有一个全面了解。

(2)互通式立体交叉设计图及其读图。

1)互通式立体交叉平面图。该图类似于道路平面图,在图中绘出了被交叉公路、匝道、变速车道、跨线桥及其交角、互通式立体交叉区综合排水系统等。

2)互通式立体交叉线位图。该图绘出了坐标网格并标注了坐标,表示出了主线、被交叉公路及匝道(包括变速车道)中心线、桩号(千米桩、百米桩、平曲线主要桩位)、平曲线要素等,列出了交点、平曲线控制点坐标。

3)互通式立体交叉纵断面图。该图类似于道路纵断面图,在图中表示出了主线、被交叉公路、匝道的纵断面。

4)匝道连接部设计图和匝道连接部标高数据图。匝道连接部设计图表示出了互通式立体交叉简图及连接部位置,绘有匝道与主线、匝道与被交道路、匝道与收费站、匝道与匝道等连接部分的设计图(包括中心线、行车道、路缘带、路肩、鼻端边线、未绘地形),并示出了桩号、各部尺寸、缘石平面图和断面图等。

匝道连接部标高数据图表示出了互通式立体交叉简图及连接部位,绘出了连接细部平面(包括中心线、中央分隔带、路缘带、行车道、硬路肩、土路肩、鼻端边线、未绘地形),并表示出各断面桩号、路拱横坡和断面中心线以及各部分宽度。

5)互通式立体交叉区内路基、路面及排水设计图表。该部分图表中有路基标准横断面图、

路基横断面设计图、路面结构图、排水工程设计图、防护工程设计图等,并附有相应的表格。

6)主线及匝道跨线桥桥型布置图表。

7)主线及跨线桥结构设计图表。

8)通道设计图表、涵洞设计图表。

9)管线设计图。管线设计图中示出了管线的布置(包括平面位置、标高、形式、孔径等)、检查井的布置、结构形式等。

10)附属设施设计图。在该部分设计图中示出了立体交叉范围内的其他各项工程,如挡土墙、交通工程、沿线设施预埋管道、阶梯、绿化等工程的位置、形式、结构、尺寸、采用的材料、工程数量等方面的内容。

互通式立体交叉设计图包含的图纸内容较多,既有道路方面的,也有桥涵结构方面的,还有防护、排水等方面的设计图。在读图时,要系统地阅读;要将各部分图纸的有机联系、相互之间的关系弄清楚,特别要注意核定其位置关系、构造关系、尺寸关系的正确性及其施工方面的协调性、施工方法的可行性等。

2. 分离式立体交叉设计图识读

(1)分离式立体交叉一览表及其阅读。分离式立体交叉一览表中,给出了各分离式立体交叉的中心桩号及各被交叉公路名称及等级、交叉方式及与主线的交角、设计荷载、孔数与孔径、桥面净宽、桥梁总长度、上部构造、下部构造、被交叉公路改建长度、最大纵坡等。

通过该一览表的阅读,可以掌握本工程所含分离式立体交叉的数量、各分离式立体交叉的设计形式(上跨或下穿)、立交桥的桥梁结构形式及工程规模、被交公路的情况等内容。

(2)分离式立体交叉设计图及其读图。

1)分离式立体交叉平面图。该图的范围包括桥梁两端的全部引道在内,图中示出了主线、被交叉公路或铁路、跨线桥及其交角、里程桩号和平曲线要素,护栏、防护网、管道及排水设施位置等。

2)分离式立体交叉纵断面图。该图与路线纵断面图类似,有时该图与平面图合并绘制在一幅图面上。

3)被交叉公路横断面图和路基、路面设计图。该图中表示出了被交叉公路的标准横断面图、路基各横断面图、路面结构设计图等。

4)分离式立体交叉桥的桥型布置图。该图中表示出了分离式立体交叉桥的桥型布置,设计的桥梁的结构形式,桥的平面、纵断面(立面)、横断面,墩台设计情况、地质情况、里程桩号、设计高程,路线的平曲线、竖曲线设计要素等。

5)分离式立体交叉桥结构设计图。该图中表示出了桥的上部结构、下部结构、基础等各部分结构的细部构造、尺寸、所用材料以及对施工方法、施工工艺方面的要求等。

6)其他构造物设计图。若被交叉公路内有挡土墙、涵洞、管线等其他构造物,则在该图中示出。

由于分离式立体交叉设计图包含的图册较多,涉及的工程内容包括道路、桥梁、涵洞、支挡结构等,因此,应系统地阅读,将各部分图纸之间的关系、相互之间的联系弄清楚,特别是与造价编制有关的,如工程数量、所用材料及数量、施工方法、技术措施等。

3. 人行天桥工程设计图识读

人行天桥是专供行人通行的、由道路上方跨越的桥梁。人行天桥设计图表包括:

(1)人行天桥工程数量表。在该表中列出了除交通工程及沿线设施外的人行天桥的数量、每座天桥的工程量或材料数量。

(2)人行天桥设计图。人行天桥设计图表示出了人行天桥的结构形式，立面图、平面图、横断面图，各细部结构和尺寸、所用材料、高程等。

由于人行天桥结构通常比较简单，因此读懂该部分图表较容易，只需要对照设计图，核对人行天桥工程数量表中的数据即可。

4. 通道工程设计图识读

通道是专供行人通行的，由道路路面以下穿越的构造物。通道工程设计图表包括：

(1)通道工程数量表。该表中列出了除交通工程及沿线设施以外的、通道范围内的所有工程数量或材料数量。

(2)通道设计图。通道设计图包括通道布置图和通道结构设计图。通道布置图中表示出了全部引道在内的平面、纵断面、横断面、地质断面、地下水水位等；通道结构设计图中表示出了通道的结构形式、细部构造、尺寸、设计高程、地质情况、所用材料等，该图与小桥、涵洞结构设计图类似。

5. 平面交叉工程设计图识读

(1)平面交叉工程数量表。在该表中列出了除交通工程及沿线设施以外的、在平面交叉区内(包括交叉区内主线)的所有工程量及材料数量等。

(2)平面交叉布置图。在该图中绘出了地形、地物、主线、被交叉公路或铁路、交通岛等；并注明了交叉点桩号及交角，水准点位置、编号及高程，管线及排水设施的位置等。

(3)平面交叉设计图。该图中表示出了环形和渠化交叉的平面、纵断面和横断面及标高数据图等。

对该部分图表的阅读主要是结合平面交叉布置图和设计图核定其工程数量表中的数量。

6. 管线交叉工程设计图识读

(1)管线工程数量表。该表中列出了管线交叉桩号、地名、交叉方式、交角、被交叉的管线长度及管线类型、管线上跨或下穿、净空或埋深，以及工程数量、材料数量等。

(2)管线交叉设计图。管线交叉处设计有人工构造物的应在该图中示出，包括其细部构造。

第二节 桥梁施工图

桥梁工程图是利用正投影法和专业规定绘制的。建造一座桥梁需要的图纸很多，一般可以分为桥位平面图、桥位地质断面图、桥梁总体布置图、构件图等。

一、桥位平面图

桥位平面图主要用来表明桥梁和连接道路在建造区域内的地理位置和周边的地形、地貌情况，通过地形测量绘出桥位和道路、河流、水准点、钻孔以及附近的地形地物等，作为设计桥梁、施工定位的依据。桥位平面图绘图比例采用1:500、1:1 000、1:2 000等。

二、桥位地质断面图

桥位地质断面图是根据水文调查和地质钻探所得资料绘制。它包括河床断面图、最高最低水位线和常年水位线。桥位地质断面图和桥位平面图是桥梁设计和计算土石方量的重要依据。

桥位地质断面图为了显示地质和河床深度情况，特意把地面高度（标高）的比例较水平方向比例放大数倍画出。如图 12-33 所示，地面高度的比例采用 1∶200，水平方向的比例采用 1∶50，图中还画出了 CK_1、CK_2、CK_3 三个钻孔的位置，并在图下方列出了钻孔的有关数据资料。

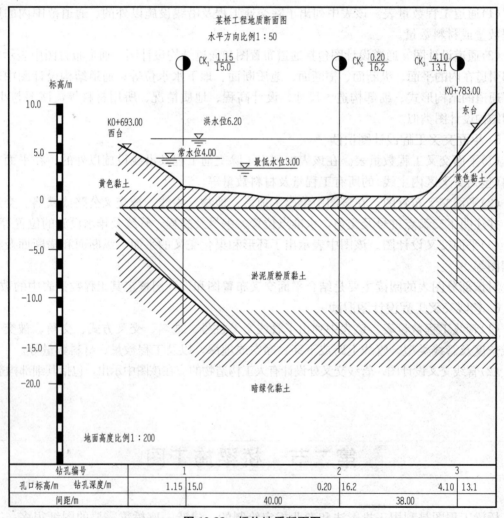

图 12-33　桥位地质断面图

三、桥梁总体布置图

桥梁总体布置图通常包括桥梁立面图、基顶平面图、工程数量表和说明等内容。图 12-34 所示是一座两孔、总长为 65.12 m 的中桥。下面以此桥为例，说明桥梁总体布置图表达的内容及其阅读方法。

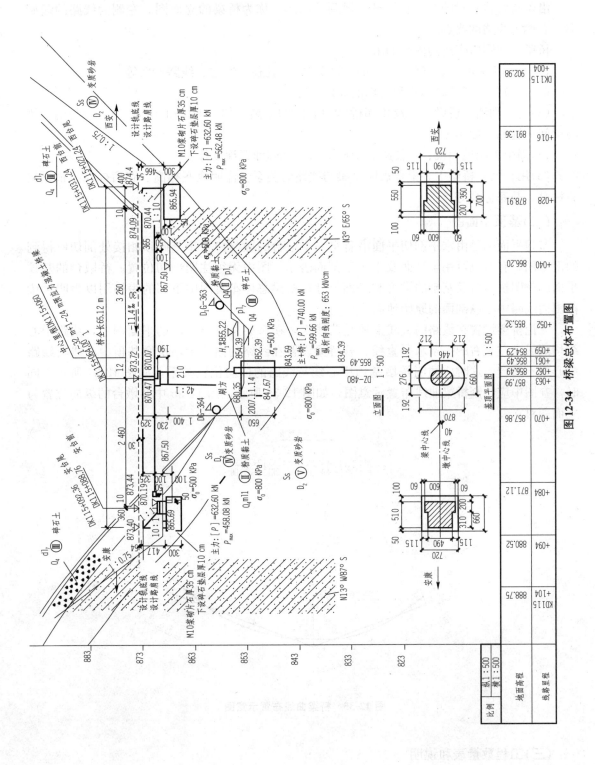

图 12-34 桥梁总体布置图

(一)桥梁立面图

沿着与线路垂直的方向进行投影得到的图形,称为桥梁的立面图。左侧为线路的起始端,右侧为线路的终点端。

桥梁立面图所表达的内容如下:

(1)表明桥梁的总长度(65.12 m)、孔数(2)、孔径、净空、线路坡度等。

(2)桥墩台及其基础形式和它们的立面尺寸。

(3)桥台胸墙至桥墩中心及相邻桥墩中心间的距离,如 2 460 和 3 260 等。台与梁、梁与梁间的缝隙,如 10、12 等。

(4)图中表明地面线、水位线、地质资料、基础埋置深度等。

(5)用台尾和桥梁中心里程表明桥梁与线路的关系。注明轨底标高、路肩标高、顶帽垫石标高、基底标高等。

(二)基顶平面图

基顶平面图是由水平剖切平面沿着每一个墩台的墩(台)身于基础顶相接处剖切所得到的剖面图,有时也可用半平面及半基顶剖面表示,图中无须注明剖切位置。桥墩台的基顶平面图表明桥墩台及基础的类型和平面尺寸;桥梁总体布置图中下部的表格用以表明桥梁范围内线路中心纵剖面的原始地面资料。

无论桥梁设置在线路的直线上还是曲线上,在桥梁总体布置图的平面图中,线路中心线均画成由左至右的一条水平直线。若桥梁设置在线路的曲线上,桥墩基顶中心线与线路中心线不重合,这时应注明桥墩基顶中心线与线路的横向位置关系,如图 12-34 所示。同时,在图中应绘制桥梁曲线布置示意图,如图 12-35 所示。图 12-35 中各墩台的纵向位置与立面图对正。

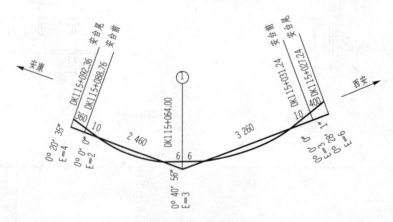

图 12-35 桥梁曲线布置示意图

(三)工程数量表和说明

在桥梁总体布置图中,需要附有对全桥技术资料及施工要求的说明,下面是图 12-34

所示桥梁总体布置图的说明。

(1)本图尺寸除里程、高程以米计及注明者外,其余均以厘米计。

(2)本桥为跨越混家沟而设。

(3)本桥孔跨布置为:1孔32 m+1孔24 m预应力混凝土简支梁,位于$R=2\,000$ m曲线上,线路纵坡为$-11.4‰$。

(4)图中所注墩台顶高程是指墩台顶帽顶面高程,不含支承垫石高度。

(5)普通简支梁梁部类型采用"通桥(2005)2101"系列部颁布标准图,配套支座采用《客货共线铁路常用跨度简支T梁支座安装图》[通桥(2007)8160]中规定的T梁钢支座。

(6)桥台采用挖方台,桥墩采用单线圆端形实体桥墩,桥台基础采用明挖满灌。桥墩采用挖井基础。1号墩设0.4 m横向预偏心,施工时请注意。

(7)本桥桥台构造及钢筋布置、桥墩墩身、顶帽、支承垫石构造及钢筋布置图、墩身护面钢筋及承台桩身钢筋布置详见附图或相关参考图。

(8)本桥设置的接触网牛腿钢筋和防止落梁措施的设计图详见相关参考图。

(9)墩台施工完成后支座锚栓孔和防震落梁支架等预留孔,应排除杂物、积水后将孔口临时封闭。架梁或安装支架前,打开预留孔,清除孔内杂物,排干积水,并冲洗干净后方可安装支座锚栓或防震落梁支架,杆件安装后应及时采用砂浆或混凝土灌注封闭。该部位的施工质量应从严掌握。

(10)预留孔的孔径及深度,应与安装杆件的尺寸和长度相适应,不得随意加大、加深。

(11)本桥主体结构设计使用年限为100年。梁部及墩、台身按照碳化环境T2设计,基础按照碳化环境T1设计。混凝土施工时按照相关规范、规定执行,以达到混凝土耐久性的要求。

(12)本桥桥墩位置左右交错设置避车台。

(13)施工前务必先现场放线核对墩台位置及道路净高是否满足要求,实际地形和地层与设计图纸是否相吻合,设计里程、高程与线路设计图纸的数据与实际放线是否吻合,施工时每个墩台桩底是否均置于相同土层内,以上若发现不符,均应及时提出变更设计申请。

(14)基础施工时,应注意探明地下是否埋有各种管线,严禁采用大型机械开挖;若发现地下管线,应及时与相关部门联系,确保管线及施工安全。

(15)基坑开挖时应在基坑周围设截水沟,并采取措施防止雨水浸泡基坑。基坑回填应分层夯填密实,并高于原地面20~30 cm,防止形成工后水坑。

(16)桥址处的地震动峰值加速度值为0.1 g,相当于地震基本烈度六度,地震动反应谱特征周期为0.45 s。

(17)桥台后承台底面到顶面采用C15混凝土回填,其余回填采用砂砾石,数量已计列。

(18)台尾路桥过渡段设计及施工要求详见路基专业相关文件。

(19)本桥两台尾路基边坡各设检查梯一座,上、下游交错设置。

(20)连续梁采用挂篮施工,跨越道路时采用管棚防护,保证施工及行车安全,数量已计列。

(21)下坡方向安康台前墙挡碴墙顶与梁顶端的距离偏小,应将下坡端安康台挡碴墙垂直后移3 cm,使挡碴墙顶的距离保持10 cm,立面图中的桥台里程不含挡碴墙后移量,需要施工放线时做调整。

(22)施工时必须满足有关施工规范及相关技术要求的规定。

(23)桥梁与路基、站场、隧道等连接处的排水设计详见路基、站场、隧道等专业设计图。路基、站场、隧道等排水不得直冲桥台椎体及墩台基础，施工时请注意。

(24)跨越国道、省道、高速公路、城市道路等重要道路的桥跨，桥面排水采用PVC管集中引至桥下排水侧沟内，不得直接排至道路路面或直冲墩台基础，施工时请注意。

四、构件图

构件图主要标明构件的外部形状及内部构造。构件图又包括构造图与结构图两种。只画出构件形状、不表示内部钢筋布置的称为构造图，当外形简单时可省略构造图。用于表示构件内部钢筋布置情况，同时也可表示简单外形的称为结构图。结构图一般包括钢筋布置情况、钢筋编号及尺寸、钢筋详图、钢筋数量表等内容。图中钢筋直径以"mm"为单位，其余均以"cm"为单位。受力钢筋用粗实线表示，构件的轮廓线用细实线表示。

(一)桥墩

1. 桥墩总图

桥墩图一般包括桥墩总图、墩顶构造图、顶帽构造图和顶帽钢筋布置图。现以圆形桥墩为例，说明桥墩总图和墩顶构造图的内容和表达方法。图12-36是图12-37所示桥梁总体布置图中1号桥墩的桥墩总图。它包括正面图、平面图、侧面图、两个截面图和说明等内容。

(1)正面图。顺着线路方向观察得到的桥墩投影图叫作桥墩的正面图，表明桥墩的正面形状及尺寸。根据桥梁总体布置图的说明，可知桥墩采用挖井基础，深度为650 cm，采用的是折断画法。墩身上小、下大，斜度是42∶1。墩身顶部是托盘，下小、上大，如果结合图12-37中1—1断面图、2—2断面图和侧面图，可看出它是由两个半斜圆柱和一个梯形棱柱组成的，其高度是140 cm。顶帽是长方体的板，由于该桥墩两侧连接的梁高不同，顶帽的高度也不同。靠近安康一侧的顶帽高度为90 cm，靠近西安一侧的顶帽高度是50 cm。顶帽上均布置有支承垫石。在工程数量表中注明各部分使用的材料。

桥墩的正面图有时也用半正面图和半剖面图表示，如图12-37所示。左半部分是半正面图，用以表明桥墩的正面形状及尺寸，右半部分是3—3剖面图，用引出线注明各部分所使用的材料。剖切的位置和投影方向在基顶平面图中有标注。用虚线表示材料分界线，不同的材料以不同方向或不同密度的剖面线区分。

(2)平面图。平面图用于表示桥墩顶帽、支承垫石的平面形状及尺寸，如图12-36所示。

平面图也可用基顶剖面图表示，如图12-37所示。它可清楚地表明桥墩基础的平面形状和墩身的形状及其底面的尺寸。

(3)侧面图。垂直于线路方向观察桥墩得到的投影图称为桥墩的侧面图。侧面图主要用于表示桥墩的侧面形状及尺寸。由图12-36中的侧面图可看出，托盘的侧面是上、下等宽的，顶帽的宽度是250 cm。

(4)截面图。图12-36中的Ⅰ—Ⅰ、Ⅱ—Ⅱ截面图主要用来表示墩身顶部(托盘底部)与托盘顶部的平面形状及尺寸。截面图的剖切位置标注在正面图中。

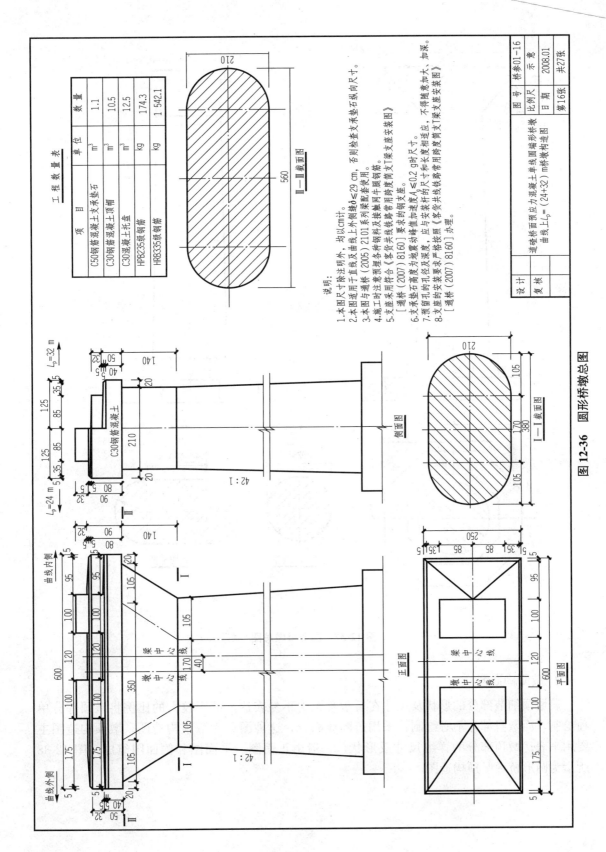

图 12-36 圆形桥墩总图

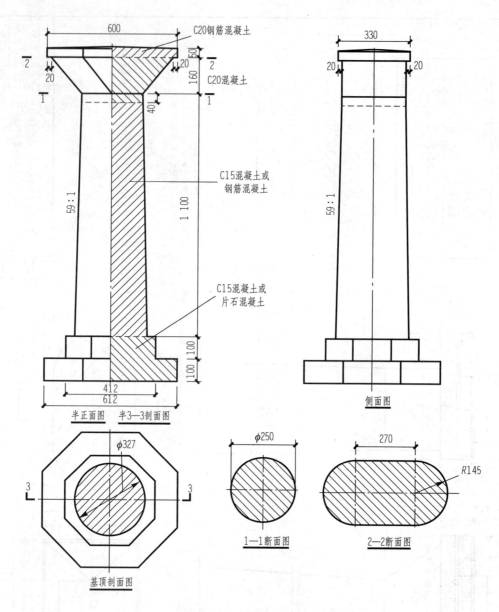

图 12-37 圆形桥墩总图

2. 墩顶构造图

若墩顶细节部分的形状及尺寸在桥墩总图中不易表达，可用较大的比例将墩顶部分单独绘制，而墩身部分不必绘制，采用折断线断开，这种图称为墩顶构造图。墩顶构造图主要用来表达墩顶部分的详细尺寸及形状，一般由正面图、平面图和侧面图组成。图 12-38 所示为圆形桥墩墩顶构造图。

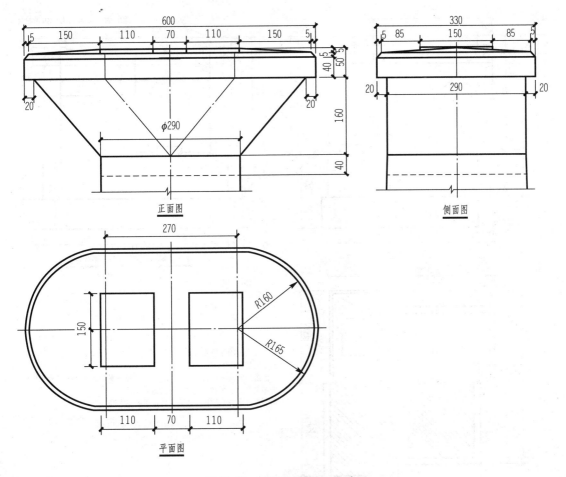

图 12-38 圆形桥墩墩顶构造图

(二)桥台

桥台是桥梁两端的支承,与路基相连。根据桥梁工程图中的习惯,从靠近河流的方向观察桥台,是桥台的正面;相反的方向为背面,或称后面,其余两边是桥台的侧面。

1. 桥台总图

桥台图一般包括桥台总图、台顶构造图、顶帽及道碴槽钢筋布置图等。图 12-39 所示的是 T 形桥台总图。

T 形桥台总图中有五个基本投影和说明。五个基本投影是侧面图、半平面及半基顶剖面图、半正面图和半背面图。

(1)正面图。观察者站在靠河流一侧,面向桥台进行投影,得到的图形为桥台的正面图;从桥台的侧面观察桥台得到的图形为桥台的侧面图,简称侧面。按照桥台的习惯表达,一般将侧面图放置在正面图的位置上,而将正面图放置在侧面图的位置上,并将平面图按逆时针旋转 90°,使其与另外两投影对应。

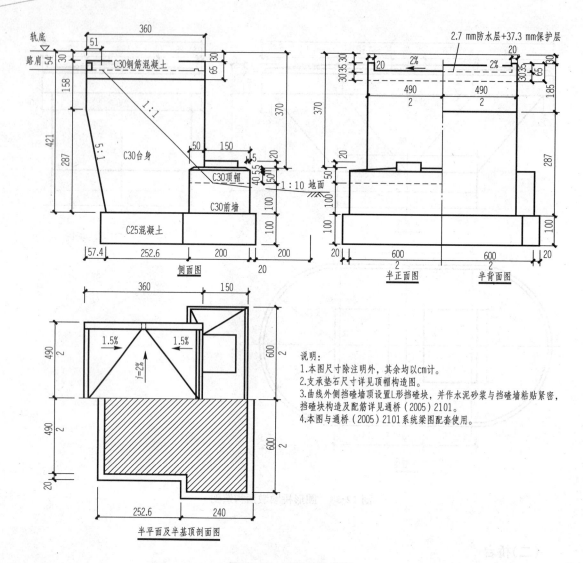

图 12-39　T形桥台总图

正面图由半正面图和半背面图组成，以单点长画线分界，叫作组合图。它表明桥台正面和背面的形状和尺寸。

(2)平面图。平面图由半平面图和半基顶平面图组成。半平面图表明桥台顶部道碴槽、顶帽的形状和尺寸；半基顶平面图表明台身底面和基础的平面形状和尺寸。道碴槽和顶帽的细部构造和尺寸，需另外用较大的比例画出。

(3)侧面图。侧面图有以下内容：

1)桥台外形轮廓。前墙顶部，顶帽以下 40 cm 处的虚线是材料分界处。

2)用一条水平的轨底线确定线路与桥台的关系。轨底与桥台顶的高度差为 30 cm。

3)用一条水平的路肩线伸入桥台，表示出桥台嵌入路基；路肩线右端点以 1∶1 和 1∶10 的坡度向下交于台前，这条线是桥台锥体护坡与台身的交线；桥台以外是地面线。

4)确定桥台外形的尺寸，如基础总长是 492.6 cm，总宽是 600 cm 等。

5)确定线路与桥台相对高度差的尺寸,如轨底至台顶的高差是 30 cm;轨底至顶帽顶的高差是 370 cm 等。

6)确定路基与桥台相对位置的尺寸,路肩伸入桥台 51 cm;锥体护坡的坡度线 1∶1、1∶10 等。

7)轨底线、路肩线、地面线都注有标高。

(4)说明。在图的右下方,用文字说明本图尺寸单位、桥台各部分使用的材料及有关技术要求。

2. 台顶构造图

为了清楚地表示台顶的构造,须用较大的比例图画出台顶构造图。台顶构造图一般由正面图、侧面图和平面图组成。图 12-40 所示是 T 形桥台台顶构造图。

(1)正面图。正面图是由半正面图和半背面图组成的,图中表明道碴槽的构造、形状和尺寸。半正面图表明台顶正面的形状和尺寸。

(2)侧面图。侧面图表明道碴槽的构造、形状和尺寸,轨底与台顶的相对位置,以虚线为材料分界线并分别注明各部分使用的材料。

(3)平面图。桥台是左右对称的,故平面图只画出一半。平面图表明道碴槽和顶帽的水平形状和尺寸、道碴槽的横向排水坡度等。其中,墙身不可见轮廓线未画出。

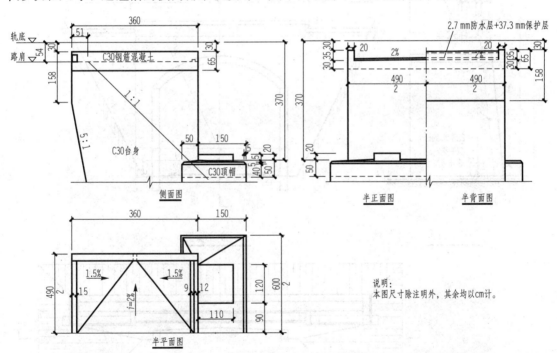

说明:
本图尺寸除注明外,其余均以cm计。

图 12-40 T 形桥台台顶构造图

第三节　隧道施工图

隧道是穿越山岭的建筑物，虽然形体很长，但中间断面形状很少变化，所以隧道施工图除了用平面表示它的位置外，还主要包括隧道洞门图、避车洞图、涵洞施工图等。

一、隧道洞门图

隧道洞门的三面投影图包括正立面图、平面图以及剖面图。图 12-41 为端墙式隧道洞门的三面投影图示例。

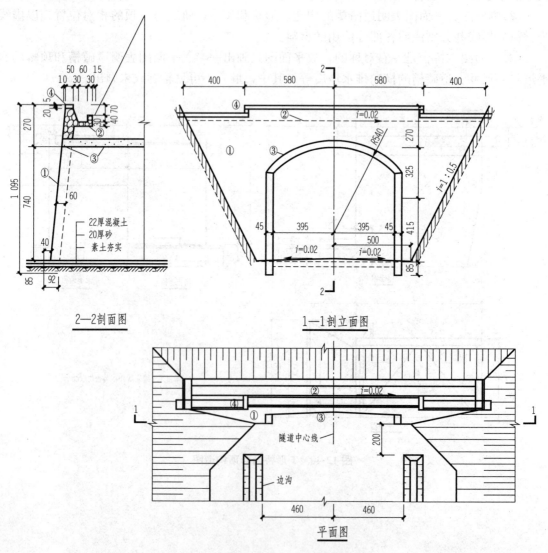

图 12-41　端墙式隧道洞门三面投影

在该洞门的1—1剖立面图中反映出洞口墙的式样,洞门墙上面高出的部门为顶帽,同时也表示出洞口衬砌断面的类型,它是由两个不同半径的圆弧和直边墙组成。图中标注了各部分的详细尺寸。洞门墙的上面有一条从左往右方向倾斜的虚线表示了洞门顶部有一排水沟。注坡度 $i=0.02$,箭头为水流方向。其他被洞门两侧路堑边坡和公路路面遮住的轮廓用虚线表示。

平面图仅画出洞门外露部分的投影,平面图表示了洞门墙顶帽的宽度,洞顶排水沟和洞门口外两边沟的位置。

2—2剖面图只画出了靠近洞口的一小段,主要表示了洞口门墙的厚度、洞门墙倾斜坡度以及上部排水沟的断面形状、拱圈厚度。在剖面图中用材料图例(符号)表示了各部分构造层次。

为了方便读图,三个投影图上对不同的构件分别注上了数字符号。如洞门墙为①,洞顶排水沟为②,拱圈为③,顶帽为④。

二、避车洞图

避车洞是为供行人和隧道维修人员、维修小车避让来往车辆而设的,沿线路方向交错设置在隧道两侧的边墙上。避车洞有大、小两种。

表达避车洞的相互位置关系,用布置图表示;表达各避车洞的具体形状、尺寸和构造,用详图表示。

如图 12-42(a)为避车洞布置图,该图采用不同比例(总体布置图纵向 1∶1 000、横向 1∶200、垂直向 1∶200,避车洞比例 1∶500)。图 12-42(b)为避车洞详图,图 12-42(c)为避车洞示意图。详图比例为 1∶50,表示了避车洞的形状、尺寸和材料、做法等。

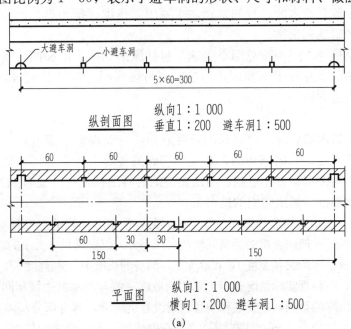

图 12-42 避车洞和示意图
(a)避车洞布置图 单位:m;

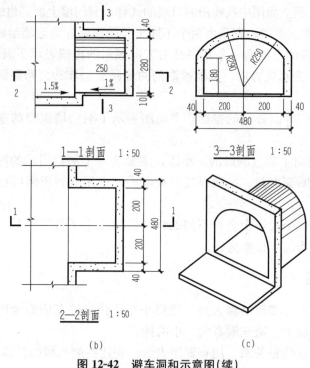

图 12-42 避车洞和示意图(续)
(b)避车洞详图　单位：cm；(c)避车洞示意图

三、涵洞施工图

涵洞是宣泄小流量流水的工程构筑物，主要用于排洪、排污水、调节水位等，是道路工程中比较重要的附属构筑物。

涵洞的主体结构通常用一张总图来表达，包括纵剖面图、平面图、横断面图等，少数细节及钢筋配置情况在总图中不易表达清楚时应另画详图。现以图 12-43 为例，介绍涵洞工程图的内容及表达方法。

1. 纵剖面图

涵洞的纵向是指水流方向，即洞身的长度方向，一般规定水流方向为从左往右。纵剖面图是沿着涵洞的中心线纵向剖切的，凡是剖切到的各部分如截水墙、底板、洞顶、防水层、缘石、路基等均按剖切方法绘制，画出相应的材料图例，另外能看到的各部分如翼墙、端墙、涵台、基础等也应画出它们的投影。

由于该涵洞进、出口的构造和形式是基本相同的，即整个涵洞的左右是对称的，故纵剖面图只画了左边的一半。一般同类型的涵洞其构造大同小异，仅仅是尺寸大小的区别，因此往往用通用标准图表示。故这里的路基宽度 B_0 和厚度 F，洞身的长度 $B/2$ 和高度 H、h_2 等，在图中都没有注明具体数值，可根据实际情况确定。翼墙的坡度一般与路基的边坡相同。整个涵洞较长，考虑到地基不均匀沉降的影响，在翼墙和洞身之间设有沉降缝，洞身部分每隔 4~6 m 也应设有沉降缝，沉降缝的宽度均为 2 cm。主拱圈是用条石砌成的，内表面为圆柱面，在纵向剖面图中用上疏下密的水平细线形象地表示其投影。拱顶的上面有 15 cm 厚的黏土胶泥防水层。端墙的断面为梯形，背面不可见部分用虚线表示，斜面坡度为 3∶1。端墙上面有缘石。

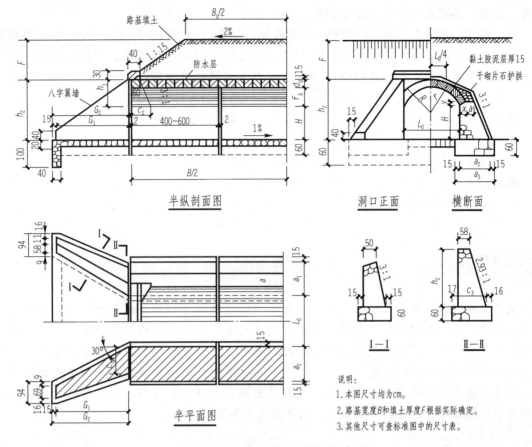

图 12-43 八字式单孔石拱涵构造图

2. 平面图

与纵剖面图一样,平面图也只画出左边一半,而且采用了半剖画法:后面一半为涵洞的外形投影图,是移去了顶面上的填土和防水层以及护拱等画出的,拱顶圆柱面部分同样用疏密有致的细实线表示,拱顶与端墙背面交线为椭圆曲线;前面一半是沿着涵台基础的上面(襟边)作水平剖切后画出的剖面图,为了突出翼墙和涵台的基础宽度,涵底板没有画出,这样就把翼墙和涵台的位置表示得更清楚了。

3. 侧面图

涵洞的侧面图也常采用半剖画法:左半部为洞口部分的外形投影,主要反映洞口的正面形状和翼墙、端墙、基础的相对位置,所以习惯上称为洞口正面图;右半部为洞身横断面图,主要表达洞身的断面形状、主拱、护拱和涵台的连接关系,以及防水层的设置情况等。

4. 详图

八字式翼墙是斜置的,与涵洞纵向呈 30°角。为了把翼墙的形状表达清楚,在两个位置进行了剖切,并且画出了Ⅰ—Ⅰ和Ⅱ—Ⅱ断面图,从这两个断面图可以看出翼墙及其基础的构造、材料、尺寸和斜面坡度等内容。

以上各个图样是紧密相关的,应该互相对照联系起来读图,才能将涵洞工程的各部分位置、构造、形状和尺寸等完全搞清楚。

由于图12-43是石拱涵的标准通用构造图,适用于矢跨比 $f_0/L_0=1/3$ 的各种跨径($L_0=1.0\sim5.0$ m)的涵洞,故图中一些尺寸是可变的,可用字母代替,并根据需要选择跨径、涵高等主要参数,然后从标准图册的尺寸表中查得相应的各部分尺寸。例如确定跨径 $L_0=300$ cm,涵高 $H=200$ cm 后,可查得相应的各部分尺寸如下:

拱圈尺寸:$f_0=100$,$d_0=40$,$r=163$,$R=203$,$x=37$,$y=15$;

端墙尺寸:$h_1=125$,$c_2=102$;

涵台尺寸:$a=73$,$a_1=110$,$a_2=182$,$a_3=212$;

翼墙尺寸:$h_2=340$,$G_1=450$,$G_2=465$,$c_3=174$。

以上尺寸单位均为 cm。

本章小结

道路工程图是用来说明道路的走向、线形、沿线的地形地物、道路的标高和坡度、路基的宽度和边坡、路面结构、土壤、地质情况以及道路上的附属构筑物的位置及其与道路的相互关系的图样。而道路或铁路跨越江河、湖海、山谷等障碍物时,需要修建桥梁;穿过山岭、湖海等障碍物时,要开凿隧道。桥、涵、隧道施工图是修建这些建筑物的技术依据。本章主要介绍道路路线施工图中的道路平面图、道路横断面图、道路纵断面图、道路平交与立交图以及桥、涵、隧道施工图的图示方法和阅读方法。

思考与练习

一、填空题

1. _____主要表示道路的平面位置、线形、沿线的地形地物等。

2. 地形地貌用_____表示地形的起伏。

3. 由于平面图的比例较小,在地形面上的地物如房屋、道路、桥梁、电力线和地面植被等都是用_____表示的。

4. 里程桩分_____和_____两种,应从路线的起点至终点依次顺序编号。

5. _____是用假想的剖切平面,垂直于道路中心线剖切而得到的图形。

6. 道路纵断面图包括_____、_____和_____三部分内容。

7. 人们把道路与道路、道路与铁路相交时所形成的公共空间部分称作_____。

8. 在互通式立交工程线形布置图中,匝道的设计线应采用_____表示,干道的道路中线应采用_____线表示。

9. _____是供行人和隧道维修人员、维修小车避让来往车辆而设的,沿线路方向交错设置在隧道两侧的边墙上。

二、判断题

1. 道路路线平面图所用比例一般都比较小,根据地形的起伏情况和道路的性质不同,

采用统一的比例来表示。   (   )
    2. 在路线平面图上应画出指北针或测量坐标网，以便表达出道路路线在该地区的方位与走向。   (   )
    3. 道路路线的平面线型主要是由直线、圆曲线及缓和曲线组成，在路线的转折处应设圆曲线。   (   )
    4. 如不考虑地物关系，很多桩号处所作的横断面图是完全相同的。   (   )
    5. 在同一张图纸上的路基横断面，应按桩号的顺序排列，并从图纸的左下方开始，先由下向上，再由左向右排列。   (   )

三、简答题

1. 简述道路横断面图识读方法。
2. 简述道路纵断面图识读方法。
3. 平面交叉口的形式有哪些？
4. 简述涵洞施工图的内容及表达方法。

参考文献

[1] 郭春燕. 建筑制图[M]. 北京：北京理工大学出版社，2011.
[2] 鲍凤英. 怎样识读建筑施工图[M]. 北京：金盾出版社，2011.
[3] 褚振文. 建筑识图[M]. 2版. 北京：中国建筑工业出版社，2013.
[4] 于习法，周佶. 画法几何与土木工程制图[M]. 南京：东南大学出版社，2010.
[5] 乐颖辉. 建筑工程制图[M]. 青岛：中国海洋大学出版社，2010.
[6] 周玉明. 画法几何与建筑制图[M]. 北京：清华大学出版社，2008.
[7] 莫章金，毛家华. 建筑工程制图与识图[M]. 2版. 北京：高等教育出版社，2010.

建筑制图与识图习题集

主　编　苏小梅
副主编　黄晓丽　李逢宝　姚　艳
　　　　陈瑞亮
参　编　胡芳珍　马　驰　杜　婧
主　审　赵　研

北京理工大学出版社
BEIJING INSTITUTE OF TECHNOLOGY PRESS

目 录

第一章 习题1 ································· 1
第二章 习题2 ································· 8
第三章 点、直线、平面的投影 ················· 13
第四章 立体的投影 ··························· 34
第五章 轴测投影图 ··························· 41
第六章 组合体的投影 ························· 47
第七章 工程形体图样的画法 ··················· 59
第八章 建筑施工图 ··························· 68
第九章 结构施工图 ··························· 75
第十章 设备施工图 ··························· 88
第十一章 建筑装饰施工图 ····················· 92
第十二章 道路及桥隧工程图 ··················· 96

第一章 习题1

字体练习（一）

横建筑制图习题房屋墙体基础楼梯屋顶画技影

平竖直接线充满方格落水线垂面窗起直侧民用

工业厂立强度土木上下左右前后混凝土比例尺

字体练习（二）

坪 寸 注 写 长 度 宽 高 厚 形 状 大 小 体 积 位 定 轴 线 地
步 安 全 栏 杆 防 潮 层 卫 生 设 备 一 二 三 四 五 六 七
踏 八 九 十 有 缝 柱 梁 东 西 北 结 构 阳 台 雨 缝 勤 脚 过

字体练习（三）

斗钢明沟砖灰砂石浆给排水暖气油毡马赛克保护层找平隔热雨水管集筋混凝土过梁圈构造柱隔墙建筑制图是一门专业基础课程变形缝伸缩沉降防震工业厂房民用楼板地坪屋顶棚窗亮子铁消防通道安全栅栏

第一章 习题 1

字体练习（四）

ABCDEFGHIJKLMNOPQRSTUVWXYZ

abcdefghijklmnopqrstuvwxyz

1234567890

1234567890

ABCDEFGHIJKLMNOPQRSTUVWXYZ

abcdefghijklmnopqrstuvwxyz

第一章 习题1   班级   姓名   学号

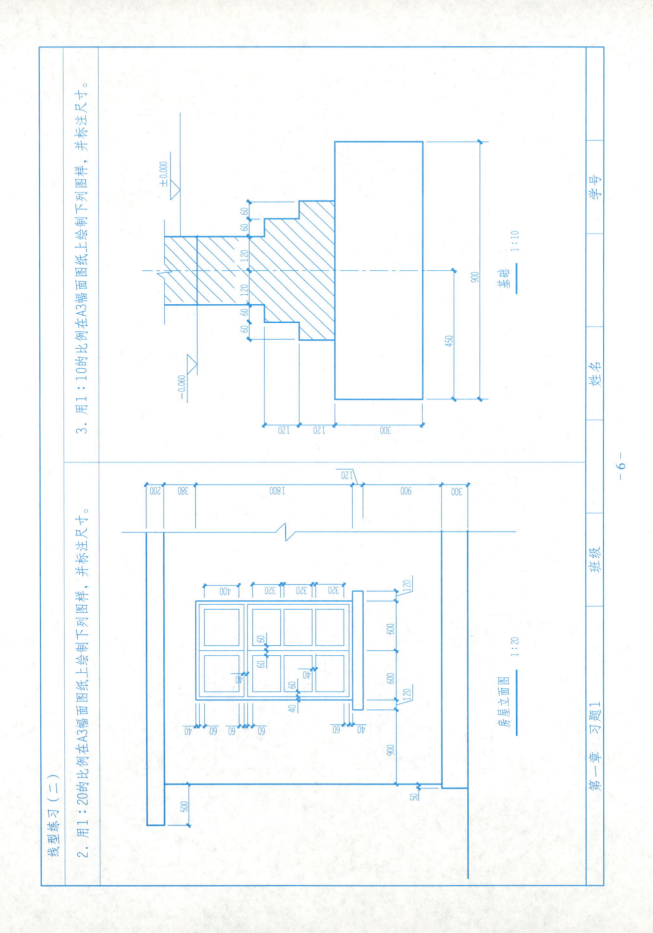

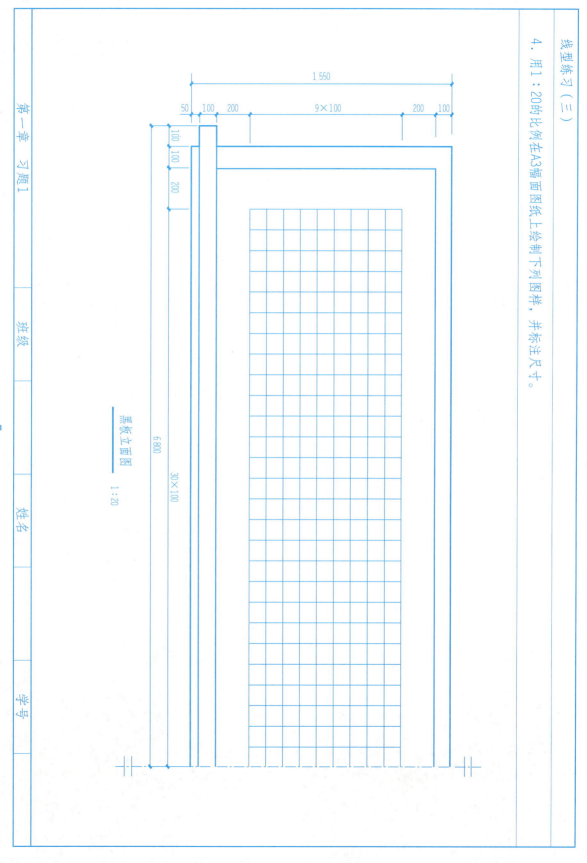

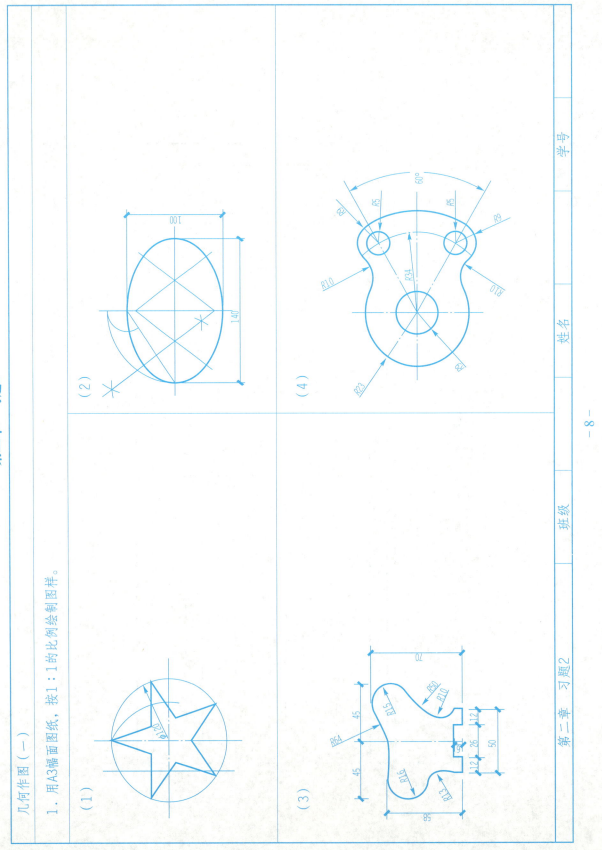

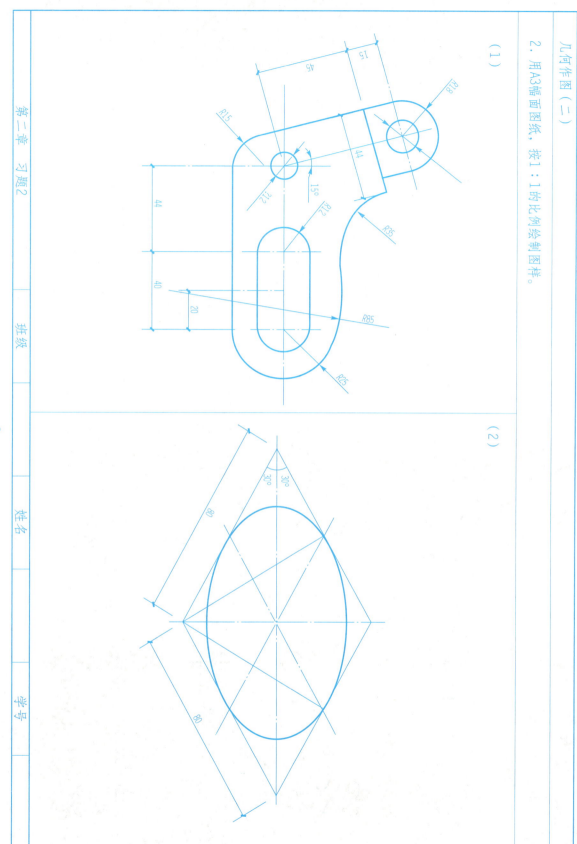

投影与正投影图

1. 根据立体图找投影图。

第二章 习题2

投影与正投影图

2. 根据形体的立体图，画出其三面投影图。

(1)

(2)

(3)

(4)

第二章 习题2

投影与正投影图

3. 根据立体图补全三面投影图。

(1)

(2)

(3)

(4)

第二章 习题 2

第三章 点、直线、平面的投影

点的投影

1. 已知点的两面投影，求第三投影，并在表格中填写各点到投影面的距离。

2. 已知点A、B、C、D、E五点的一个投影a'、b、c"、d'、e，且 $Aa'=25$，$Bb=15$，$Cc"=20$，$Dd'=5$，$Ee=30$，完成它们的三面投影。（单位：mm）

3. 在形体的三面投影图上标出点的第三面投影。

4. 已知A (25, 0, 15)、B (20, 15, 25)、C (0, 5, 10) 的坐标，求作它们的立体图和投影图。

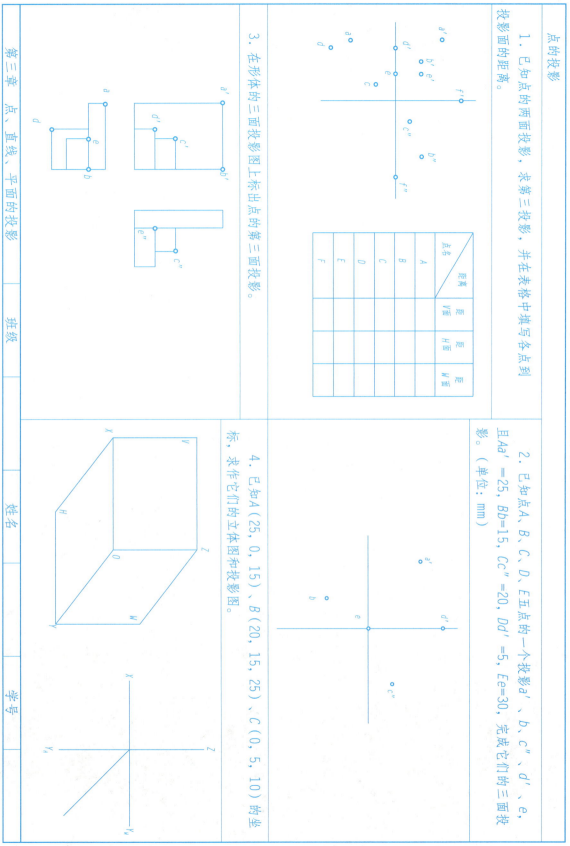

点的投影

5. 根据各点的立体图，画出三面投影图，并判断各点的空间位置。（单位：mm）

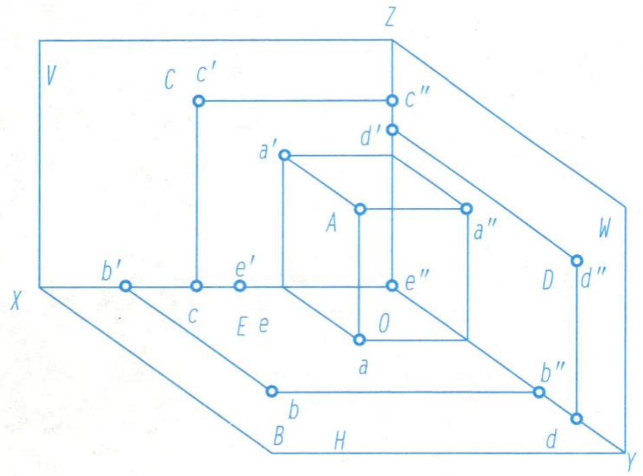

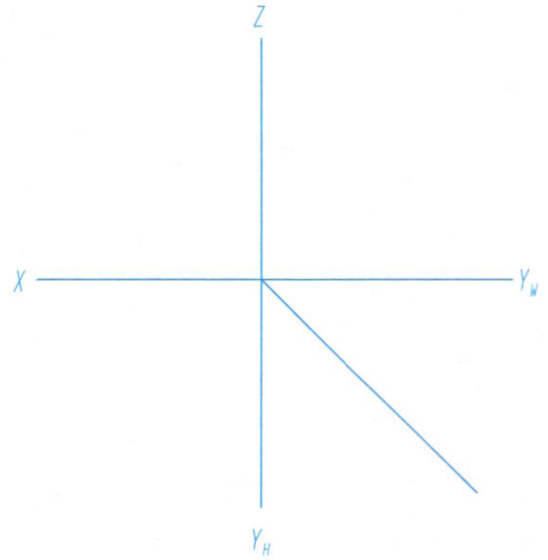

点名	空间位置
A	
B	
C	
D	
E	

6. 补全点的第三投影，并判定两点的相对位置。

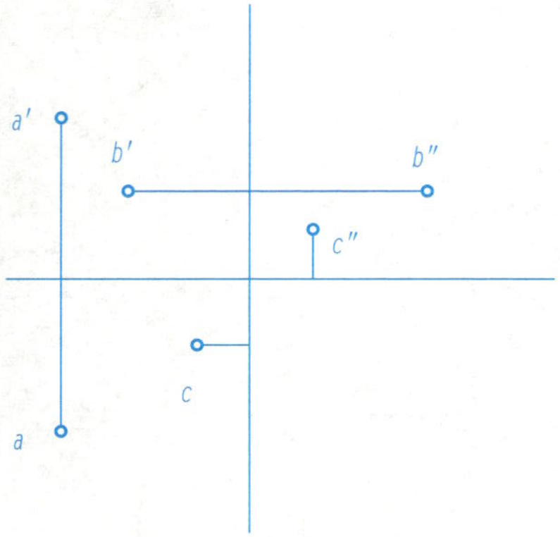

A点在B点的 _____，
C点在A点的 _____，
B点在C点的 _____。

7. 求下列各点的第三投影，判定重影点的可见性。

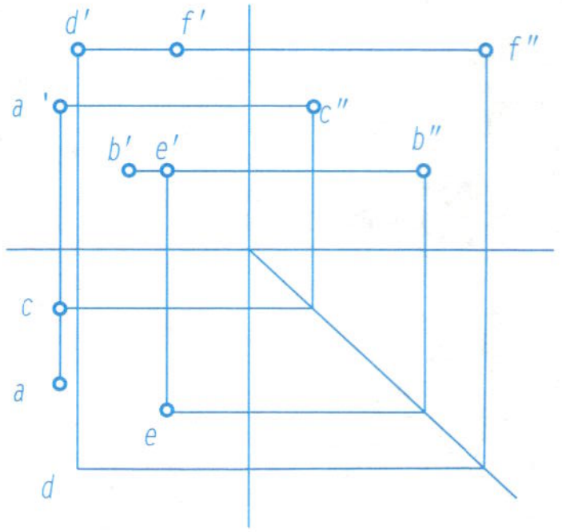

第三章 点、直线、平面的投影

点的投影

8. 已知点A的投影，求点B，点C，点D的三面投影，使点B在点A的正下方10，点C在点A的正前方10，点D在点A的正左方15。（单位：mm）

9. 已知点A距V面10 mm和a'，点B距V面20 mm，距H面10 mm，并且A，B两点的水平距离为25 mm，求a及点B的投影。

10. 已知A，B两点同高，B在A的右边，Aa'=20 mm，Bb'=10 mm，且A，B两点的H面投影相距50 mm，求A，B两点的两面投影。

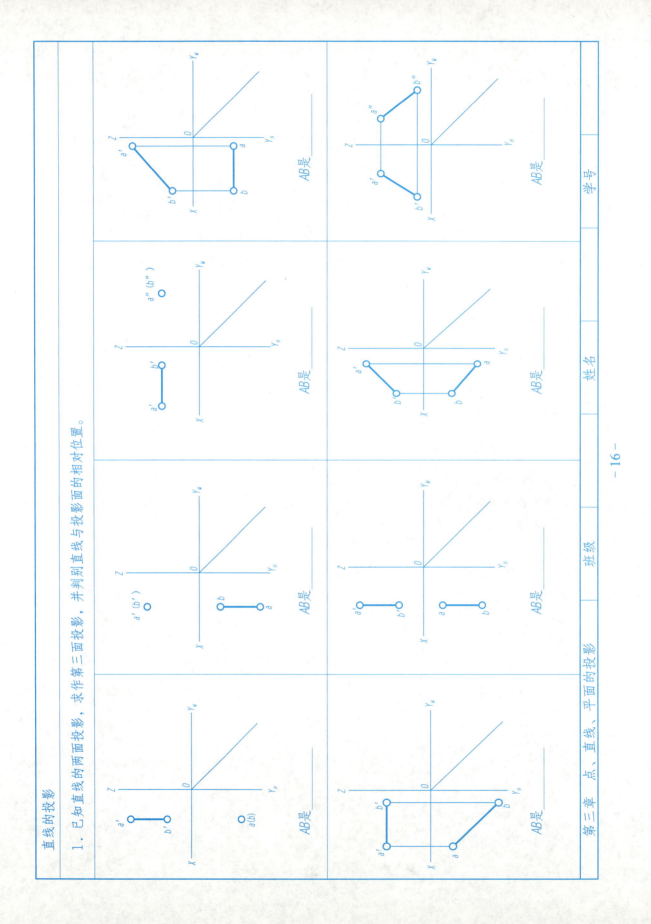

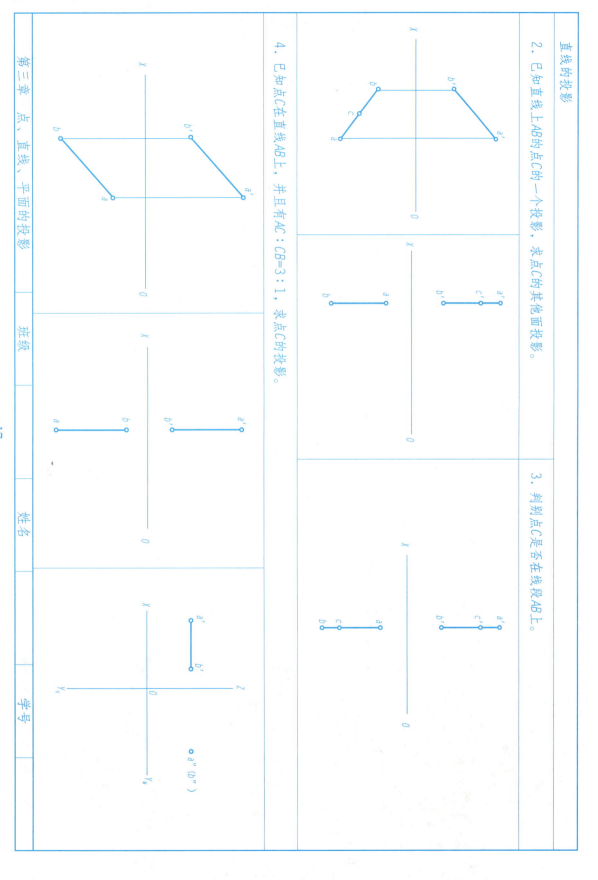

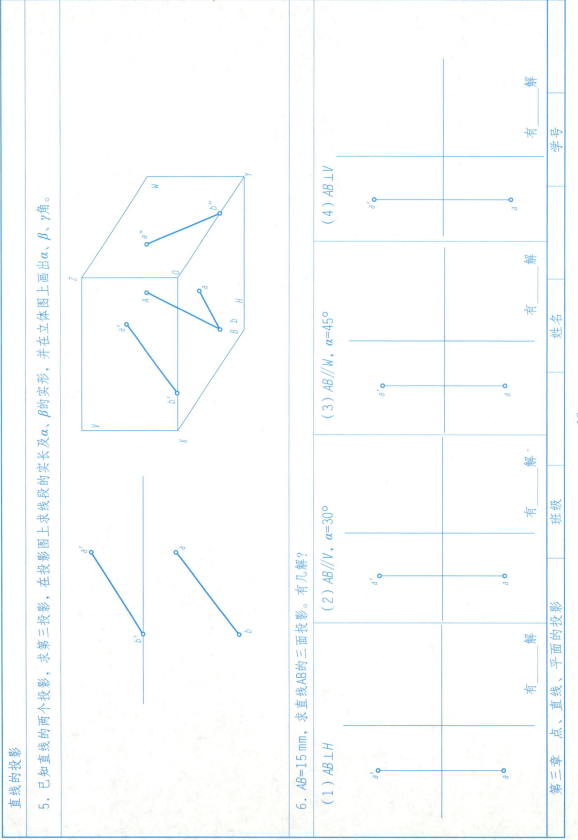

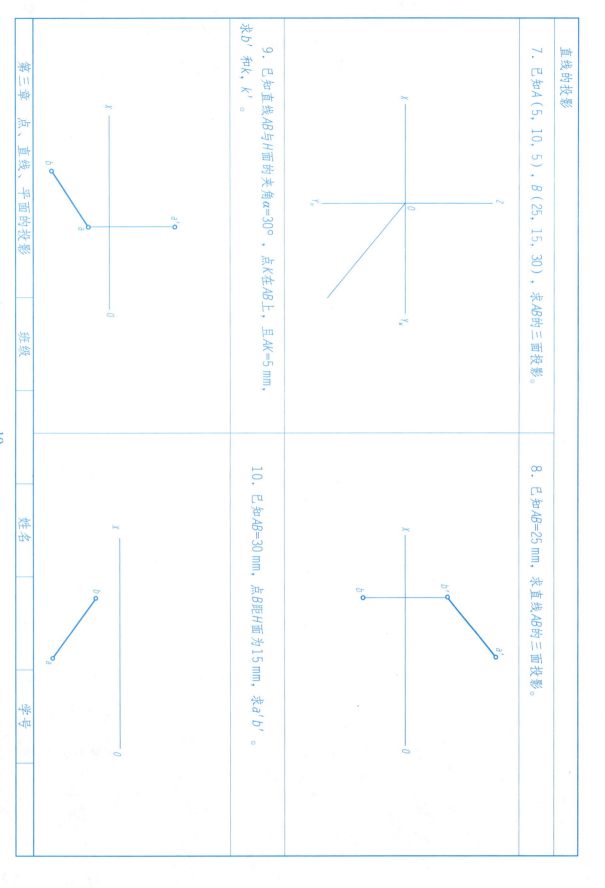

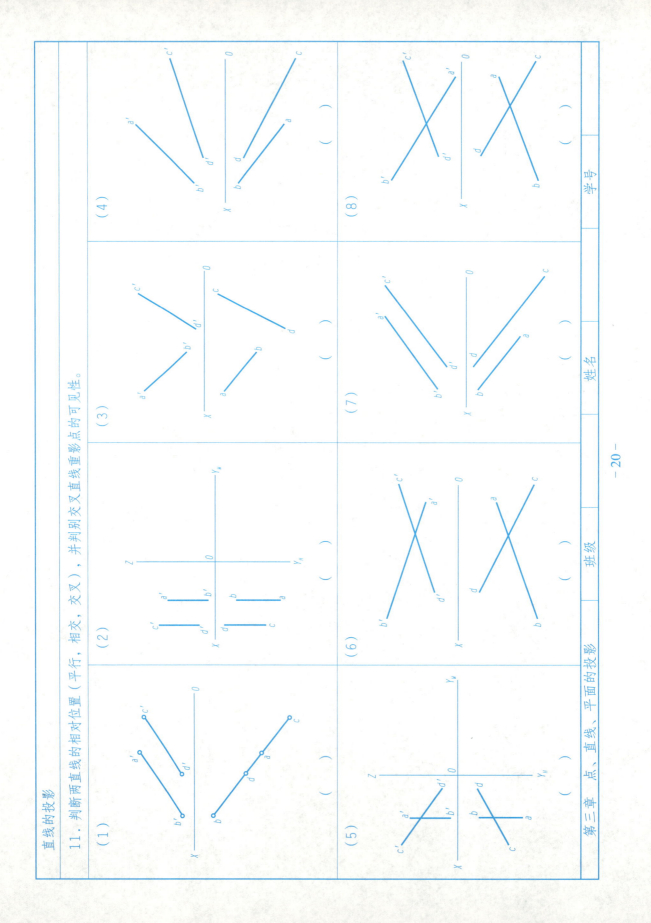

直线的投影

12. 过点M作直线MN平行CD，并判断直线MN与AB是否相交。

13. 过点M作正平线MN与直线AB相交，作水平线MK与AB也相交。

14. 判断直线AB与CD是否垂直。

(1) ( ) (2) ( ) (3) ( ) (4) ( )

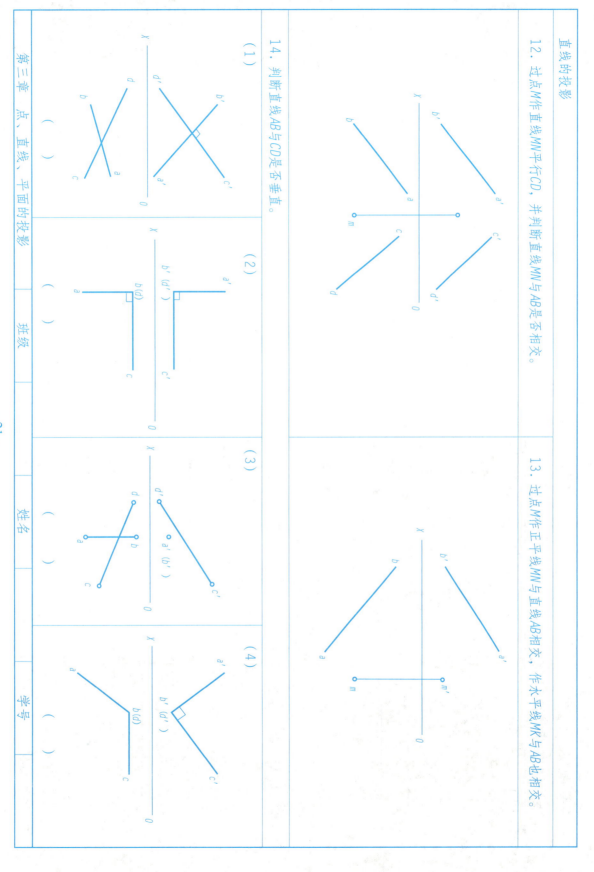

第三章 点、直线、平面的投影

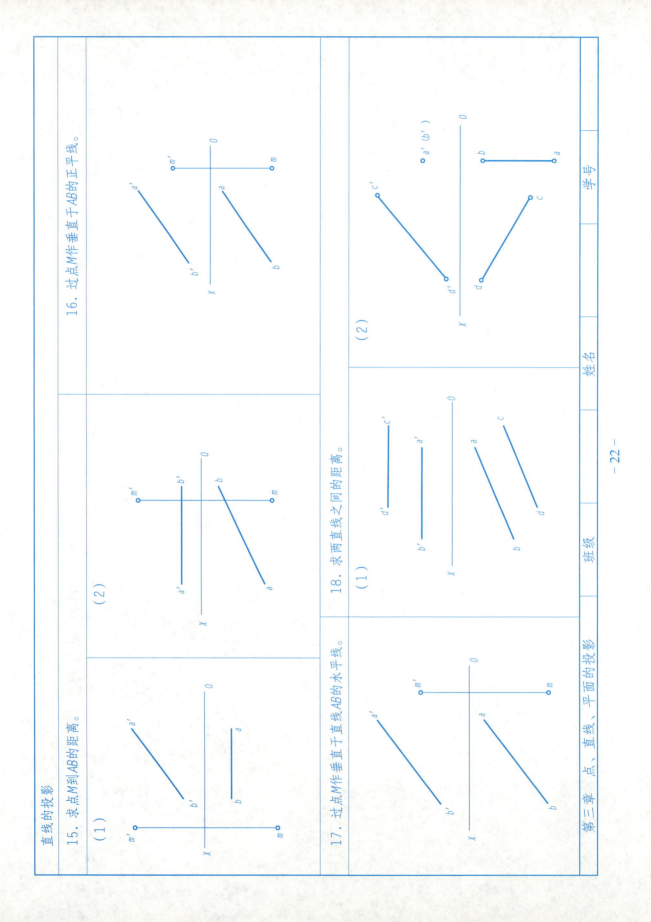

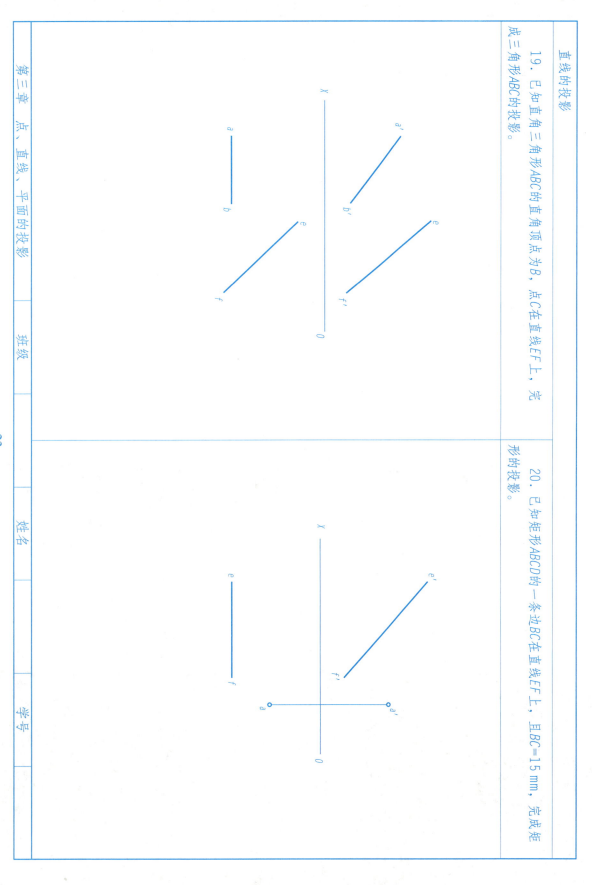

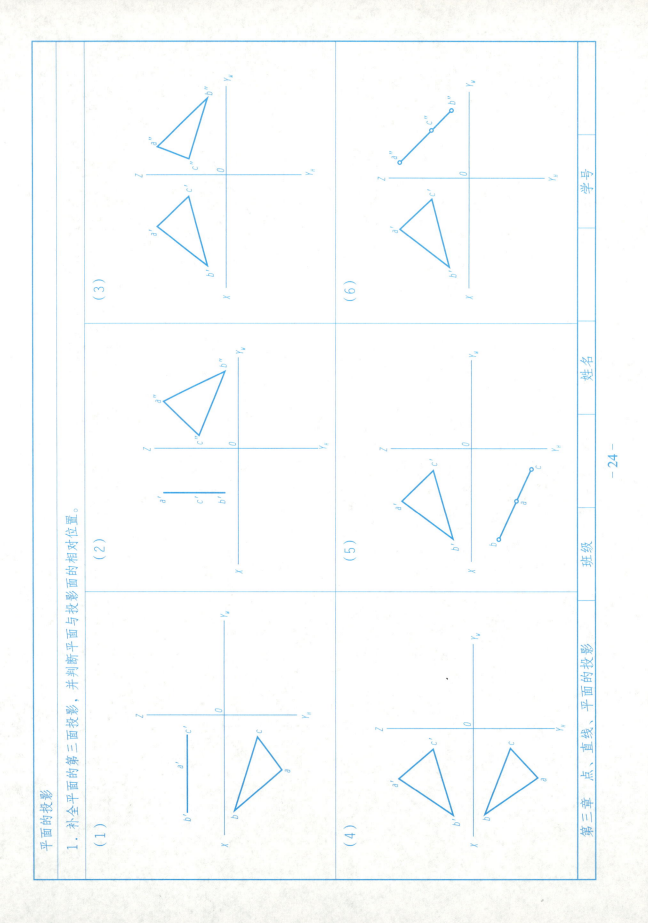

平面的投影

2. 过点A作正垂面，且β=30°。

3. 过点A作一般位置平面。

4. 过直线AB作铅垂面。

5. 过直线AB作一般位置平面。

6. 在平面ABC内作水平线，距离H面为20 mm。

7. 点M在平面ABC上，过点M在平面上作正平线。

第三章 点、直线、平面的投影

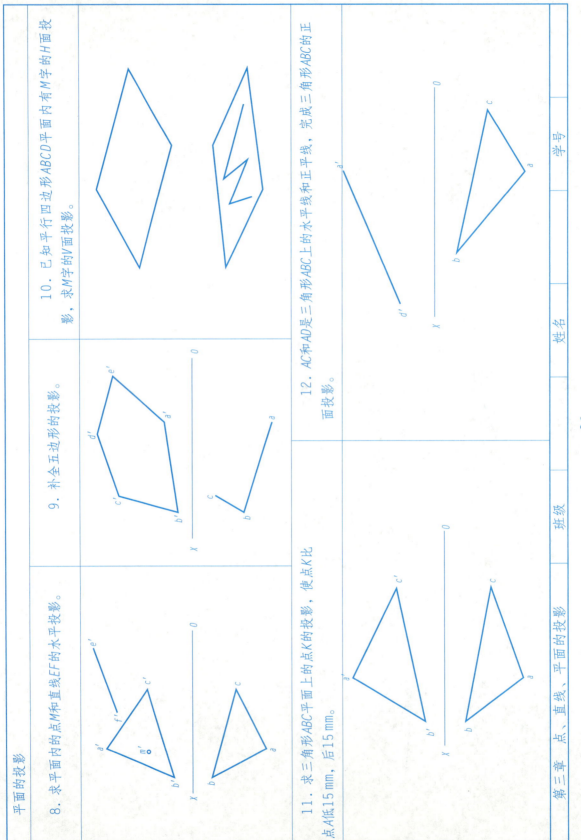

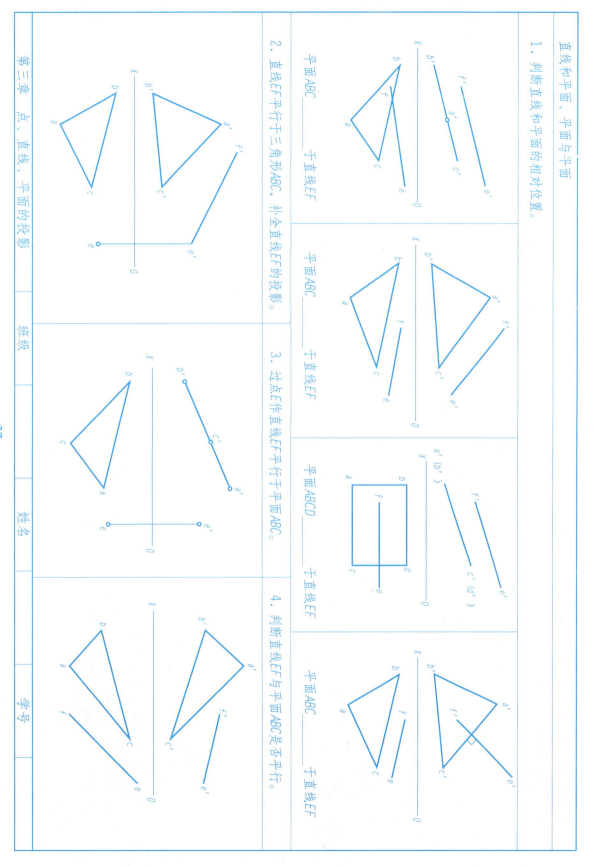

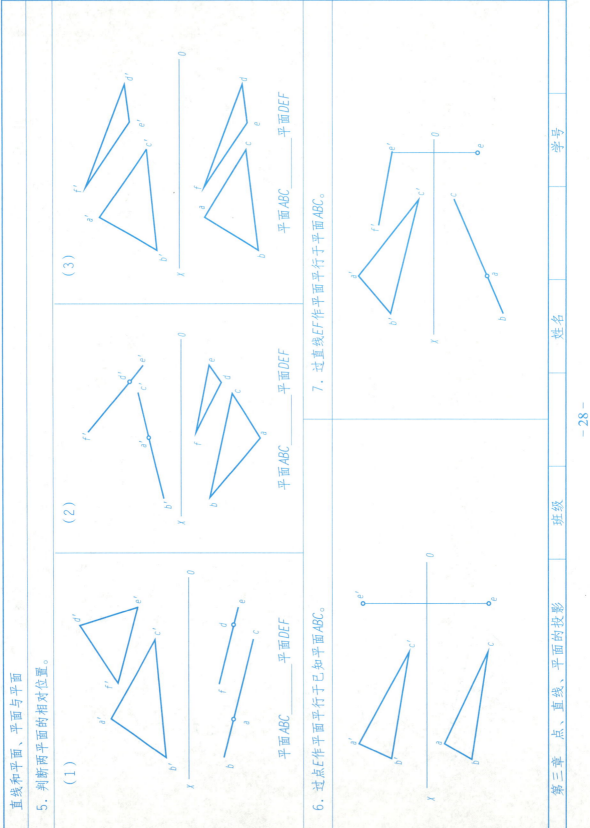

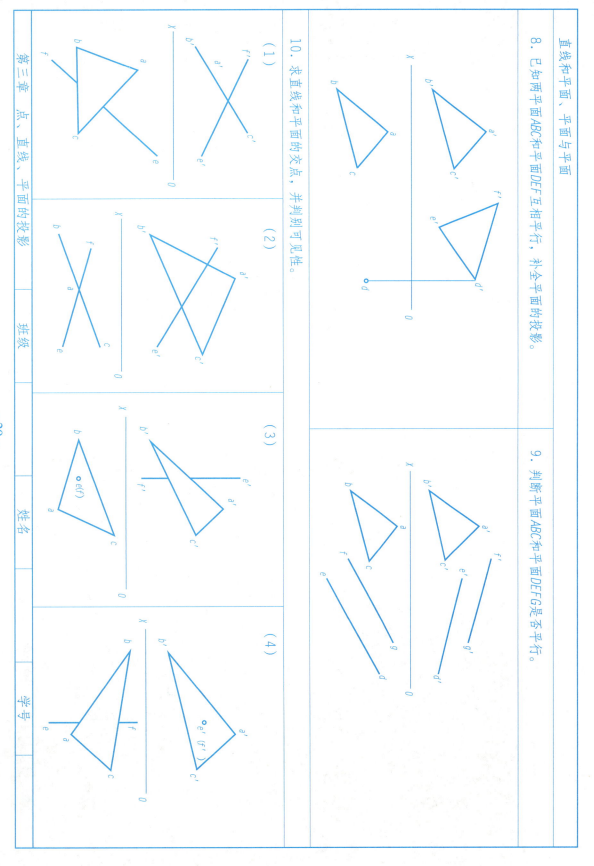

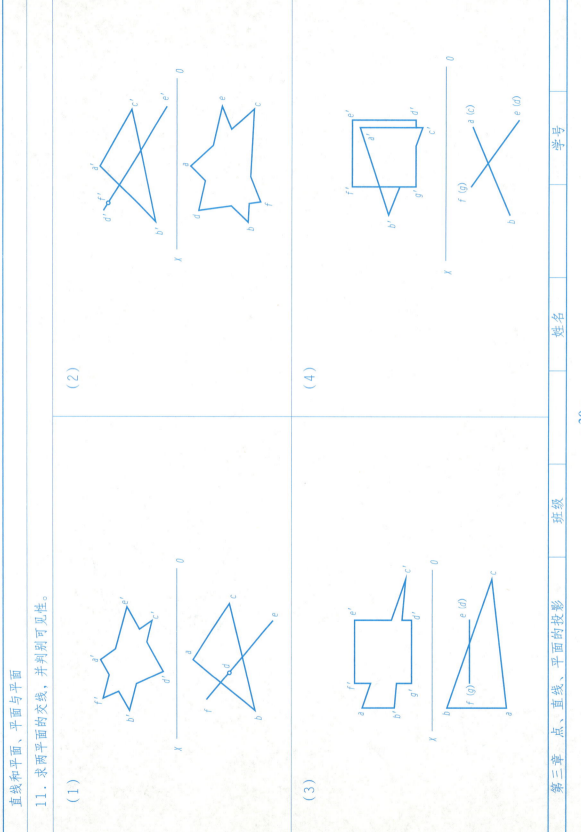

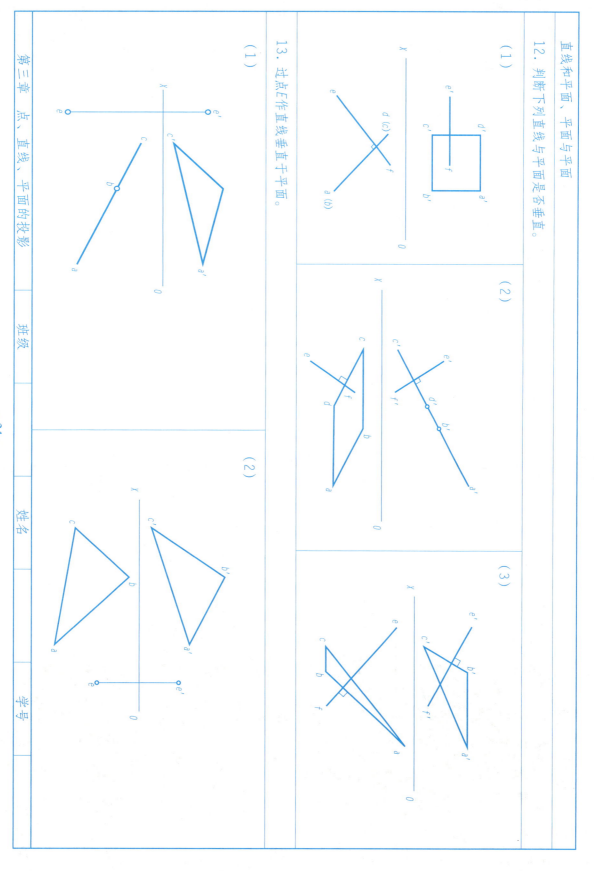

直线和平面、平面与平面

14. 过直线AB作平面垂直于已知平面。

(1)

(2)

15. 判断下列两平面是否垂直。

(1)

(2)

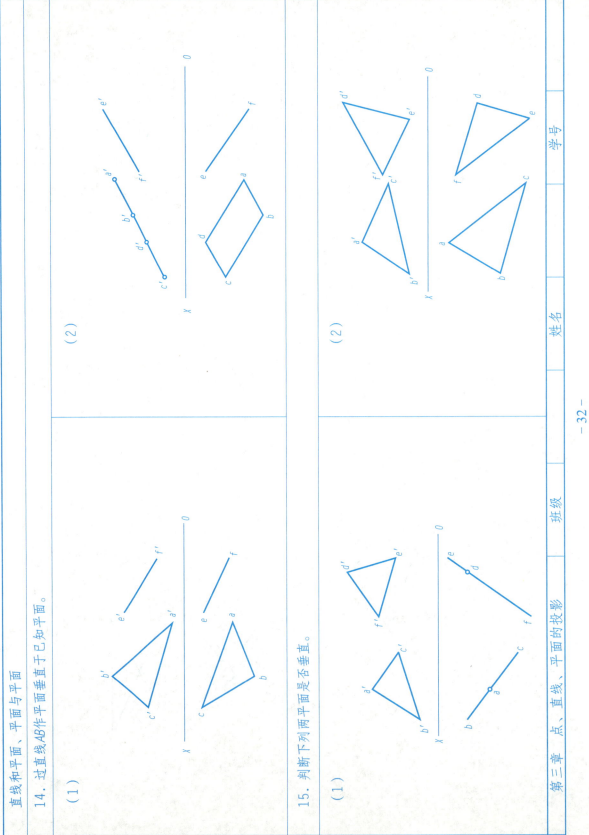

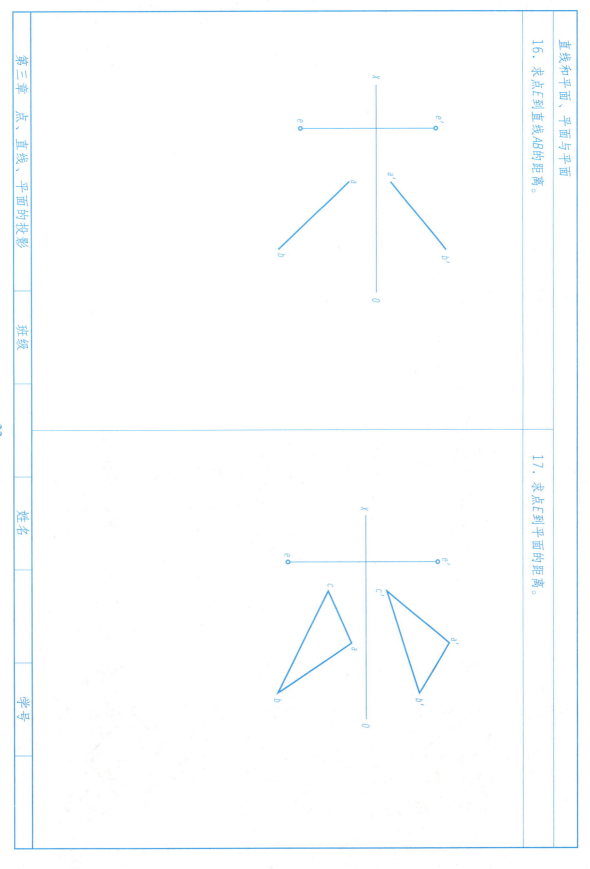

第四章 立体的投影

立体的投影

1. 已知正四棱柱的H面投影，高为25 mm，完成其三面投影。

2. 已知六棱柱的两面投影，补全第三面投影。

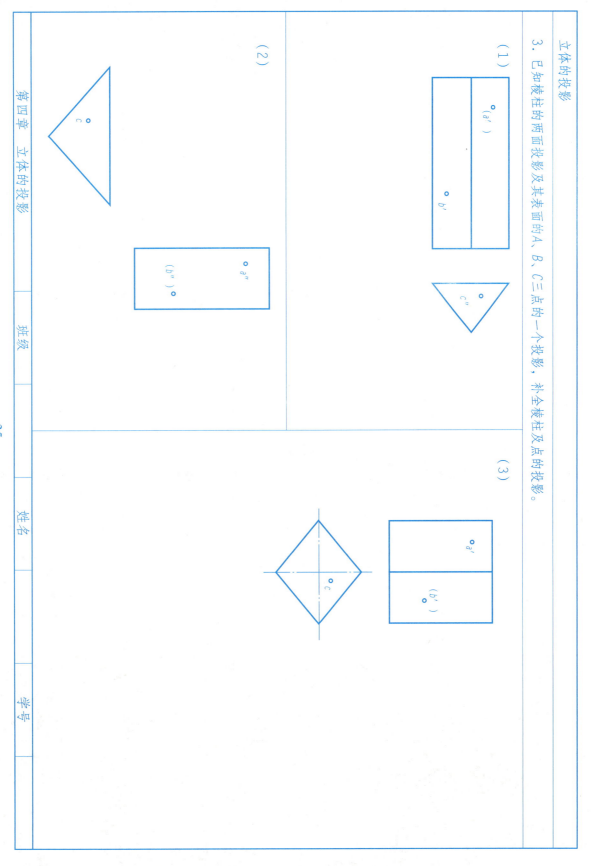

立体的投影

4. 已知三棱锥的两面投影，补全其投影及表面上点所缺投影。

5. 已知四棱锥的两面投影，补全其投影及表面上的点所缺投影。

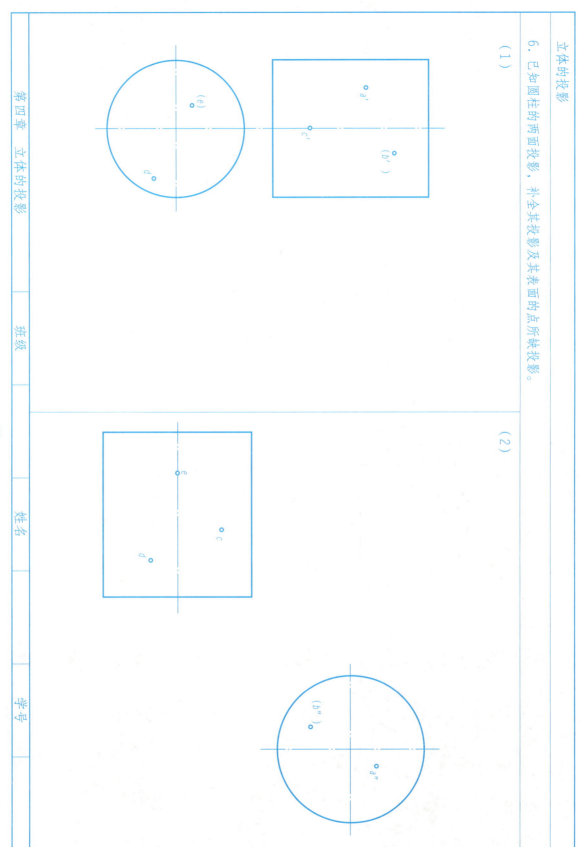

(3) 立体的投影

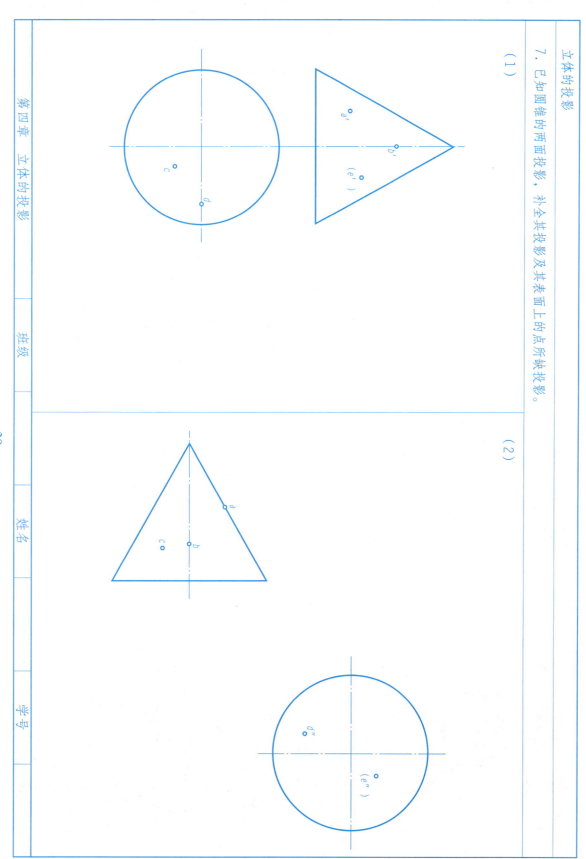

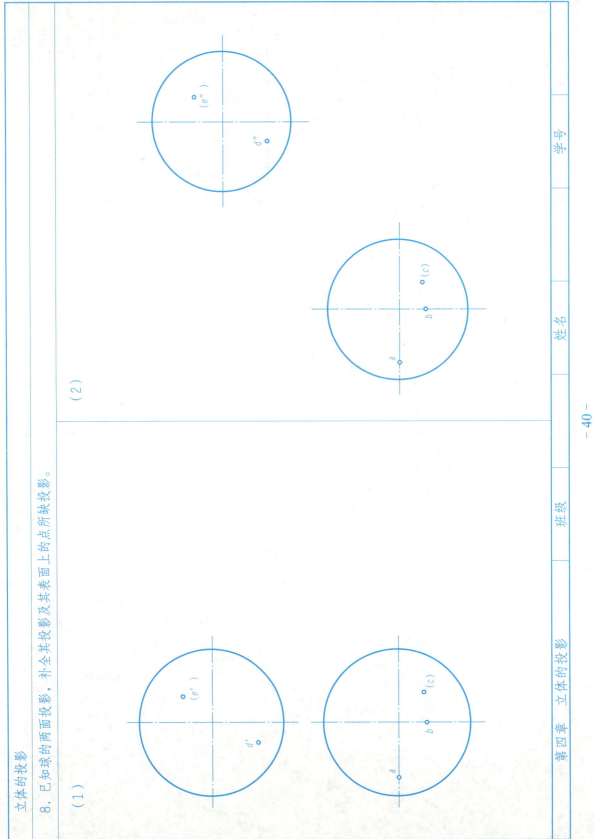

第五章 轴测投影图

轴测投影图

1. 根据形体的正投影图，作正等轴测投影图。

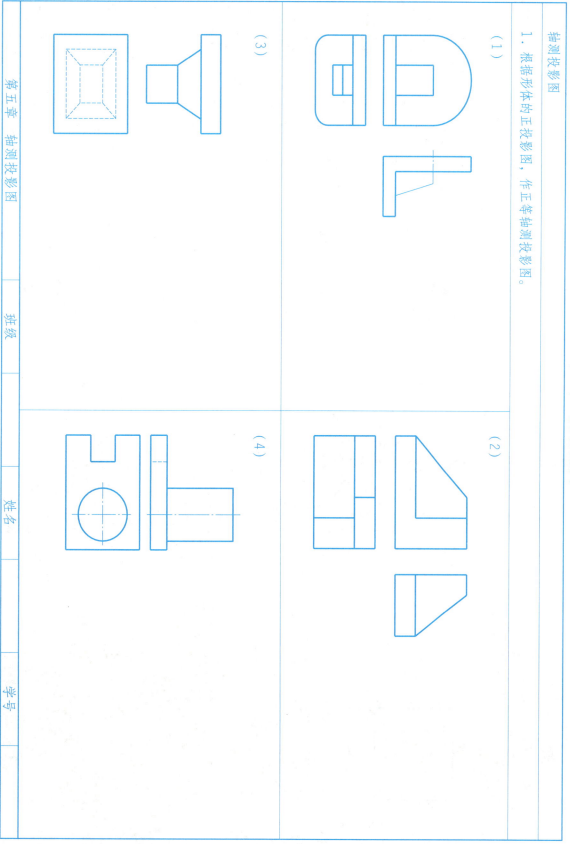

轴测投影图

2. 根据形体的正投影图，作正等轴测投影图。

(1)

(2)

(3)

第五章 轴测投影图

轴测投影图

3. 补第三投影图，然后绘制正等轴测投影图。

(1)

(2)

轴测投影图

4. 根据形体的正投影图，绘制正二轴测投影图。

(1)

(2)

(3)

(4)

第五章　轴测投影图

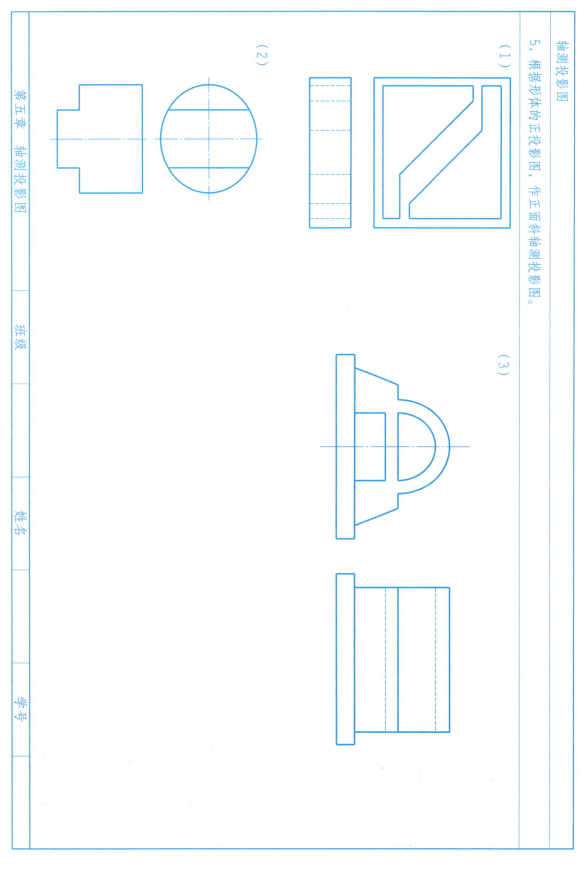

轴测投影图

6. 根据形体的正投影图，作正面斜轴测投影图。

7. 根据某小区的水平投影图，作水平斜轴测投影图，高度自定。

第五章 轴测投影图

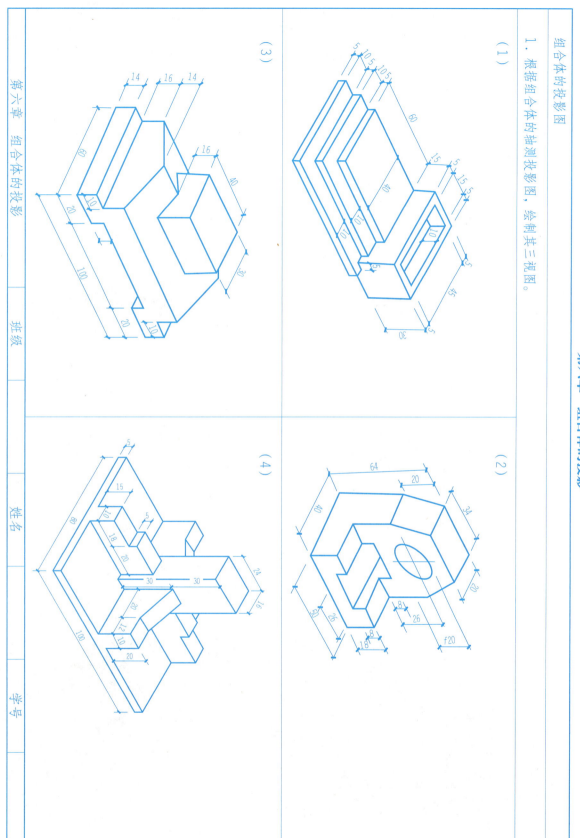

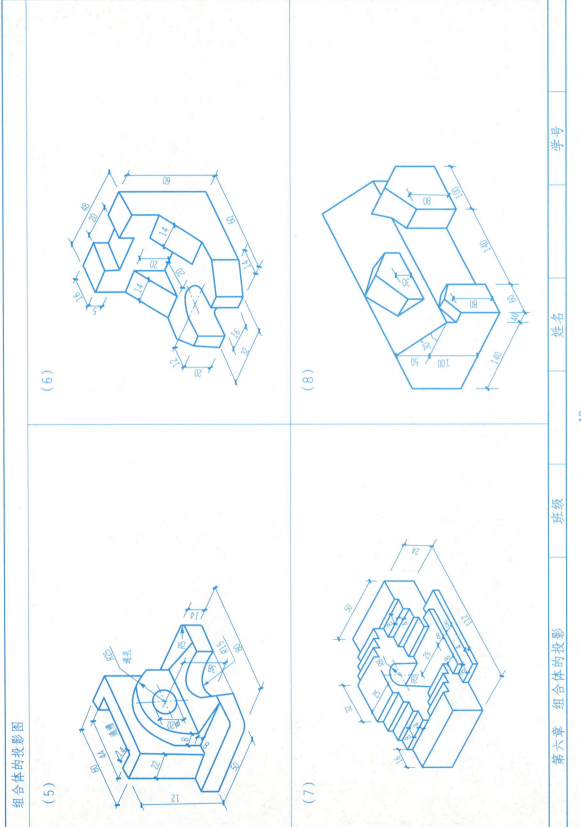

2. 组合体的尺寸标注（尺寸在视图上量，取整数）。

(1)

(2)

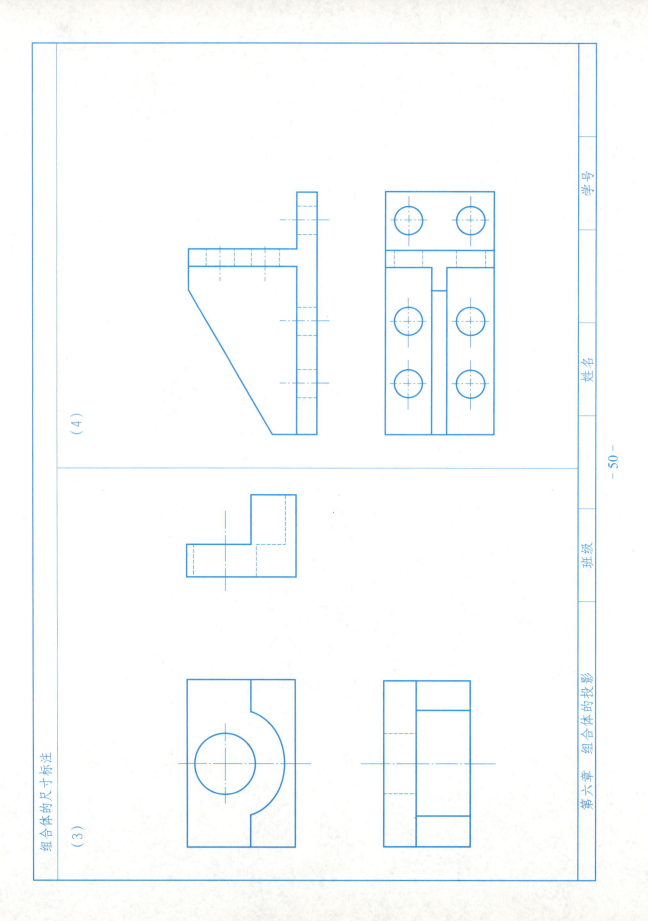

组合体的读图

3. 根据形体的两面投影图，补第三投影图。

(1)

(2)

(3)

(4)

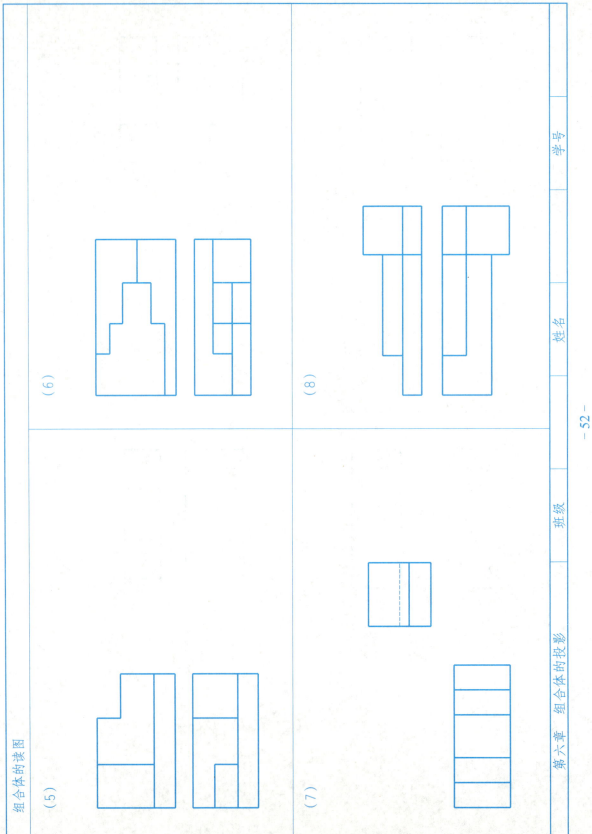

组合体的读图

(9)

(10)

(11)

(12)

第六章 组合体的投影

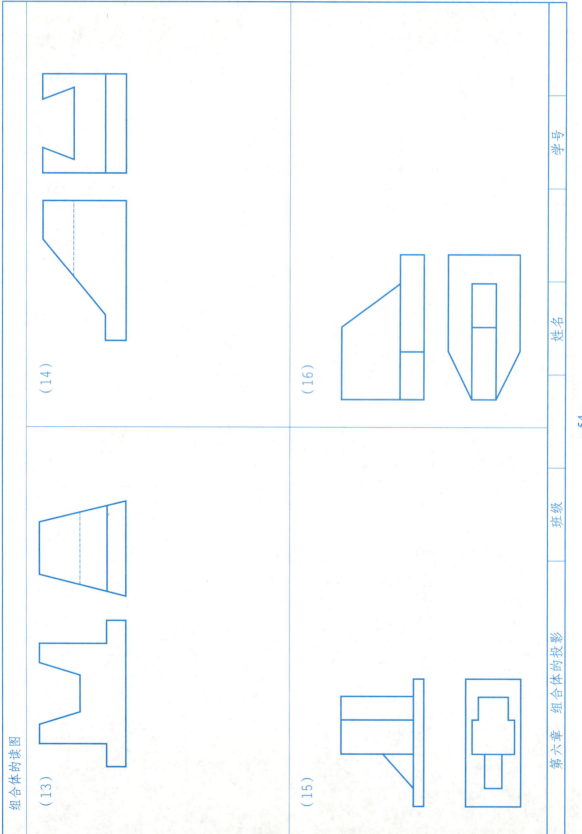

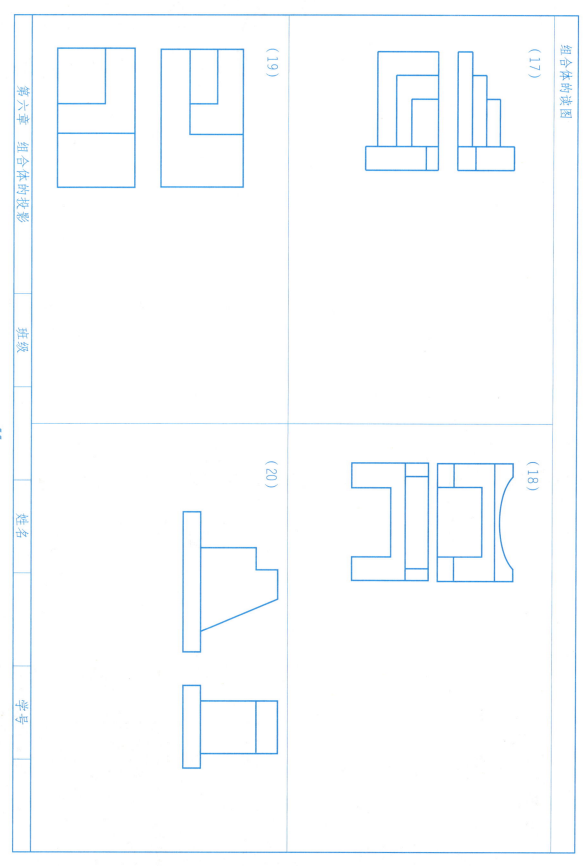

组合体的读图

4. 根据给定的两面投影，想象出不同形状的物体，并绘制出它们的第三投影图。

(1)　　　　　　(2)　　　　　　(3)

(4)　　　　　　(5)　　　　　　(6)

第六章　组合体的投影

组合体的读图

5. 补全形体的三视图中所缺图线。

(1)

(2)

(3)

(4)

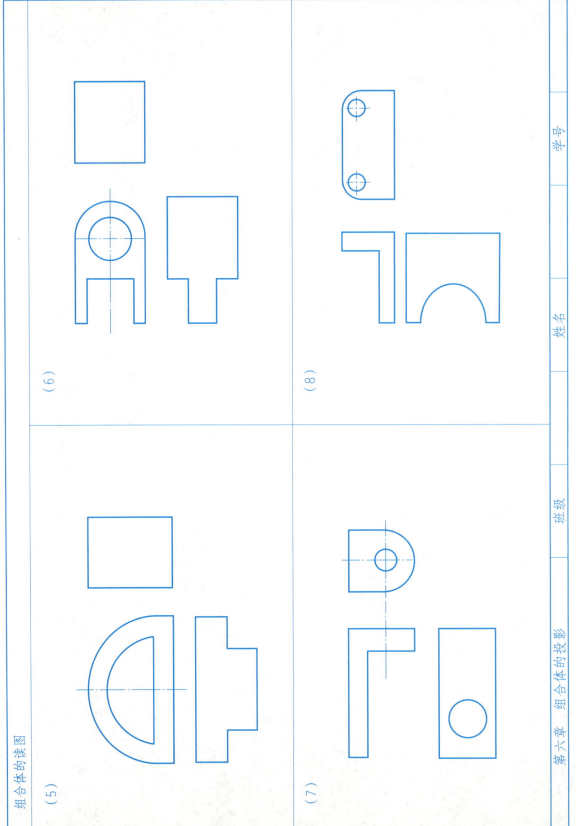

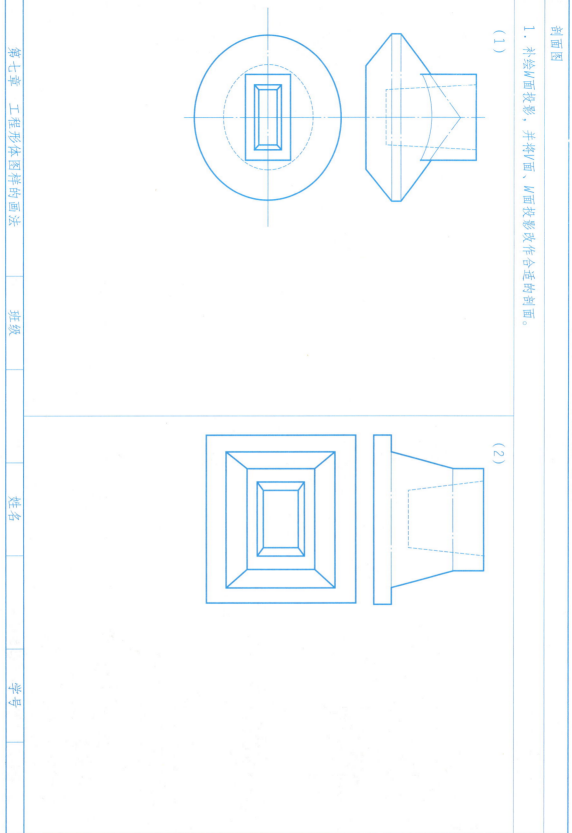

剖面图

2. 补绘1—1剖面图。

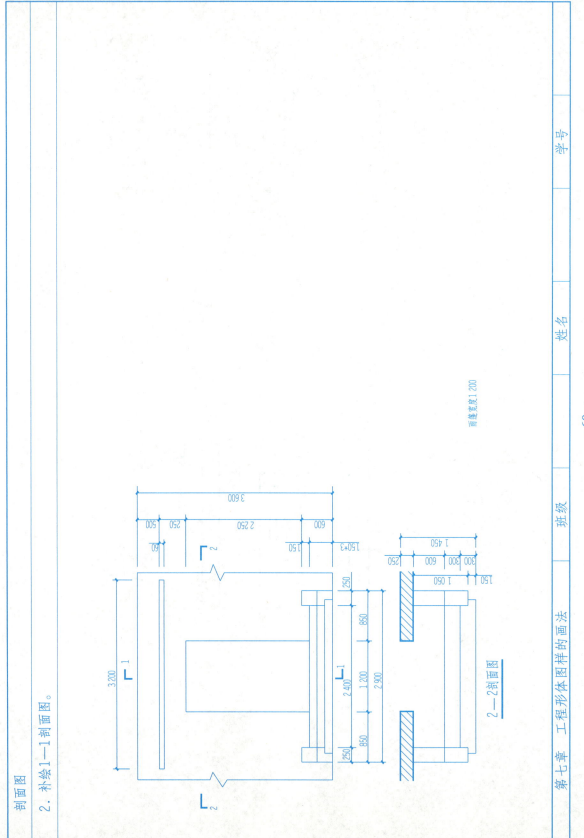

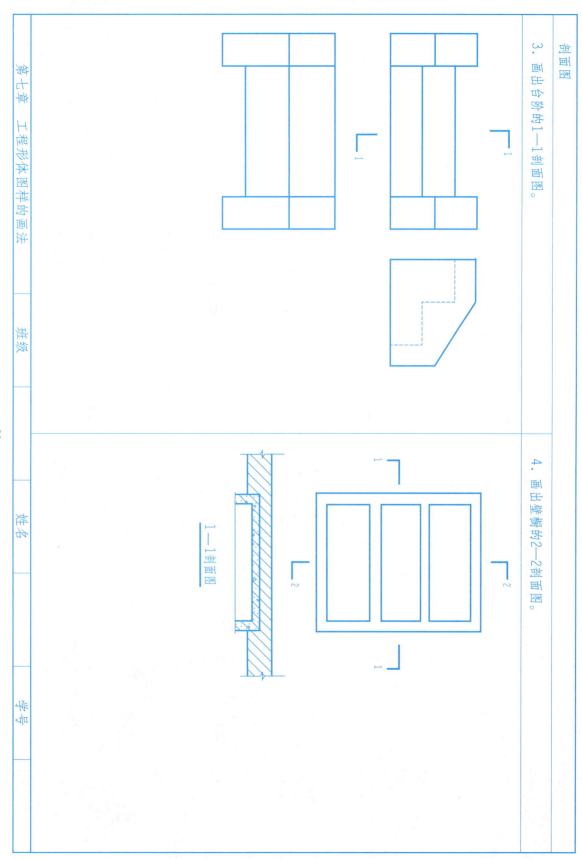

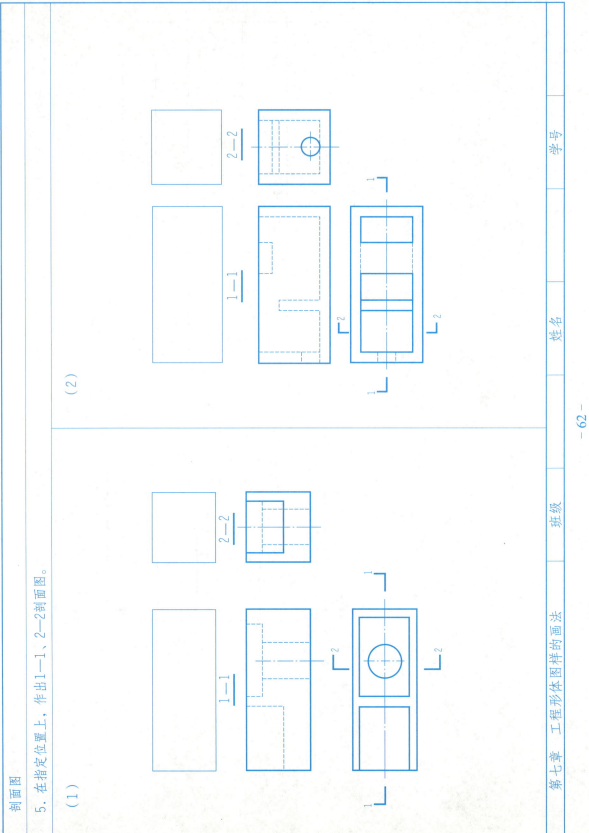

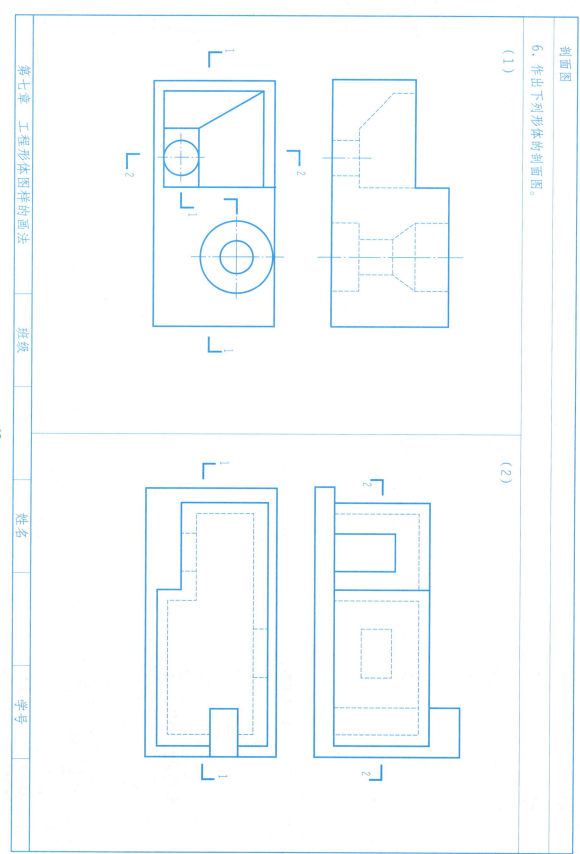

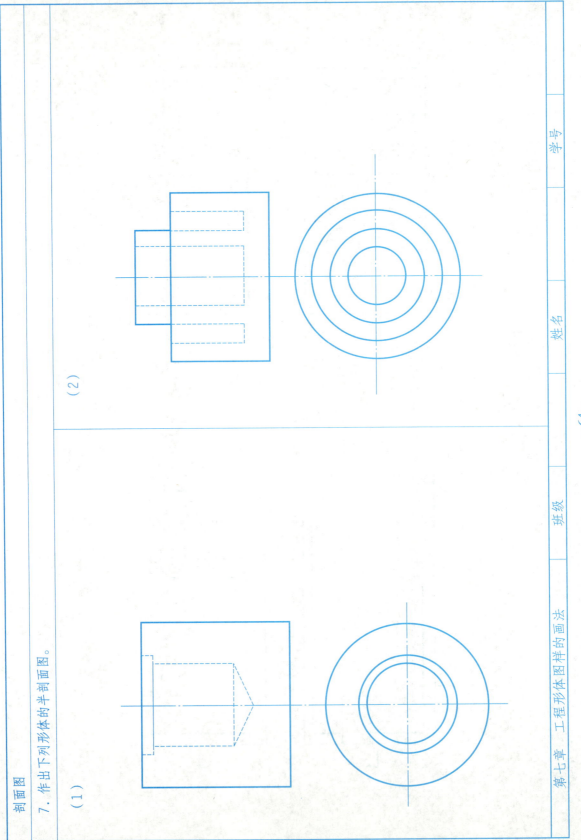

断面图

1. 作出钢筋混凝土柱的1—1，2—2，3—3，4—4断面图。

第七章 工程形体图样的画法

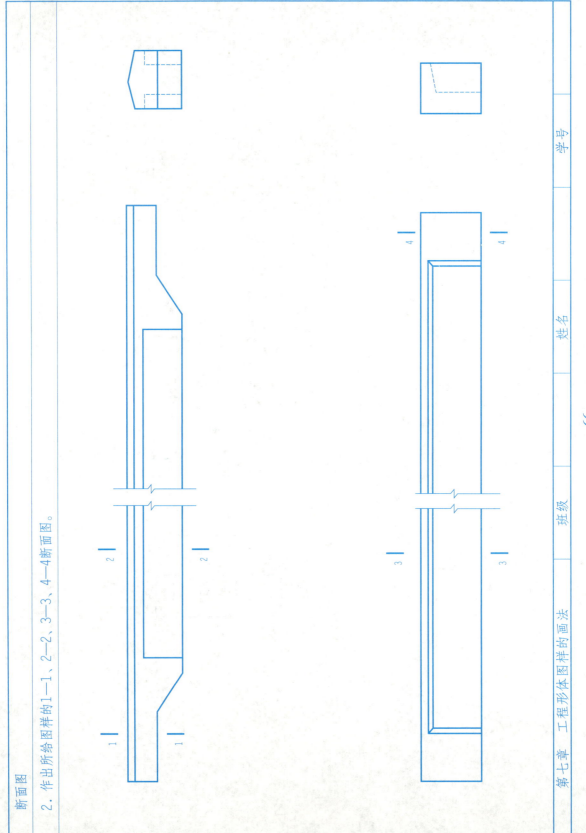

断面图

3. 作出下列图样的1—1、2—2断面图。

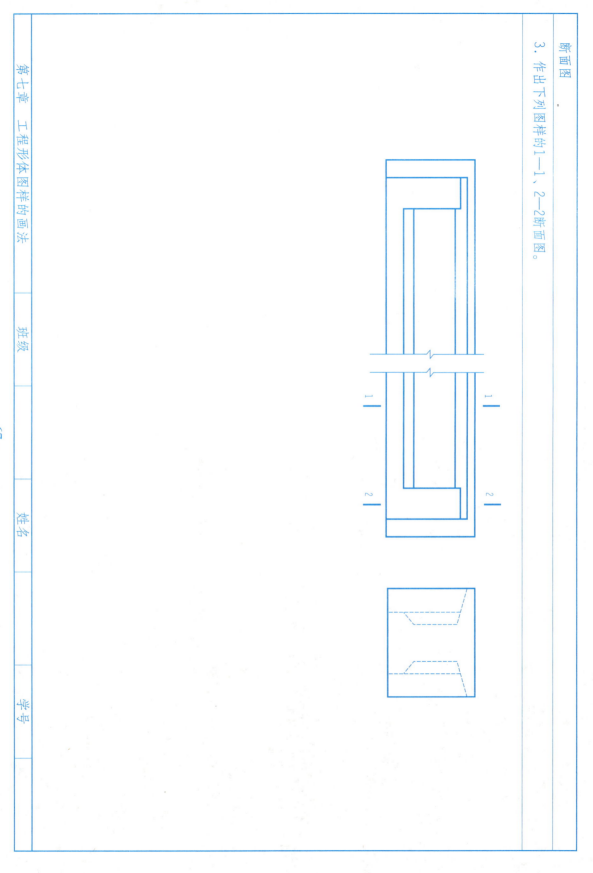

第八章 建筑施工图

建筑施工图

1. 学习教材相关内容，完成下列填空题。

(1) 房屋工程图按专业分为 _____，_____，_____，_____。

(2) 建筑施工图分为 _____，_____，_____，_____，_____。

(3) 结构施工图分为 _____，_____，_____。

(4) 设备施工图分为 _____，_____，_____。

(5) 房屋的组成部分包括 _____。

(6) 索引符号应用 _____ 线绘制，圆的直径是 _____。

(7) 详图符号应用 _____ 线绘制，圆的直径是 _____。

(8) 总平面图中的标高符号应用 _____ 表示。

(9) 建筑规划总平面图常用比例是 _____。

(10) 建筑总平面图中新建建筑物的图例符号是 _____。

(11) 建筑平面图中的三道尺寸是 _____，_____，_____。

(12) 建筑平面图一般分为 _____，_____，_____。

(13) 按主入口来命名，建筑立面图分为 _____，_____。

2. 说明下列符号中数字的含义。

建筑施工图

3. 标注下列平面图中定位轴线的编号。

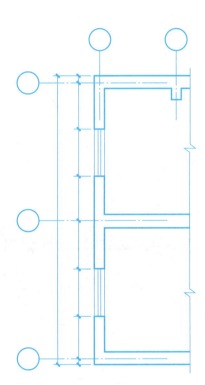

4. 根据教材内容填写下列图例的名称。

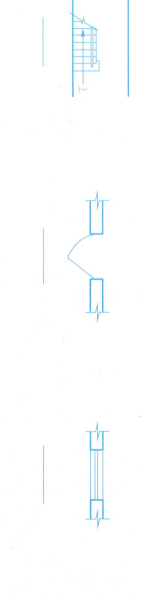

建筑施工图

5. 根据教材内容注写下列图线的宽度。

- 尺寸线（ ）
- 材料图例线（ ）
- 标高符号（ ）
- 可见踏步（ ）
- 剖切到的墙体线（ ）
- 折断线（ ）

6. 建筑平面图大作业。
(1) 目的。
　1) 熟悉建筑平面图的图示内容与表达方法。
　2) 掌握建筑平面图的绘图方法与步骤。
(2) 内容。熟悉教材相关内容,抄绘一层平面图(附后)。
(3) 抄绘要求。
　1) 图纸：A3幅面图纸。
　2) 图名：一层平面图。
　3) 比例：1∶100。
　4) 图线：剖切到的墙线线宽为0.7mm,未剖切到的可见轮廓线线宽为0.35mm,定位轴线、尺寸线等线宽为0.18mm。
　5) 字体：汉字为长仿宋体,图中文字用5号字,图中字母、尺寸数字、编号用3.5号字。
　6) 图面整洁,层次分明,字体工整,尺寸无误,作图准确。

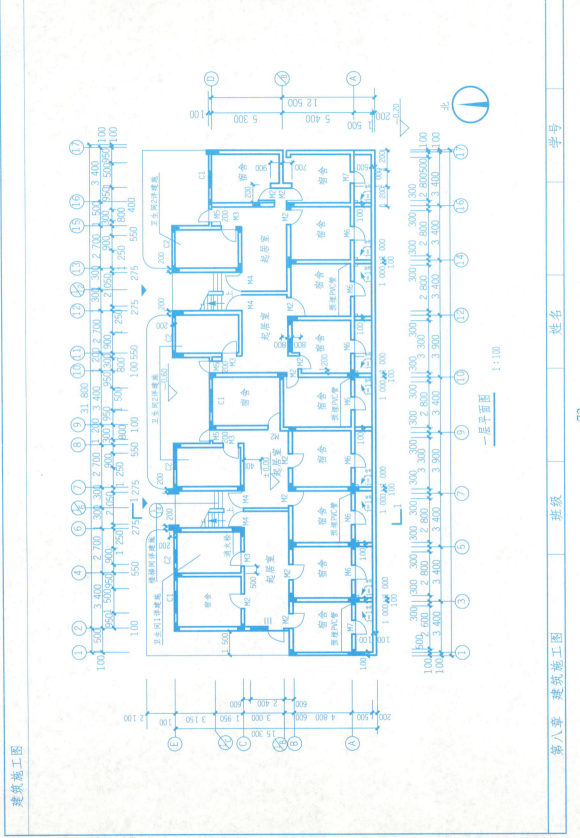

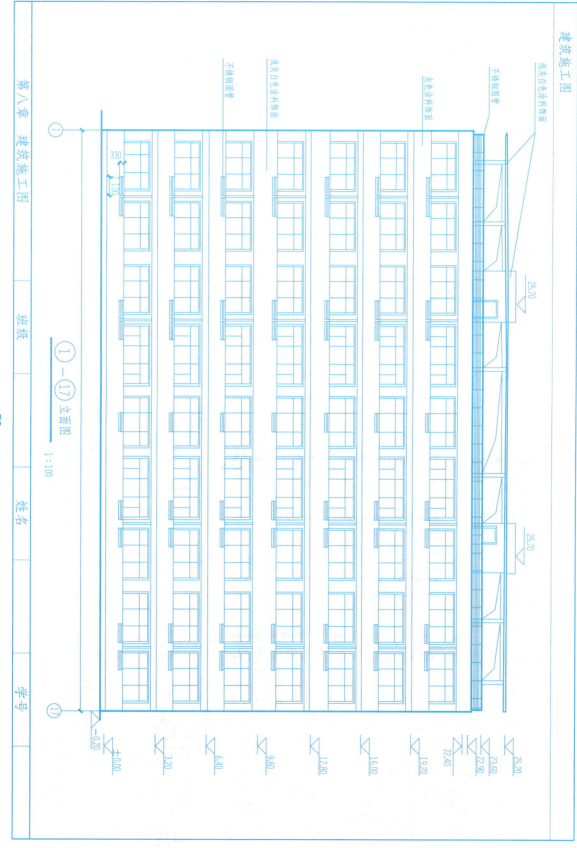

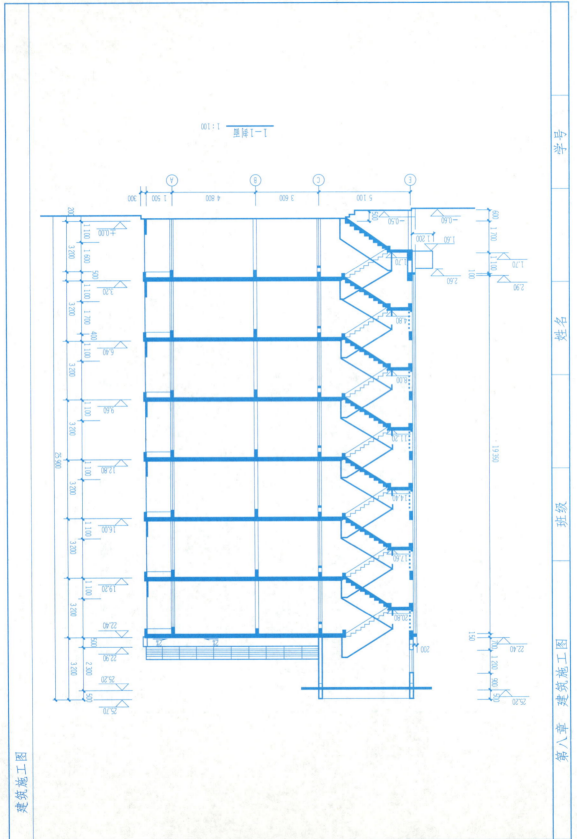

第九章 结构施工图

1. 简答题。
（1）简单谈谈建筑结构设计的目的和任务。
（2）结构施工图由哪些图样组成？这些图样是怎样排列的？
（3）简单描述结构施工图中各种图线的规格及应用范围。
（4）简单叙述结构施工图中板、梁、柱这些基本构件的代号及编号方法。
（5）结构设计总说明中应包括哪些基本内容？
（6）什么是基础平面图？它是如何绘制的？包括哪些内容？
（7）常见的基础形式有哪些？条形基础图绘制时要绘制哪些基本内容？
（8）楼层结构布置平面图的图示内容有哪些？
（9）什么是单向板？什么是双向板？它们的配筋应各自满足哪些规范要求？
（10）单层工业厂房结构施工图包括哪些内容？

2. 标注题（依据所述条件，在图中粗实线上进行标注）。

（1）对基础主梁01和02进行集中标注。

基础主梁01：20跨，两端伸出1 m，截面宽度400 mm，截面高度800 mm，顶部配置4根直径为20 mm的HRB335级钢筋，底部配置2根直径为20 mm和2根直径为12 mm的HRB335级钢筋组成构造筋，箍筋为直径8 mm，间距150 mm的四肢箍（HPB300级钢筋）。

基础主梁02：20跨，两端伸出1 m，截面宽度400 mm，截面高度800 mm，顶部配置4根直径为25 mm的HRB335级钢筋，底部配置4根直径为22 mm的HRB335级钢筋，4根直径为12 mm的HRB335级钢筋组成构造筋，箍筋为直径8 mm，间距140 mm的四肢箍（HPB300级钢筋）。

注：当原位标注和集中标注不同时，配筋以原位标注为准。

(2) 对楼层平面图中的框架梁1和框架梁2进行标注。

框架梁1：10跨，截面宽度200 mm，截面高度400 mm，顶部配置2根直径为16 mm的HRB335级通长钢筋，在各中间支座处增设1根直径16 mm的HRB335级钢筋，底部配置2根直径为20 mm的HRB335级钢筋，箍筋为直径6 mm、间距150 mm的二肢箍（HPB300级钢筋），加密区间距为100 mm。

框架梁2：10跨，截面宽度250 mm，截面高度400 mm，顶部配置2根直径为16 mm的HRB335通长钢筋，在各中间支座处隔跨增设1根直径16 mm的HRB335级钢筋，底部3根直径为16 mm的HRB335级钢筋，箍筋为直径6 mm、间距150 mm的二肢箍（HPB300级钢筋），加密区间距为100 mm。

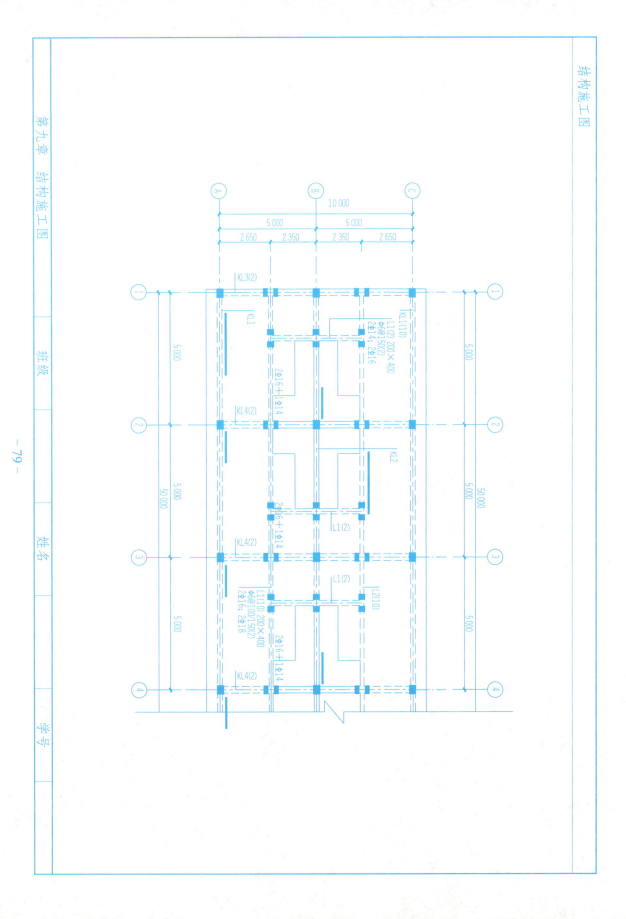

(3) 对板1进行标注。

板1厚度为100 mm，为双向板。沿纵向板面配筋为直径8 mm的HPB300级钢筋，间距100 mm，在挑板边缘加设两根直径50 mm，直径8 mm的HPB300级钢筋作加强筋；板底配筋为直径8 mm的HPB300级钢筋，间距150 mm。沿横向板面配筋为直径8 mm的HPB300级钢筋，间距150 mm，板底配筋为直径8 mm的HPB300级钢筋，间距180 mm。

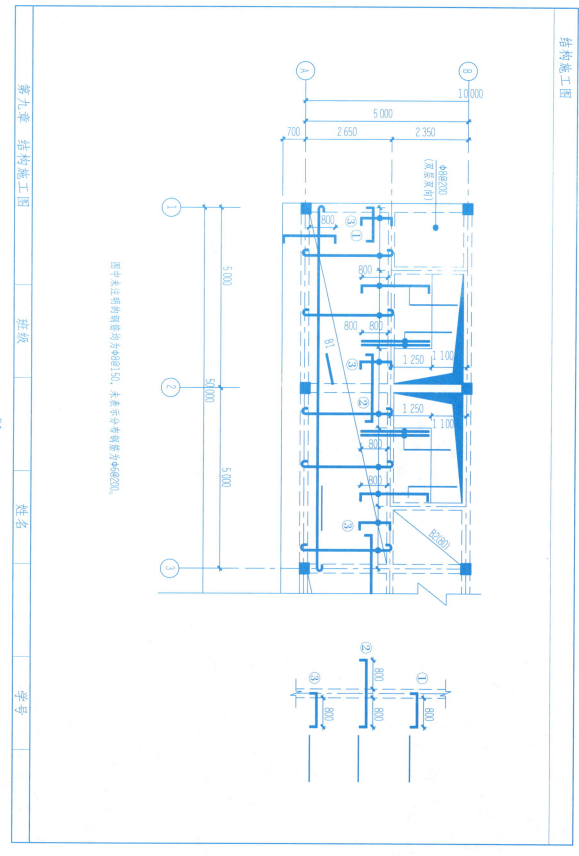

结构施工图

(4) 对预制板进行标注。

对B2、B3、B4进行适当的预制板板配置，并标注（楼面活荷载按办公情况考虑）。

(5) 对柱的配筋进行标注。

框柱1a的纵筋为4根直径16 mm的HRB335级钢筋作为角筋,4根直径14 mm的HRB335级钢筋;箍筋为直径6 mm,间距100 mm的HPB300级钢筋。

框柱1的纵筋为4根直径16 mm的HRB335级钢筋作为角筋,4根直径14 mm的HRB335级钢筋;箍筋为直径6 mm,间距200 mm的HPB300级钢筋,加密区间距100 mm。

框柱2的纵筋为4根直径16 mm的HRB335级钢筋作为角筋,4根直径14 mm的HRB335级钢筋;箍筋为直径6 mm,间距200 mm的HPB300级钢筋,加密区间距100 mm。

结构施工图

KZ2
[6.400]
300×300
（标高1.500以下箍筋为Φ8@100）

KZ1a
300×300
（标高1.500以下箍筋为Φ8@100）

KZ1
300×300
（标高1.500以下箍筋为Φ8@100）

柱配筋大样中*号表示角筋。

第九章 结构施工图

结构施工图

3. 绘图题。

（1）绘制建筑物基础剖面详图：基础底板宽750 mm，高150 mm；基底标高为-1.250；沿板底横向配筋为直径10 mm的HPB300级钢筋，间距140 mm，沿板底纵向配筋为直径8 mm的HPB300级钢筋，间距250 mm；板底设置50 mm厚C10素混凝土垫层，两端伸出基础底板边各50 mm。基础梁为400 mm×800 mm，配筋见基础平面布置图，详图中无须标注。

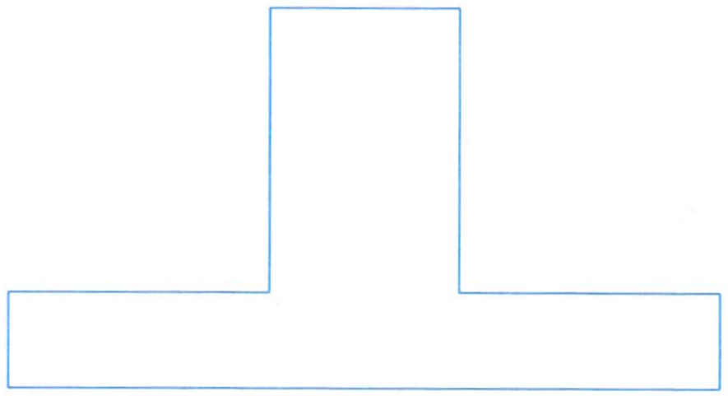

（2）绘制一个支座处的梁断面，梁的截面宽度 300 mm，高 650 mm；配置 6 根负弯矩钢筋，双排布置，两根直径 16 mm 的 HPB300 级钢筋，4 根直径 18 mm 的 HPB300 级钢筋；配置 2 根直径 20 mm 的 HPB300 级钢筋作为正弯矩钢筋；箍筋为直径 8 mm 的 HPB300 级钢筋双肢箍，间距 150 mm，加密区间距为 100 mm。

结构施工图

(3) 绘制一个V形不对称带根的焊缝。

(4) 绘制一个简单的双跑楼梯底层平面、标准层平面与顶层平面图（示意即可）。

(5) 绘制一个钢结构桁架节点处的铆接示意图。

第十章 设备施工图

1. 读图,并用A3幅面图纸抄绘建筑给水排水施工平面图和轴测图。比例自定。

图纸说明:
(1) 尺寸单位: 标高以m计,尺寸、管径以mm计。
(2) 标高是相对标高,室内一层标高定为±0.00 m,室内外高差0.9 m。
(3) 图中塑料管道管径均为公称直径(DN),对建筑给水PP-R管道、建筑排水PVC-U管道等,管径均为外径(De)。
(4) 排水管坡度: DN50、DN75、DN100时, i=0.026, DN150时, i=0.01。
(5) 图例。

图例	说明
——J——	市政给水管
——J1——	加压给水管
----W----	生活污水排水管
----F----	生活废水排水管
----Y----	雨水排水管
----N----	空调冷凝水排水管
1JL-X ○─	市政给水立管
2JL-X ○─	加压给水立管
WL-X ○─	生活污水立管
FL-X ○─	生活废水立管
YL-X ○─	雨水立管
NL-X ○─	空调冷凝水立管
⊚	直通型地漏

设备施工图

第十章 设备施工图

一层给水排水施工图
1:100

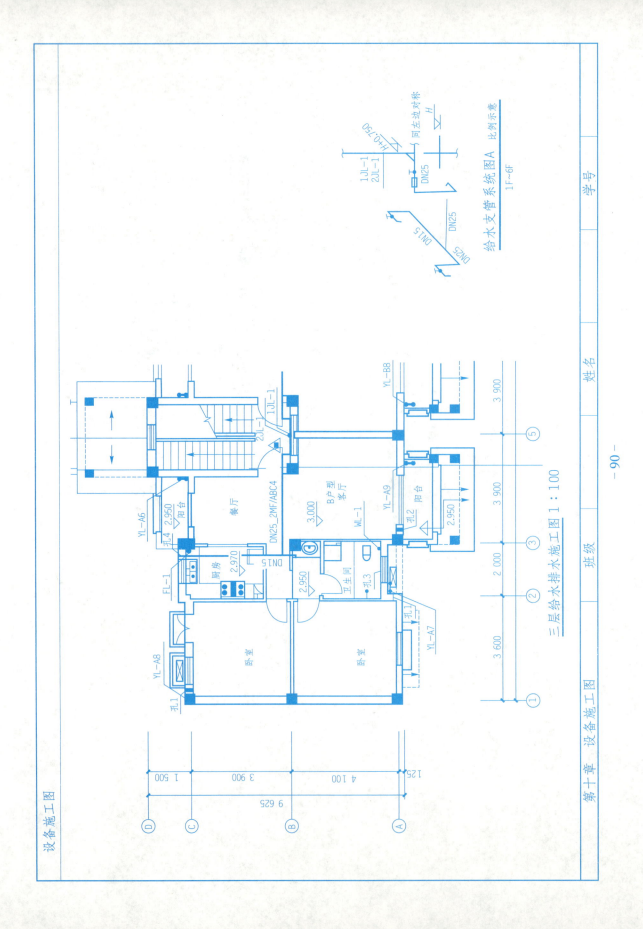

给水系统图 1:100

排水系统图 1:100

第十一章 建筑装饰施工图

1. 简答题。

(1) 建筑装饰方案图和建筑装饰施工图有什么区别？各包含哪些内容？

(2) 绘制建筑装饰施工图图例时应注意哪些问题？

(3) 建筑装饰平面图包括哪些基本内容？各有何要求？

(4) 吊顶有哪些基本做法？各种做法的主要构件有哪些？

(5) 隔断有哪些基本做法？各种做法的主要构件有哪些？

(6) 建筑装饰立面图包括哪些基本内容？各有何要求？

(7) 识读建筑装饰立面图时有哪些要领？

(8) 识读门窗详图时有哪些要领？门窗的种类主要有哪些？各种门窗的组成构件有哪些？

(9) 识读装饰施工图的顺序是什么？

(10) 建筑装饰施工图常用符号的种类有哪些？每个种类列举两个符号实例。

建筑装饰施工图

2. 绘图题。

（1）按图标注房屋的功能分区。

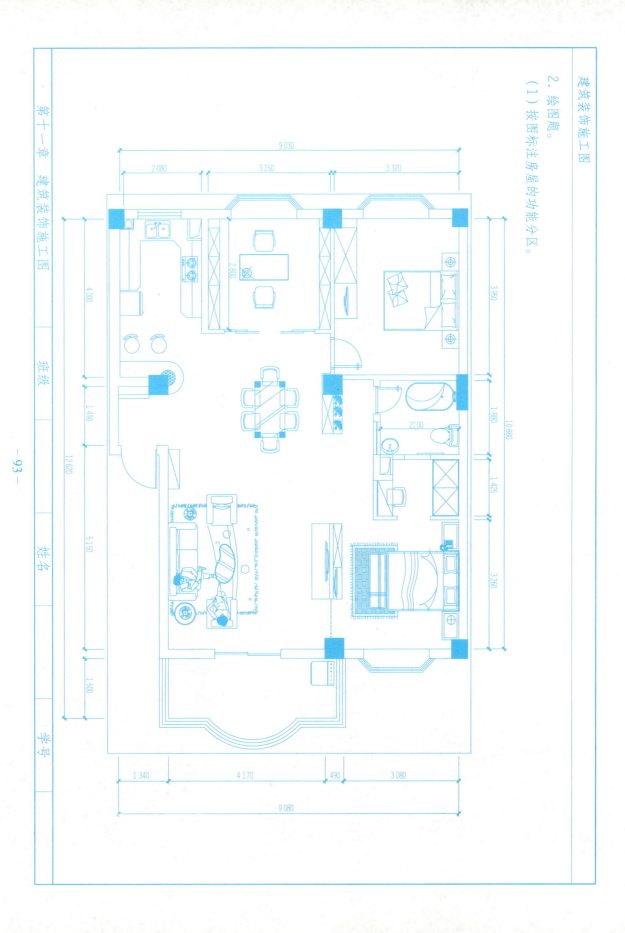

建筑装饰施工图

(2) 标注吊顶中主要构件的名称(吊杆、主龙骨、连接件、次龙骨、边龙骨、石膏板等,每个构件标注一次即可)。

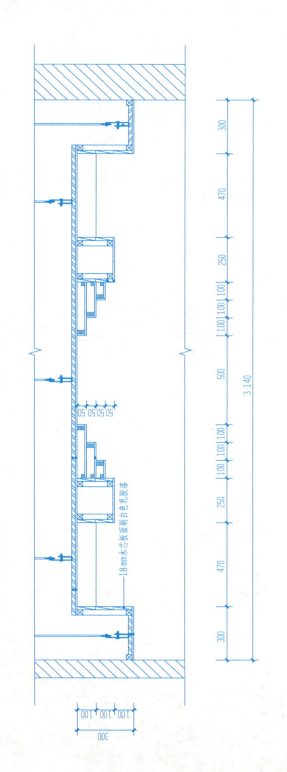

第十一章 建筑装饰施工图

（3）简单手绘墙面干挂大理石剖面示意图。

（4）简单绘制卫生间地面铺贴瓷砖楼面层状图。

第十二章 道路及桥隧工程图

道路及桥隧工程图

1. 识读公路地形及平面图,指出图中的比例、方向、水准点、等高线、地面植被等地物,里程桩及房屋、桥梁、电力线、地面植被等地物。

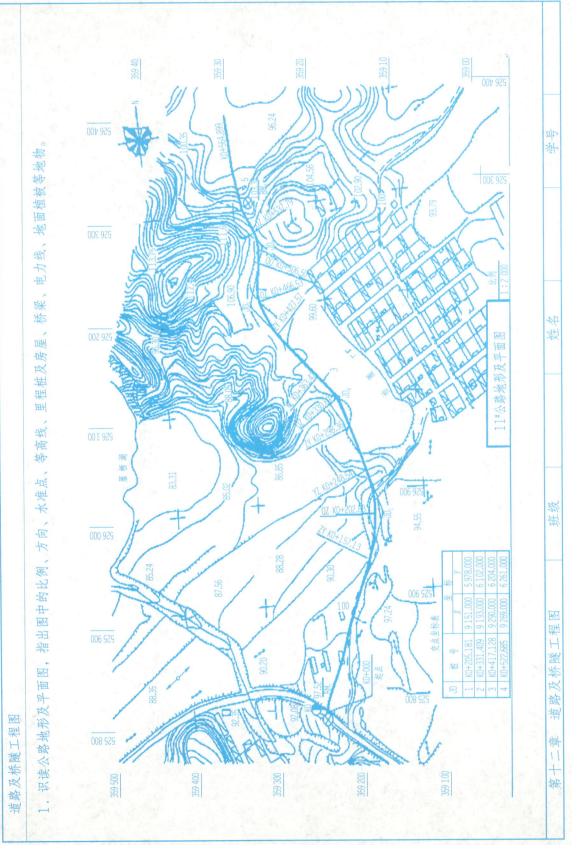

11#公路地形及平面图

第十二章 道路及桥隧工程图

2. 填空题。

(1) 识读道路横断面图，并填空。

横断面图

路肩宽度

道路中心

道路及桥隧工程图

(2) 识读道路设计线、地下水水位线，并填空。

道路设计线、原地面线、地下水位线的标注

道路及桥隧工程图

3. 识读路面纵断面图，指出图中地质情况、设计高程、地面高程、坡度、里程桩号、直线及平曲线。

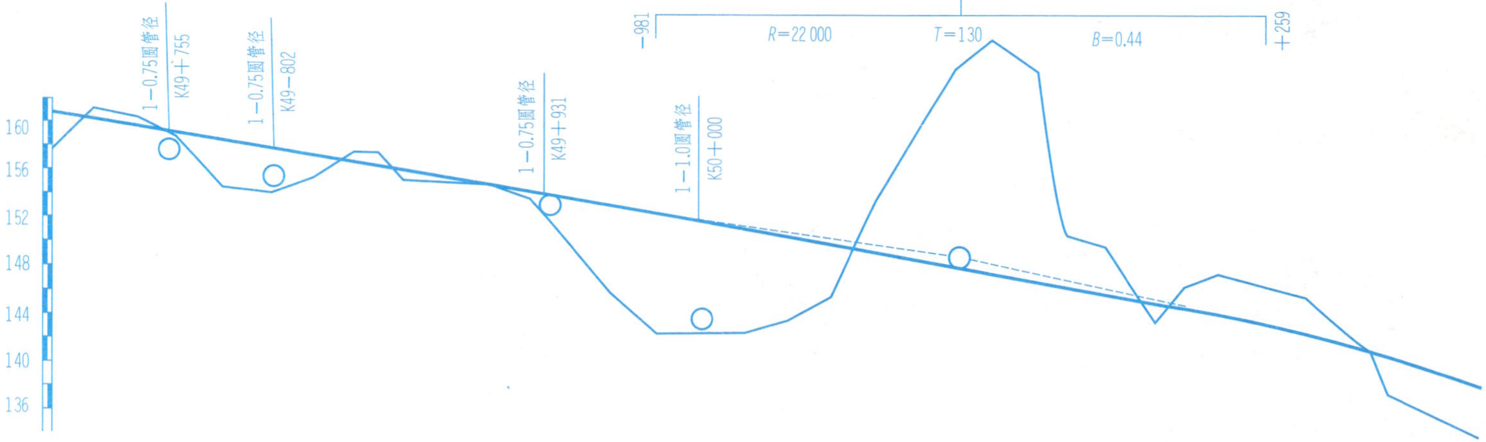

1	泥盆系泥质灰岩，左岩，平理裂隙较发育，强风化，表层疏松射土，厚0.5~2.0 mm，局部积分积土	
2	160.398 159.890 159.382 158.874 158.366 157.858 157.350 157.096 156.766 156.677 156.309 155.826 155.597 155.267 154.683 154.251 153.794 153.278 152.744 152.192 151.622 151.033 150.426 149.801 149.158 148.664 147.955 147.679 147.741 146.871 146.039 145.484 144.918 144.158 143.398 142.638 141.878 141.206	
3	161.42 160.55 158.83 154.93 154.43 155.96 158.21 158.09 158.88 155.88 155.71 155.36 155.29 154.37 149.92 145.52 143.00 143.20 143.20 144.20 146.20 153.75 160.02 166.13 168.16 165.75 155.74 151.44 150.72 144.30 147.65 150.91 150.00 149.00 144.37 140.63 138.84 137.56	
4	420　−2.54%　238　−3.80%	+120 150.238
5	K49+700 720.00 740.00 760.00 780.00 800.00 820.00 840.00 850.00 863.00 866.50 881.00 900.00 909.00 922.00 945.00 962.00 980.00 K50 20.00 40.00 60.00 80.00 100.00 120.00 140.00 155.00 176.00 184.00 190.00 207.00 230.00 245.00 260.00 280.00 300.00 320.00 340.00 358.00	
6	JD_{11}, $\alpha=22°14'52''$　$R=2500$　$L_s=0$	

第十二章　道路及桥隧工程图　班级　　姓名　　学号

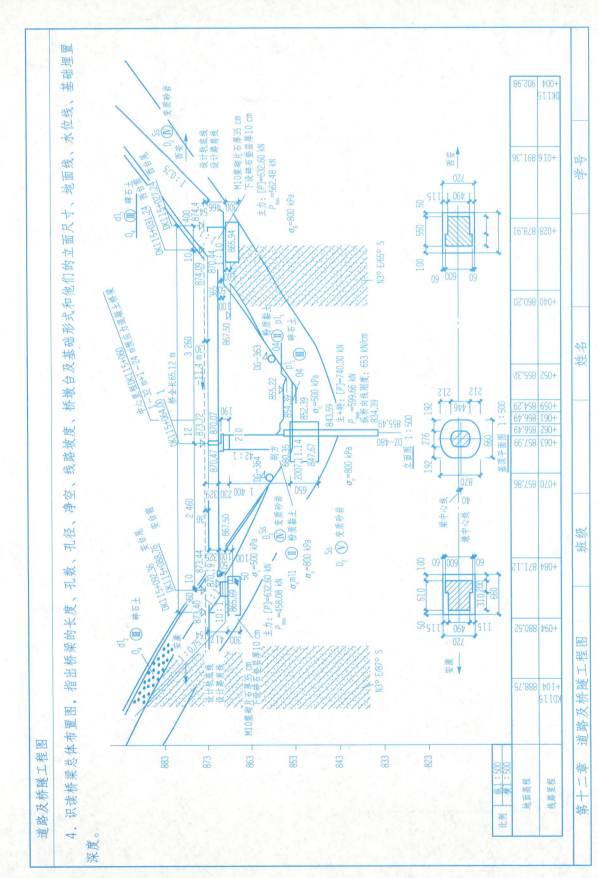

第十二章 道路及桥隧工程图

5. 识读隧道洞门三面投影图，指出图中隧道的样式、洞口尺寸、水流方向。

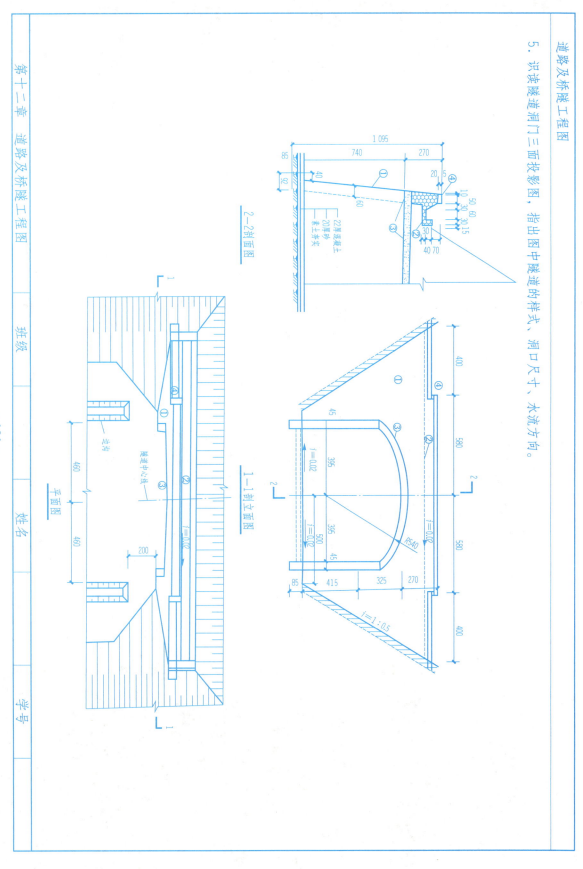